智能制造系列规划教材

智能制造导论

主　编　黄江波　姚正华

副主编　姜魏梁　张　坚　王浩文

编　委　秦善强　熊正贤　谭　星

　　　　万浩川　张　霖　韩　青

　　　　陈　昕

中国科学技术大学出版社

内 容 简 介

本书介绍智能制造的基本概念、系统构成、关键技术及应用案例等内容，并聚焦智能制造基础，结合丰富实践案例和视频资源，旨在加强学生综合素质、拓宽学生对智能制造相关领域的认知，帮助读者全面了解智能制造的内涵和外延，熟悉智能制造核心技术，为进一步深入研究和实践智能制造奠定基础。

本书可作为普通高等院校新工科专业、科创班教材，也可供其他相关专业师生、工程技术人员和企业管理者参考。

图书在版编目(CIP)数据

智能制造导论/黄江波,姚正华主编.--合肥:中国科学技术大学出版社,2024.7.-- ISBN 978-7-312-06005-2

Ⅰ.TH166

中国国家版本馆 CIP 数据核字第 202484LQ76 号

智能制造导论
ZHINENG ZHIZAO DAOLUN

出版	中国科学技术大学出版社
	安徽省合肥市金寨路 96 号,230026
	http://press.ustc.edu.cn
	https://zgkxjsdxcbs.tmall.com
印刷	安徽省瑞隆印务有限公司
发行	中国科学技术大学出版社
开本	787 mm×1092 mm　1/16
印张	18.5
字数	437 千
版次	2024 年 7 月第 1 版
印次	2024 年 7 月第 1 次印刷
定价	64.00 元

前　言

制造业是国民经济的主体,是立国之本、兴国之器、强国之基。18世纪中叶工业文明开启以来,世界强国的兴衰史,尤其中华民族的奋斗史一再证明,没有强大的制造业,就没有国家和民族的强盛。打造具有国际竞争力的制造业,是我国提升综合国力、保障国家安全、建设世界强国的必由之路。

传统制造业是我国制造业的主体,是现代化产业体系的基底。推动传统制造业转型升级,是主动适应和引领新一轮科技革命和产业变革的战略选择,是提高产业链、供应链韧性和安全水平的重要举措,是推进新型工业化、加快制造强国建设的必然要求,关系现代化产业体系建设全局。随着以人工智能技术为代表的新兴技术的产生和应用,智能制造日益成为未来制造业发展的重大趋势和核心内容,是加快生产发展方式转变,推动工业向中高端迈进,建设制造强国的重要举措,也是新常态下打造新的国际竞争优势的必然选择。

本书作为智能制造导论教材,聚焦智能制造的基础理论和概念,结合丰富应用案例,主要介绍智能制造相关概念、智能制造系统构成、智能制造关键技术及智能制造技术应用案例。内容还包括自动化系统、人工智能、工业机器人、传感器及工业控制网络等内容,并配套丰富的视频资料。反映了当前智能制造的发展趋势,符合《中国制造2025》人才培养的教学需求。通过对本书的学习,读者可以更好地理解智能制造的内涵,掌握智能制造的核心技术,全面提高知识素养,为实际工作和研究提供指导。

本书由长江师范学院智能制造教学团队编写,黄江波、姚正华任主编,姜魏梁、张坚、王浩文任副主编,秦善强、熊正贤、谭星、万浩川、张霖、韩青和陈昕参与编写。其中姜魏梁和万浩川编写第1章、第2章,张坚和张霖编写第3章、第4章,王浩文和韩青编写第5章,秦善强和熊正贤编写第6章、第7章,姚正华和陈昕编写第8章,黄江波和谭星编写第9章,黄江波和姚正华负责统稿。

本书在编写过程中参考了大量文献和著作,在此向相关作者致以诚挚的谢意。限于编者的水平,书中难免有不足之处,请读者不吝批评指正。

编者

2024年4月

目　　录

第 1 章 智能制造概述

1.1 智能制造的意义

1.1.1 加快建设制造强国

制造业作为国民经济的支柱产业,是国家创造力、竞争力和综合国力的重要体现,是立国之本、强国之基。

18 世纪工业革命开启以来,世界各国的荣辱兴衰一再证明,没有稳固的制造业,就没有国家和民族的强盛。打造具有国际竞争力的制造业,是我国提升综合国力、保障国家安全、建设世界强国的必由之路。

2023 年,中共中央、国务院印发的《质量强国建设纲要》中提出,深入实施质量强国战略,需要加快传统制造业技术迭代和质量升级,推动工业品质量向中高端迈进。这不仅体现出国家对质量强国的高度重视,也反映出国家推动制造业高质量发展的信息和决心。

1. 我国已成为制造大国

党的十八大以来,我国新型工业化步伐显著加快,制造大国地位进一步巩固。工业体系更加健全,拥有 41 个工业大类、207 个工业中类、666 个工业小类,是全世界唯一拥有联合国产业分类中全部工业门类的国家。制造业规模进一步壮大,2022 年全部工业生产增值达 40.16 万亿元,占 GDP 比重的 33.2%,制造业增加产值占 GDP 的 27.7%,制造业规模连续 13 年稳居世界首位。中国近十几年制造业产值增长情况如图 1.1 所示。

我国制造业在经过新中国成立 70 多年,特别是改革开放 40 多年的发展,已实现由小到大、由弱到强的历史性跨越。我国已由一个贫穷落后的农业国成长为世界第一工业制造大国,中国工业为中华民族实现从站起来、富起来到强起来的历史飞跃作出了巨大贡献。具体体现在如下几方面:

(1) 制造业拥有超大规模的市场优势,制造业发展突飞猛进,经济实力显著增强。

(2) 制造业规模居世界首位,是世界上唯一拥有全部工业门类的国家,有完整的工业体系,具备强大的产业基础。

(3) 制造业生产能力迅猛增长,主要工业产品产量进入世界前列。

(4) 一直坚持信息化与工业化融合发展,在制造业数字化、网络化、智能化等方面掌握了关键核心技术,具有强大的产业基础。

（5）制造业储备了大量的人才队伍，形成独特的人力资源优势。

（6）制造业自主创新能力显著增强，一些技术已经从紧追发展到世界领先，彰显我国制造业强大的创新力量。

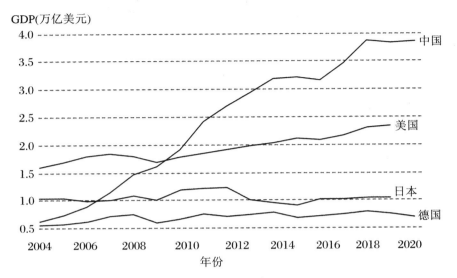

图 1.1　工业四国制造业 GDP

2．我国还不是制造强国

中国是制造业大国，拥有全世界最全的工业门类。但需要看到的是，我国制造业还存在部分关键技术受制于人，工业基础能力有待提高，部分核心零部件、关键材料依赖进口的问题，面临着严峻的挑战。目前我国制造业大而不强有几个方面的原因：

（1）自主创新能力不强

我国制造业自主创新能力不强，基础还比较薄弱。关键核心技术还没有真正掌握在自己手上，科学技术还没有真正成为"第一生产力"。产业发展需要的高端设备、关键零部件和元器件、部分控制芯片、关键材料等对外依存度仍然很高。例如，我国卫星制造 85%实现了国产化，但是还有 15%的核心部件还没有完全国产化，投入了大量资金；我国所需芯片 80%以上依赖进口，进口额度逐年增长。在中国高质量发展的历史时期，自主创新能力是制约制造业展的主要因素。

（2）产业链水平低

我国制造业处于世界产业链的中低端，战略性高端产业还不强大，制造产业体系现代化水平不高。企业及产业集群不强，缺乏具有世界先进水平的企业和产业集群。例如，郑州富士康有 30 万产业工人，一年制造手机近 1.5 亿部，但利润只占到整个产值的 5%左右，利润很低，制造附加值不高。

（3）生产经营效率不高

2020 年我国制造业增加值达到 28.5%，虽然增加值稳步增长（图 1.2），但距离世界发达国家 35%以上的增加值占比，差距还比较大。

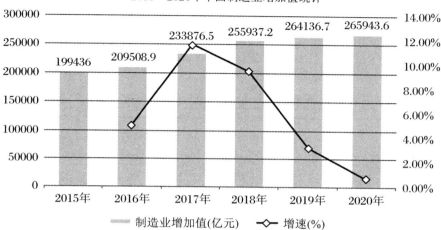

图 1.2　中国制造业增加值发展情况

（4）产业结构不合理

我国大部分制造产业基本上是资源密集型、劳动密集型企业，而技术密集型和服务密集型的企业较少。资源利用率较低，我国单位国内生产总值能耗约为世界平均水平的两倍，环境保护任务重，绿色发展势在必行。

（5）产品质量问题突出

2022 年市场监管总局组织抽检 18397 家企业生产制造的 19440 批次产品，抽查不合格率高达 9.4%。一些企业产品质量波动性较大，尤其是小型微型企业产品质量问题突出，产品不合格率高达 13.5%。由于缺乏核心技术，原创性设计不够，产品在中高端市场缺乏竞争力，产品结构性矛盾突出。

整体而言，中国制造业整体竞争力还不强，可发展空间较大；从"制造大国"迈向"制造强国"，中国制造业任重道远。

3．"制造强国"的综合指标分析

（1）"制造强国"的内涵

"制造强国"的内涵应体现在规模和效益并举、在国际分工地位较高和发展潜力大三个方面。基于我国人口众多、资源能源不足的国情下，"制造强国"体现在雄厚的产业规模、良好的质量效益、优化的产业结构和可持续的发展能力和空间几方面。

（2）"制造强国"评价模型

基于我国制造业长足发展，立足产业现状、时代需求和国家特色，建立评价体系及各级指标构建思路。评价指标体系模型如图 1.3 所示。

（3）"制造强国"评价指标体系

"制造强国"评价指标体系由 4 项一级指标和 18 项二级指标构成，指标体系包含选取维度、权重等，如表 1.1 所示。

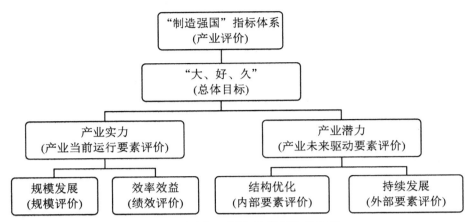

图 1.3　"制造强国"评价指标体系模型

表 1.1　"制造强国"指标评价体系

一级指标	二级指标	权　重	选取维度
规模发展 (0.1951)	制造业增加值	0.1287	规模总量
	制造业出口占全球制造业出口总额比重	0.0664	规模竞争力
效率效益 (0.2931)	质量指数	0.0431	产品质量水平
	制造业拥有世界知名品牌数	0.0993	
	制造业增加值率	0.0356	产业效率
	制造业全员劳动生产率	0.0899	
	高技术产品贸易竞争优势指数	0.0689	产业效益
	销售利润率	0.0252	
结构优化 (0.2805)	基础产业增加值占全球比重	0.0835	国家产业 结构优化
	全球 500 强中本国制造业企业营收占比	0.0686	
	装备制造业增加值占制造业增加值比重	0.0510	国内产业 结构优化
	标志性产业的产业集中度	0.0085	
持续发展 (0.2313)	单位制造业增加值的全球发明专利授权量	0.0821	产业投入
	制造业研发投入强度	0.0397	
	制造业研发人员占制造业从业人员比重	0.0132	
	单位制造业增加值能耗	0.0748	绿色发展
	工业固体废物综合利用率	0.0116	
	网络就绪指数(NRI)	0.0099	信息化水平

以美国、德国、日本、英国、法国等主要工业化国家为参考,计算出历年来"制造强国"指标评价综合指数,以表述各个国家制造业综合竞争力,如图1.4所示。

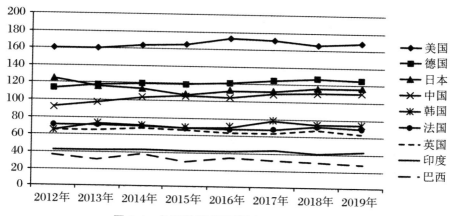

图 1.4　各国"制造强国"指标评价综合指数

在"制造强国"指标评价综合指数分布中,美国、日本、德国处于领先地位,中国还处在持续追赶阶段。我国制造业虽然在规模发展上领先,但在产品质量、结构优化、持续发展等方面还处于劣势。各制造强国近几年发展指数如表1.2所示。

表 1.2　近年各制造强国发展指数

年份	美国	德国	日本	中国	韩国	法国	英国	印度	巴西
2017	170.99	124.96	111.84	108.94	78.11	67.82	63.46	43.80	32.96
2018	166.06	127.15	116.29	109.94	74.45	71.78	67.99	41.21	30.41
2019	168.71	125.65	117.16	110.84	73.95	70.07	63.03	43.50	28.69
2020	173.19	125.94	118.19	116.02	74.39	69.35	61.45	44.56	27.38

4. 推进"制造强国"战略,从"制造大国"迈向"制造强国"

我国传统制造业成本较低,但消耗大、环境代价高,与当今绿色低碳发展主题已不相符,成为未来发展的重大约束。在经济发展新常态下,我国进入到比较优势逐步削弱、新的竞争优势尚未形成的新旧交替期;同时,投资和出口增速明显放缓,过去主要依靠要素投入、规模扩张的粗放发展模式难以为继,必须尽快形成经济增长新动力,塑造国际竞争新优势。

为迎接面临的机遇与挑战,智能制造是中国制造转型升级、实现由大到强发展的必由之路。智能制造将制造技术与数字技术、智能技术及新一代信息技术融合,以"互联网+"和"人工智能+"为依托,信息处理手段由"人的智能"向"机器智能"转变,工业生产组织方式从"资源依赖"转变为"数据依赖",构建出一种高度灵活和可重构的生产方式和服务模式,提高整个生产系统的运行效率和资源利用率,实现制造装备的智能化、设计过程的智能化、加工工艺的优化、管理的信息化和服务的敏捷化/远程化等,打造"智能工厂"与"智能生产",实现传统制造业的数字化转型和智能升级。

综合考虑发达国家工业化进程各阶段综合指数增长情况和我国工业发展情况,构建适合我国国情的综合指标评价模型,针对未来我国"制造强国"指标评价综合指数发展趋势提出了中国制造强国战略。中国制造强国战略旨在将中国制造从量的积累向质的飞跃,提高中国制造业的技术水平和核心竞争力,从而实现制造业的转型升级,走向制造业的高质量发展。

我国从 2014 年开始,制造业增加值已跃居全球首位,成为名副其实的制造大国。我国高度重视发展制造业,技术上倡导和注重信息化与工业化的"两化"深度融合;以数字化转型、智能化升级来加快实现制造业从低端向中高端的转型升级;在模式创新上,将以"互联网+"和"智能+"为重点,加快制造业在供应链、产品设计、生产过程、营销和服务等方面的模式创新;从过去注重发挥"成本、速度"的优势创造价值,转向追求通过创新发展、提升质量和塑造品牌,来实现价值创造。

1.1.2 构建以智能制造为重点的新型制造体系

实施智能制造工程,引导制造业朝着分工细化、协作紧密方向发展,促进信息技术向市场、设计、生产等环节渗透,拖动生产方式向柔性、智能、精细转变。

这是制造业创新发展的方向,是适应新一轮科技革命和产业变革的必然要求。顺应时代发展趋势,深入融合信息化和工业化。以实现重大产品和成套装备的智能化为突破口,以推广普及智能工厂为切入点,着力发展智能装备和智能产品。加强工业互联网基础设施建设规划布局,发展基于工业互联网的众包设计、云制造等新型制造模式,推进生产过程智能化,构建新型制造体系。

1. 推动智能制造的重要性和紧迫性

智能制造最突出的特点是能够有效缩短产品研制周期,提高生产效率和产品质量,降低运营成本和资源能源消耗,并促进基于互联网的众创、众包、众筹等新业态、新模式的兴起。从生产端入手,发展智能制造,对于我国改造提升制造业、提高制造业供给结构的适应性和灵活性,对于推动制造业与互联网融合发展,对于壮大新兴产业,都具有十分重要的意义。

智能制造将成为中国制造业创新发展的核心驱动力,是推进制造强国战略的主要技术路线,是中国制造业转型升级、高质量发展的内在强烈要求。

我国在推进智能制造方面取得了显著成绩:

(1) 智能制造关键技术装备实现重要突破,高档数控机床、工业机器人、智能仪器仪表、增材制造等领域快速发展。

(2) 信息通信技术突飞猛进,网络基础设施建设迈上新台阶,高性能计算、网络通信设备、智能终端、软件等领域不断取得突破。

(3) 企业研发设计、生产装备、流程管理、物流配送、能源管理等关键环节的智能化水平不断提升。

(4) 智能制造标准体系初步构建,人才培育有了长足进步,为发展智能制造提供了良好支撑。

2．推动制造业高质量发展

强国必须有一个高质量的制造业体系。推动中国制造业向更高质量发展,必须以"新发展理念"为统领,大胆改革、勇于突破,采取有力措施,构建高质量的制造业体系,助推我国加快从制造大国迈向制造强国。

(1)加快构建制造业科技创新体系

科技创新是助推制造业高质量发展原生动力。支撑我国制造业高质量发展的科技创新体系有待进一步完善,良好的创新生态系统尚未形成。走好科技创新这步"先手棋",一是需要加强基础研究、应用研究及两者有机对接与耦合,全时跟踪与捕捉世界科技创新前沿领域,夯实与制造业高质量发展相适应的现代科技创新基础。二是需要发挥市场在资源配置中的决定性作用,赋能各级科技成果转化载体,提高科技成果准入门槛和转化效率,注重科技成果转化实效,强化关键共性技术供给。三是需要加快科技体制改革,推动科技创新工作脱虚向实、科技创新成果由量向质转变。四是提高企业科技创新能力,做大、做强、做实科技创新风险基金,激励企业发挥科技创新主体作用,围绕产业链部署创新链,围绕创新链部署资金链,加大企业研发投入,使企业真正成为科技创新的源头活水。五是需要抓紧布局国家实验室,重组国家重点实验室体系,发挥国家级实验室集中力量办大事优势,聚焦核心技术重点发力,引领原创成果重大突破。

(2)加快构建制造业人才支撑体系

推动制造业高质量发展,核心是科技创新,关键在人。我国制造业人才队伍结构还难以适应制造业高质量发展的要求。优化制造业人才队伍结构,一是着力激发企业家精神、科学精神、工匠精神,选树多领域、多层次制造人才典范,推动全社会弘扬创业、创新、创造文化氛围,为科技创新人才发展创造良好环境。二是大力育才、引才、聚才、用才,形成一批国际视野的企业家、掌握国际前沿技术的科学家(工程师)、具有专业化学科知识及跨学科复合型高层人才,集合精锐力量,下好先手棋。三是深化技能型人才培养方式,大力发展职业教育,推广现代学徒制,造就一批以一线实践能力为导向、掌握先进制造业工艺的应用型人才和产业工人。四是健全制造业人才保障机制,完善技能型人才培养、使用、管理机制,提高技能人才的社会地位和经济待遇,形成高、中、低梯度化规模适当、结构合理的制造业人才支撑体系。

(3)加快构建现代服务型制造体系

现代服务型制造体系是助推制造业高质量发展的软引擎。我国一些企业仍然停留在传统制造业阶段,满足于生产、加工、销售,单纯追求产品销售量而产生的利润,忽视前置的专利价值、后置的解决方案等"服务价值",制造业与服务业相互脱钩,只做一锤子买卖。种种迹象表明,现代制造业的高质量发展,不仅需要现代制造业的"硬件"支撑,更需要现代服务业"软件"给力。构建现代服务型制造体系,一是延伸布局,即需要推动从制造业向服务业价值链纵横延伸布局,推进制造业向高附加值的现代服务型制造业转型。二是高度融合,即深度开发产品前置和后置"服务价值",借助互联网、大数据、人工智能等现代信息技术,提高现代服务型制造水平。三是精细精准,提高企业现代化服务业价值链精细化程度,为"顾客"提供更加精准化的服务。

（4）加快发展服务型制造和生产性服务业

推动生产性服务业向专业化和价值链高端延伸、生活性服务业向精细和高品质转变、制造业由生产型向生产服务型转变。这是制造业创新发展的新领域，是推动制造业转型升级的必然路径。应加快制造业与服务业协同发展，实施服务型制造行动计划，鼓励制造业企业增加服务环节投入，发展个性化定制服务、全生命周期管理等在线支持服务。支持有条件的企业由提供设备向提供系统集成服务转变，由提供产品向提供整体解决方案转变。大力发展面向制造业的信息技术服务，鼓励互联网企业发展移动电子商务、线上到线下等创新模式，加快发展研发设计、科技咨询、第三方物流等第三方服务，增强对制造业转型升级的支撑能力。

1.2　智能制造的内涵及特点

1.2.1　智能制造的内涵

1. 智能制造的概念

智能制造源于人工智能的研究和应用。其概念最早由美国人赖特和布恩于 1988 年提出。1991 年，日本、美国和欧洲国家的国际合作研究计划又提出智能制造系统概念。然而，限于当时的技术条件，智能制造在长达 20 年的时间里未能发展起来。随着新一代信息通信技术的发展及在制造领域的不断渗透，智能制造被赋予了新的内涵，进入到了一个新的发展阶段。

智能制造是先进制造技术与新一代信息技术、新一代人工智能等新技术深度融合形成的新型制造系统和制造技术，它以产品全生命周期价值链的数字化、网络化和智能化集成为主线，以企业内部纵向管控集成和企业外部网络化协同集成为支撑，以实际生产系统及其对应的各层级数字孪生映射融合构建的信息物理生产系统（简称 CPPS）为核心，建立起具有动态感知、实时分析、自主决策和精准执行功能的智能工厂，进行虚实融合的智能生产，实现高效、优质、低耗、绿色、安全的制造和服务。

2. 智能制造是多技术融合的新型制造技术

智能制造是先进制造技术与新一代信息技术、新一代人工智能等新技术深度融合形成的新一代制造技术，从技术角度看，智能制造将涉及技术基础、支撑技术和使能技术三个方面：

（1）技术基础。是指智能制造的工程技术和基础性设施条件等，涉及工业“四基”和基础设施两个方面。工业“四基”即核心基础零部件或元件、先进基础工艺、关键基础材料和产业技术基础；基础设施是指数字化基础设施、网络化基础设施、信息安全基础设施等。

（2）支撑技术。智能制造的支撑技术涉及支撑智能制造发展的新一代信息技术和人工智能技术等，主要包括传感器、工业互联网或物联网、大数据、云计算或边缘计算、虚拟现实或增强现实、人工智能和数字孪生等。

（3）使能技术。智能制造的使能技术涉及智能制造系统性集成和应用使能方面的关键技术，归结为"端到端集成、纵向集成、横向集成"三大集成技术和"动态感知、实时分析、自主决策、精准执行"四项应用使能技术。

3. 智能制造是一种物理融合的新型制造系统

从制造系统角度看，智能制造将实现以产品全生命周期价值链数字化为主线的端到端集成、基于工厂自动化层级结构的纵向集成和网络化制造系统、跨越企业边界的一体化、网络化协同合作的横向集成，构建出一种以信息物理系统（CPS）为核心的新型制造系统——信息物理生产系统，这是未来智能工厂的新形态，智能工厂进行的生产将在动态变化的条件下进行自适应调整，保持优化运行的新型智能生产方式。

1.2.2　智能制造的特征

智能制造是一种以人工智能技术为基础，以实现制造业数字化、网络化、智能化为目标的制造模式。相较于传统制造模式，智能制造具有以下几个显著特点：

（1）生产设备网络化，实现车间"物联网"

工业物联网的提出给"中国制造 2025"、工业 4.0 提供了一个新的突破口。物联网是指通过各种信息传感设备，实时采集任何需要监控、连接、互动的物体或过程等各种需要的信息，其目的是实现物与物、物与人、所有的物品与网络的连接，方便识别、管理和控制。传统的工业生产采用 Machine to Machine 的通信模式，实现了设备与设备间的通信，而物联网通过 Things to Things 的通信方式实现人、设备和系统三者之间的智能化、交互式无缝连接。

在离散制造企业车间，数控车、铣、刨、磨、铸、锻、铆、焊和加工中心等是主要的生产资源。在生产过程中，将所有的设备及工位统一联网管理，使设备与设备之间、设备与计算机之间能够联网通信，设备与工位人员紧密关联。

（2）生产文档无纸化，实现高效、绿色制造

构建绿色制造体系，建设绿色工厂，实现生产洁净化、废物资源化、能源低碳化是"中国制造 2025"实现"制造大国"走向"制造强国"的重要战略之一。目前，在离散制造企业中产生繁多的纸质文件，如工艺过程卡片、零件蓝图、三维数模、刀具清单、质量文件、数控程序等，大多分散管理，不便于快速查找、集中共享和实时追踪，而且易产生大量的纸张浪费、丢失等。

生产文档进行无纸化管理后，工作人员在生产现场即可快速查询、浏览、下载所需要的生产信息，生产过程中产生的资料能够即时进行归档保存，大幅降低基于纸质文档的人工传递及流转，从而杜绝文件、数据丢失，进一步提高生产准备效率和生产作业效率，实现绿色、无纸化生产。

（3）生产数据可视化，利用大数据分析进行生产决策

在生产现场，每隔几秒就收集一次数据，利用这些数据可以实现很多形式的分析，包括设备开机率、主轴运转率、主轴负载率、运行率、故障率、生产率、设备综合利用率（OEE）、零部件合格率、质量百分比等。例如，在生产工艺改进方面，在生产过程中使用这些大数据，就能分析整个生产流程，了解每个环节是如何执行的。

一旦有某个流程偏离了标准工艺，就会产生一个报警信号，能更快速地发现错误或者瓶颈所在，也就能更容易解决问题。利用大数据技术，还可以对产品的生产过程建立虚拟模型，仿真并优化生产流程，当所有流程和绩效数据都能在系统中重建时，这种透明度将有助于制造企业改进其生产流程。再如，在能耗分析方面，在设备生产过程中利用传感器集中监控所有的生产流程，能够发现能耗的异常或峰值情形，由此便可在生产过程中优化能源的消耗，对所有流程进行分析将会大大降低能耗。

（4）生产过程透明化，智能工厂的"神经"系统

《中国制造 2025》明确提出：推进制造过程智能化，通过建设智能工厂，促进制造工艺的仿真优化、数字化控制、状态信息实时监测和自适应控制，进而实现整个过程的智能管控。在机械、汽车、航空、船舶、轻工、家用电器和电子信息等离散制造行业中，企业发展智能制造的核心目的是拓展产品价值空间，侧重从单台设备自动化和产品智能化入手，基于生产效率和产品效能的提升实现价值增长。因此其智能工厂建设模式为推进生产设备（生产线）智能化，通过引进各类符合生产所需的智能装备，建立基于制造执行系统 MES 的车间级智能生产单元，提高精准制造、敏捷制造、透明制造的能力。

离散制造企业生产现场，MES 在实现生产过程的自动化、智能化、数字化等方面发挥着巨大作用。首先，MES 借助信息传递对从订单下达到产品完成的整个生产过程进行优化管理，减少企业内部无附加值活动，有效地指导工厂生产运作过程，提高企业及时交货能力。其次，MES 在企业和供应链间以双向交互的形式提供生产活动的基础信息，使计划、生产、资源三者密切配合，从而确保决策者和各级管理者可以在最短的时间内掌握生产现场的变化，做出准确的判断并制定快速的应对措施，保证生产计划得到合理而快速的修正、生产流程畅通、资源充分有效地得到利用，进而最大限度地发挥生产效率。

（5）生产现场无人化，真正做到"无人"厂

在离散制造企业生产现场，数控加工中心智能机器人和三坐标测量仪及其他所有柔性化制造单元进行自动化排产调度，工件、物料、刀具进行自动化装卸调度，可以达到无人值守的全自动化生产模式（Lights Out MFG）。在不间断单元自动化生产的情况下，管理生产任务优先和暂缓，远程查看管理单元内的生产状态情况，如果生产中遇到问题，一旦解决，立即恢复自动化生产，整个生产过程无须人工参与，真正实现"无人"智能生产。未来无人化工厂模型如图 1.5 所示。

图 1.5　未来无人化工厂模型

1.3　智能制造与工业 4.0

1.3.1　工业 4.0

1. 工业 4.0 提出背景

工业 4.0 是基于工业发展的不同阶段做出的划分。按照目前的共识,工业 1.0 是蒸汽机时代,工业 2.0 是电气化时代,工业 3.0 是信息化时代,工业 4.0 是利用信息技术促进产业变革的时代,也就是智能化时代。这个概念最早由德国政府提出,并在 2013 年汉诺威工业博览会上正式提出。随着新一轮技术浪潮的到来以及国际科技竞争日益加剧,作为工业化强国,德国敏锐地感觉到新机遇、新挑战,为此及时制定并推进产业发展创新战略,其目的是提高德国工业的竞争力,在新一轮工业革命中占领先机。

工业 4.0 推出以后,迅速在全球范围内引发了新一轮的工业转型竞赛。德国学术界和产业界认为,继蒸汽革命、电气革命、信息革命之后,人类将迎来以信息物理系统为基础,以生产高度数字化、网络化、机器自组织为标志的第四次工业革命,旨在通过信息通信技术和信息物理系统相结合的手段,推动制造业向智能化转型。

2. 工业 4.0 的基本特征

（1）通过价值链及网络实现企业间"横向集成"

企业通过智能制造系统,联通产品设计、制造、服务的上下游企业,形成一个为用户提供产品和服务的增值链。在生产、自动化工程和 IT 领域,横向集成是指将各种使用不同制造阶段和商业计划的 IT 系统集成在一起,其中既包括一个公司内部的材料、能源和信息的配置,也包括不同公司间的配置。这种集成的目标是提供端到端的解决方案。

（2）企业内部灵活且可重新组合的网络化制造体系"纵向集成"

在智能工厂中，从上往下是计划、执行管理、执行单元的一个纵向的集成。通过工业网络连接，实现跨层的集成自动化。在生产、自动化工程和 IT 领域，垂直集成是指为了提供一种端到端的解决方案，将各种不同层面的 IT 系统集成在一起。

（3）贯穿整个价值链的端到端工程数字化集成

整个制造活动中，通过设计和工程的数字化集成，实现不同企业之间、不同业务的跨系统、跨地域的端到端集成，是一个价值链的全数字化实现。

这三个集成体现了智能制造系统的内在和外在的联系。其基础就是数字化和网络化，并且最终依托智能化实现价值创造。

1.3.2　智能制造与工业 4.0 的区别

工业 4.0 和智能制造是紧密相关的概念，它们都代表了现代制造业的转型和发展趋势。虽然它们有些重叠的特点，但也存在一些区别：

1．广度和概念

工业 4.0 是一个更为广泛的概念，它代表了第四次工业革命，强调数字化、网络化和智能化技术在制造业中的应用。而智能制造是工业 4.0 的一种具体实现方式，强调利用先进的信息技术和智能化设备，实现自动化、自主性和优化的制造系统。

2．技术和应用

工业 4.0 涵盖了多种关键技术，如物联网、大数据分析、人工智能、云计算等，旨在实现设备、机器和系统之间的实时连接和协同工作。智能制造则更侧重于自动化技术、机器人、传感器和智能控制系统等，以实现制造过程的自动化、智能化和优化。

3．视野和影响

工业 4.0 关注整个价值链的数字化和智能化，涵盖产品生命周期的各个环节，如设计、制造、供应链、销售和服务等。智能制造则更专注于制造环节的智能化和自动化，着重提升生产过程的效率、质量和灵活性。

工业 4.0 的核心是通过物联网、大数据分析、人工智能等技术，实现设备、机器和系统之间的实时交互和协同工作，以提高生产效率、灵活性和可持续性。

智能制造则是工业 4.0 的一种具体实现模式，它强调利用先进的信息技术和智能化设备，使制造系统具备自我诊断、自我调整和自我优化的能力。智能制造注重生产线的自动化和自主性，通过大量传感器、智能控制系统和机器人等技术，实现生产过程的智能监控和自动执行，从而提高生产效率、质量和灵活性。

因此，可以说智能制造是工业 4.0 的具体应用和实施方式之一。工业 4.0 提供了实现智能制造的理念和技术基础，而智能制造则是工业 4.0 理念在制造业中的具体实践和应用。它们共同推动了制造业的数字化转型和技术创新，为企业带来更强的竞争力和更好的发展机会。

习题与思考

（1）智能制造的特征有哪些？

（2）智能制造与工业 4.0 的区别是什么？

第2章 制造系统概念与发展

2.1 制造系统基本概念

2.1.1 制造

制造是人类按需求,运用主观掌握的知识和技能,借助手工或可以利用的客观工具,采用有效的工艺方法和必要的能源,将原材料加工成适用的产品或者器物的过程。随着自动化技术、电子信息技术和制造管理技术的进步以及生产力的发展,制造过程的定义和内涵发生了较大的变化,逐渐形成了狭义概念和广义概念下的制造过程。

1. 狭义制造

狭义制造也可称为"小"制造或传统机械制造,主要是指产品的机械工艺过程或机械加工过程。传统意义上的制造,由于设计过程与工艺过程的分开,狭义制造重点强调的是工艺过程。

狭义制造指生产过程从原材料到成品直接起作用的那部分工作内容,包括毛坯制造、零件加工、产品装配、检验、包装等具体操作过程。在知识体系中,包含铸造、锻造、冷加工、热加工、制造工艺和装配工艺等专业知识,分布在机械制造基础、机械制造工艺学等专业课程中。

2. 广义制造

广义制造也可称为"大"制造或现代制造系统,与狭义制造相比,其在涵盖范围和过程两大方面有很大的拓展。在涵盖范围上,广义制造涉及的领域不仅局限于机械制造,还涉及电子、化工、医药、食品、军工等行业,包含了国民经济的大量行业;在制造过程上,广义制造不仅指工艺过程,还包含产品设计、计划控制、生产管理、装配检验、销售和服务等产品整个生命周期的全过程,以及报废和再制造等一系列相关活动和工作。

广义制造包含四个过程:准备过程(产品设计、工艺设计、工艺装备设计和制造、计划管理、材料准备等);转化过程(毛坯制造、零件加工、装配等);物质转移过程(原材料和工具的供应、运输、保管等);产品报废和再制造过程。广义制造还有三个特点:

(1) 全过程

从产品生命周期看,广义制造过程包括毛坯到成品的加工制造过程,产品的市场信息分析过程,产品的决策过程,产品的设计、加工和制造过程,产品销售和售后服务过程,报废产品的处理和回收过程,以及产品生命周期的设计、制造和管理过程。

（2）大范围

从涉及行业看,广义制造涵盖机械、电气工程、化学工程、土木工程、生物工程、航空航天、军工等国计民生的重要行业;从产品类别看,广义制造包含机械产品制造、光机电产品制造、生物产品制造、轻纺工业产品制造、材料制备等。

（3）高技术

从技术方法来看,广义制造包括机械加工技术、高能束加工技术、微纳米加工技术、增材制造技术、电化学加工技术、生物制造技术等,还包括现代信息技术,特别是计算机技术与网络技术等。产品需求不断发展,产品的制造已不是采用单一制造技术,而是以综合技术体系存在,推动人类社会进步。

从本质特征上看,制造是一种将原有资源（如物料、能量、资金、人员、信息等）按照社会需求转变为具有更高实用价值的新资源（如有形的产品和无形的软件、服务）的过程。制造在涵盖内容和过程两方面不断拓展,随着时代变化和技术更新,制造也将不断向新领域进发。

3. 其他制造过程

狭义制造和广义制造确定了制造的本质和组成,而根据生产工艺流程的不同,还可以将制造生产过程分为离散式制造过程和流程式制造过程。

离散式制造过程:是指通过机器对材料进行外形加工,再将由不同材料加工成型的零件组成具有所需功能的产品的制造工艺,所制造的产品由多个原材料经过一系列不连续的工序加工成型最终装配而成。在这过程中,机器之间、组成零件之间均是分离开的,故称为离散式制造。

特点:离散式制造的产品结构更加复杂,制造所需原材料种类较多,制造链和产业链较为庞大,制造协调、生产管理工作较为繁重,其制造过程包含更多的变化和不确定性因素,离散式制造的过程控制更加复杂和多变。离散式制造过程,如图 2.1 所示。

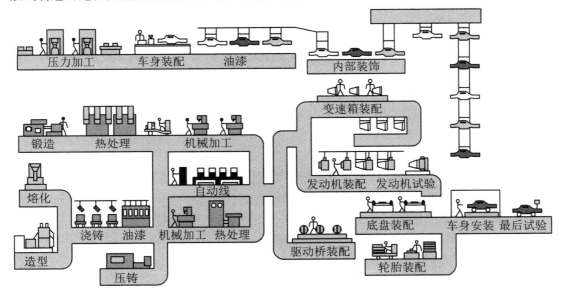

图 2.1　汽车离散式制造过程

流程式制造过程：是指被加工对象按一定的工艺顺序连续地通过各生产环节，并且在此过程中不断改变形态和性能，最后形成产品的过程。在此过程中，制造设备和加工工序均具有连续性，且被加工对象原材料一般具有单一性，故称为流程式制造。

特点：流程制造的物料输送连续，生产连续性强，生产流程规范，生产原材料单一，产品形态稳定，常有较稳定的工序，生产中人工干预较少。生产的连续性导致设备或生产环节故障会影响制造全局。流程式制造过程，如图 2.2 所示。

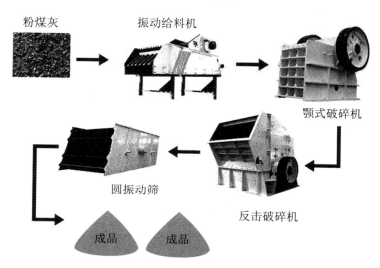

图 2.2　粉煤灰制粉流程式制造过程

2.1.2　系统

系统一词在人类社会中广泛存在。比如人体消化系统，它由口腔、咽、食管、胃、小肠和大肠等子系统组成；汽车制动系统由制动操纵机构和制动器等子系统组成；多媒体教室可以看成是一个由电脑、投影仪、音响设备、桌椅、照明设备等子系统组成的系统。上述系统又可以作为子系统组成人体系统、汽车系统、教学楼系统，组成的各系统又可以组成更大的人类社会系统。系统可大可小，充斥在人类社会的各个角落，因其不定性，不同的环境、不同的事物，不同的人赋予它不同的含义。

1. 系统的概念

系统概念的定义尚无统一规范的定论，一般采用通用定义：系统是由一些相互关联的若干要素组成的具有特定功能的有机整体或集合。我们也可以从以下三个方面深入理解系统的概念：

（1）系统是由若干独立要素组成的，这些要素可能是一些原材料、元件、零件，也可能是一个个系统。如汽车发动机由燃料供给系统、冷却系统、润滑系统、点火系统和启动系统五大系统组成，而汽车发动机又是汽车整车系统的一个子系统。

（2）系统有一定的结构，组成系统的各个构成要素之间相互关联、相互制约。构成系统各要素之间相对稳定的关联方式、组织秩序等，表达了系统的结构特点。例如，钟表由齿轮、指针、发条和钟表壳体按照一定的结构顺序安装而成,但这些齿轮、指针、发条和钟表壳体无序安装或单独存在是不能构成钟表的。

（3）系统是有一定功能或目的性的。系统与外部环境或事物相互作用、相互关联表现出其性质、能力和功能,而这些表现是组成系统各个要素共同体现或者由各要素独有功能体现的。例如,电脑主板为插装其上的元件提供相应的电源,连接元件使它们之间相互传递信息,接受外来数据传递给相应元件处理,将内部数据向外界传递,平衡电脑中能源转换、温度、电流等。电脑主板的功能既有组成要素共同作用所体现的,又有组成要素功能独自所体现的。

系统在实际应用中特征不同,其所蕴含的含义也是多方面的:系统是由输入要素、转化过程、输出要素组成的有机整体;各要素具有特定的属性;各要素之间具有特定的关联性,并在系统内部形成特定的系统结构;系统具有边界,边界确定了系统的范围,也将系统与周围环境区别开来,系统与环境之间存在物质、能量和信息的交流;系统具有特定的功能,系统功能受到系统结构和环境的影响。

2. 系统的特征

系统虽然具有多样性,但其特征具有共性,具体如下:

（1）集合性

系统由两个或两个以上的不同要素或子系统构成,单个或多个相同元素或子系统不能构成系统。

（2）相关性

系统内每个要素或子系统相互关联、相互制约、相互作用,从而形成一个整体。各要素或子系统间相互关联体现了系统的整体功能,而各个要素间关联关系变化或某个要素的变化,系统也会相应的产生变化,系统的相关性体现了这种"关系"。

（3）层次性

一个系统由多个子系统构成,子系统可能包含多个更小的子系统,而这个系统又是一个更大的系统或超系统的组成部分。系统如模块一样层层搭建组成人类社会不同的事物,系统是有层次的。

（4）目的性

每个系统都有其明确的目的,即系统所表现出的特定功能。系统表现的目的不是构成系统要素或子系统的局部目的,而是系统整体体现的目的。系统也会具有多重目的性。

（5）环境适应性

每个系统是超系统环境的组成部分,环境的变化推动系统自我调整,系统也会改变自身功能以适应环境变化。系统与环境进行各种形式的交换,受环境的制约与限制。没有环境适应性的系统,是没有生命力的,也会被新的系统所替代。

（6）动态性

系统不是纯粹的事物,其内部各组成要素之间或系统与外部环境间进行物质、能量、信息等的交流,构成了系统活动的动态循环。系统的生命周期也体现出系统自身处在孕育、产生、发展、衰退、消灭的动态变化过程中,系统具有动态性。

掌握系统特性,能够更好地理解系统的概念。对系统的研究有助于人类深入理解自然科学、社会科学等科学技术体系,使人们可以全面地分析各种事物以探索人类社会发展的奥秘。

2.1.3　制造系统

制造系统是人类社会的重要组成部分,既制造出了满足人类生活所需的必要产品,其不断的进化变革又推动了人类社会的发展。随着科技的不断进步,制造系统在新时代被赋予更高的使命。

1. 制造系统的定义

国际生产工程学会于 1960 年公布的制造系统的定义是:制造系统是制造业中形成制造生产的有机整体。英国著名学者帕纳比 1989 年给出制造系统的定义为:制造系统是工艺、机器系统、人、组织结构、信息流、控制系统和计算机的集成组合,其目的在于取得产品制造经济性和产品性能的国际竞争性。美国麻省理工学院于 1992 年描述的制造系统为:由人、机器和装备以及物料流和信息流构成的一个组合体。在机电工程产业中,制造系统具有设计、生产、发运和销售的一体化功能。概括而言,制造系统是指为达到预定制造目的而构建的组织系统,是由制造过程、制造硬件、制造软件和相关人员组成的一个有机整体,它具有将制造资源转变为有用产品的特定功能,蕴含着三个方面的含义:

(1) 制造系统的结构方面

制造系统是一个包括工作人员、生产设施和制造环境、材料加工设备及相关附属设备等的统一整体。

(2) 制造系统的转变方面

制造系统可以定义为生产要素的转变过程,通过能量转换、物理变换等形式将原材料转变成为所需的特定产品。

(3) 制造系统的过程方面

制造系统可以定义为产品生产的全过程周期,包括市场分析、产品设计、工艺规划、制造实施、检验出厂、产品销售等制造的全过程。

综合上述的三方面定义,可将制造系统定义为:制造系统是生产制造过程及所涉及的设备硬件、控制软件和生产人员所构成的一个将制造原料转变成所需的半成品或成品的具有输入、输出功能的系统,它涉及产品制造的全周期(包括市场分析、产品设计、工艺规划、加工过程、产品装配、产品运输、产品销售、售后服务及回收再制造等)的全过程。其中,硬件包括制造场地、制造设备、加工工具、检测设备、包装和运输等设备、计算机等;软件包括制造理论、制造技术(制造工艺和方法等)、管理方法、制造相关软件等;制造资源包括原材料、毛坯件、半成品、物理和化学能源,以及相关的硬件、软件和人员等。

现代制造系统是指在时间、质量、成本、服务和环境诸方面下,制造产品能够很好地满足市场需求,采用先进制造技术和先进制造模式,协调运行,获取系统资源投入的最大增值,具有良好的社会效益,达到整体最优的制造系统。

现代制造系统是包含了多项现代制造技术和多种现代制造模式的一个整体概念。当代信息技术和自动化技术为企业提供了改变常规制造模式的机遇,只有打破常规制造模式的框框而产生现代制造模式,才能发挥现代制造技术的作用,从而形成现代制造系统,真正提高企业的综合竞争力。

2. 制造系统的要素

制造系统的基本要素主要包含输入、输出、制造过程、约束和反馈。各要素之间关系如图 2.3 所示。

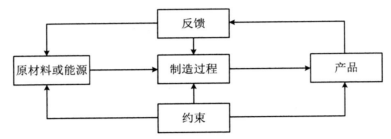

图 2.3 制造系统组成要素相互关系

(1) 输出

输出是制造系统存在的前提条件。制造系统对社会环境的输出包含有形产品和无形产品两个类型。有形产品包括硬件产品、软件产品及相关产品质量、产品特色、产品功能等;无形产品包括市场策划、技术输出、人员培训、咨询服务、创造客户、承担社会责任等。

(2) 输入

输入是实现转换功能的前提条件。输入的资源包括物质(如材料、设备、能源、资金等)和信息(如智力、技术和市场需求等)。

(3) 制造过程

制造过程是实现资源增值转换的过程,是制造系统的核心,是由一系列实现产品功能的制造功能单元组成的,每一单元又由不同资源通过不同形式的联系和相互作用来实现。

(4) 约束

约束是指制造系统的外部约束,如法律法规、规范标准、社会规范、环境资源、成本等方面。

(5) 反馈

在制造系统的输出端,将产品输出状态(产品质量检测、资源成本利用情况、产品用户反馈等)信息反馈至输入和制造过程各个环节中,从而实现产品全生命周期的不断调整、优化。

3. 制造系统的"流"

因制造系统中存在物质、信息的流转运动,人们提出了关于制造系统的运动流理论。不同的制造系统,由不同的运动流构成的子系统表现的功能也不同。下面以常见的物料流、能量流和信息流进行介绍。

(1) 物料流

制造系统中的物料,在不同的加工设备和检测辅助设备之间流转,经过一道道制造工序的加工,由原材料转变成产品,这一物料的流转称为制造系统的物料流。物料在机械制造系统的流转如图 2.4 所示。

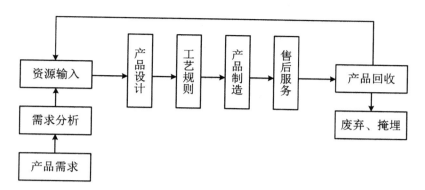

图 2.4   企业产品制造物料流

（2）能量流

制造系统及其外部存在能量，这些能量一部分是制造资源自身存在的能量，一部分是用于维持物料运输及物料在各个制造环节或子系统中的运动，还有一部分能量是通过制造转换、物料间传递、损耗、储存、释放等的相关过程，通过能量的运动完成制造过程。这种制造系统中的能量运动过程，成为制造系统的能量流。

（3）信息流

制造系统中的信息（物料信息、工具信息、制造设备信息、工艺制造信息等），通过不同的流程形式在制造系统内部处于动态化流转，不断地被识别、存储、提取、更新、删除等，形成了制造系统中的信息流。

4．制造系统的特征

制造系统是由多个生产要素或子系统构成的，各要素或子系统通过相互作用、相互关联、相互制约组成一个有机整体，制造系统作为一个有机整体具备系统科学中所阐述"系统"的全部特征：

（1）集合性

制造系统是由多个互不相同或存在相互区别的子系统构成的。例如，柔性制造系统是由加工系统（多台数控机床和加工中心）、物料流系统（存储、输送、转运等）、能量流系统、信息流系统（检测系统、控制系统等）等若干子系统组成的。

（2）相关性

制造系统内的各组成子系统间相互关联、相互制约，相关性表明各子系统之间的特定关系。例如，汽车的动力系统、传动系统、控制系统之间互相作用，构成汽车整机系统。

（3）目的性

制造系统作为一个整体，其有一个或多个目的，这些目的是由组成制造系统的子系统共同作用产生的，而制造系统的最终目的就是把原材料转变成为人类所需的产品。

（4）环境适应性

制造系统要想具有良好的生命力，必须不断适应所处的外界环境。组成制造系统的各子系统也通过不断的自身改进或子系统间关系调整来适应环境，以获得最优状态。

制造系统除了具有上述普遍的特征外，还具有以下显著特点：

（1）制造系统总是一个动态系统

制造系统在运行的过程中总是伴随着物料流、信息流、能量流的运动；制造系统处于一个不断输入/输出的动态过程中；为适应环境变化，制造系统及其子系统总是处于不断更新、不断完善的运动中。

（2）制造系统总是包括决策子系统

制造系统除了包括物料流、信息流、能量流等子系统外，还包括若干决策子系统，用于对制造系统进行管理。因此，物料、能量、信息与决策四个要素结合，构成了一个完整的制造系统。

（3）制造系统具有反馈特性

制造系统在运行中，其输出总是不断向制造过程的其他环节（输入、制造等）反馈信息，以实现制造环节的不断调节、改善和优化。

5. 制造系统的性能指标

制造系统的性能描述可分为三种情况：① 定性表示，主要指易操作性、易维修性等；② 直接定量表示，指在制品数、生产率等；③ 经过分析或评价可定量表示，如柔性、可靠性、集成度等。下面介绍制造系统有关的一些性能指标。

（1）生产率

制造系统单位时间内制造的产品的数量成为生产率，该性能指标与产品有直接关系。生产率既可以表示一台加工设备制造产品的情况，也可以表示生产车间或整个工厂内所有加工设备共同生产的产品情况。生产率是指实际产出与投入之比，主要包括劳动生产率、原材料生产率和能源生产率几方面。

（2）生产能力

制造系统中某一特定层次（如车间、制造单元、设备等），在一定时期内，在有效的制造技术和技术管理条件下，生产特定产品的最大数量称为生产能力。该性能指标体现制造系统加工设备的能力指标。

（3）生产均衡性

它是指制造系统各子系统所承担任务的松紧程度。它要求制造系统的输入、制造过程及输出都能有计划、有节奏地进行。生产均衡性是衡量一个企业生产管理水平的重要标志，目前无量化指标。其均衡性主要体现在两方面：一是时间方面，要求制造系统各子系统完成相应生产任务的时间合理；二是空间方面，要求产品各组成零件的生产投放以及制造设备承担的生产任务应均衡。

（4）在制品数

它是指投放车间进行生产但尚未完成的零件数。大量的在制品投放在车间，不仅增加了存储费用、管理费用及输送费用，而且增加了在制品破损和能量损耗的可能性，给生产管理带来了困难，因此通常希望在制品数投放合理，数量控制在合理程度。

（5）通过时间

它是指原材料进入制造系统后直到加工处理完毕离开系统所经历的时间，企业也将此时间称为加工节拍。

（6）等待队长

它是指某一时刻在进入某一制造环节进行加工之前等待加工的工件数。通常它是一个随机变量,需要求得平均等待队长。

（7）等待时间

它是指工件在等待进行加工的队列中所逗留的时间。通常它也是一个随机变量,也需要求得平均等待时间。在核算生产成本时也常以此数据为计算依据。

（8）设备利用率

它是指设备的实际开动时间占制度工作时间的百分比。制度工作时间是指在规定的工作制度下,设备可工作的时间数。

（9）设备完好率

它是指系统中无故障设备数在制造系统全部设备数中所占的百分比。

（10）设备可维修性

它是指单台设备易于维修的程度。设备是否易于维修,取决于设备的设计、制造及装配调试,此性能指标无法用数量表示,只能模糊定性表达。

（11）使用方便性

它是指单台设备或单个加工系统的调试准备、运行操作等过程中的方便程度。此性能无法量化,也只是模糊的定性表达。

（12）可靠性

它是指制造系统随着时间的变化保持自身工作能力的性能。可靠性是产品和制造系统的重要特性,一方面可以确定产品加工的效率和时间;另一方面可以确定设备的使用寿命和合理工作时间。设备的可靠性与其设计、制造或使用均有关系。

（13）柔性

它是指制造系统适应环境或输入输出条件变化的能力。作为企业的制造系统,其柔性主要体现在对市场和环境变化下做出的快速有效响应的能力。它有内外之分,外部柔性来自市场的要求,内部柔性来自工艺过程的技术革新。对于独立加工单元来说,其柔性主要表现在系统适应加工零件类型、批量、加工方法等因素变化的能力。

（14）集成度

它是指构成制造系统的各子系统之间功能交互、信息共享及数据传递畅通的程度。

2.1.4　制造模式

1. 制造模式的概念

制造模式是指企业体制、经营、管理、生产组织和技术系统的形态和运作模式,是制造系统实现生产运行和经营管理的典型组织模式。从广义的角度看,制造模式就是一种有关制造过程和制造系统建立和运行的哲理和指导思想,虽然制造过程比较复杂,但其必须按照一定的规律运行,制造模式就是要确定制造过程运行规律。

2. 制造模式的演化

制造模式总是与社会或市场需求以及生产力发展水平相关联。早在手工生产时代,采用手工作坊制造模式,此时产品的设计、制造、装配、检验和调试基本是由个人完成的,这种制造模式灵活性较好,但是生产效率低、成本高,难以满足产品大批量生产的需求。

17世纪到1830年,在专业细化分工生产模式、蒸汽机出现的基础上,制造企业的雏形——工场式的制造厂出现了,人类社会的生产力得到大幅度的提升。到了1900年左右,制造业成为一个重要的产业,其主要制造模式是少品种单件小批量生产。在此阶段,制造业得到一定的发展,但是因为制造企业或者产品配套制造企业未有标准的计量器具,装配时需要装配工凭借经验来修整零件,以满足产品质量和功能要求。这些工厂因要承担大量的生产任务无力开发新技术,产品的产量低、成本高,且成本不受产品产量的影响,这种生产模式也就无法满足市场需求。

19世纪中叶到20世纪初,随着传送带引入制造系统,互换性技术和科学管理的发展,以及电气化、标准化与制造系统的结合,出现了少品种大批量生产模式(也称刚性流水线),制造业开始了第一次生产模式的转换。这种生产模式带给制造业一场变革,推动了工业化的进程和经济高速发展。刚性生产线提高了生产效率,降低了产品成本,但是缺乏多样性。到了20世纪50年代,少品种大批量生产模式达到了顶峰。

从20世纪50年代开始,随着社会的进步,人们逐渐认识到单一产品的大量生产已经不适合市场的变化和用户需求多样化的要求,迫使产品生产向多品种、变批量、短生产周期方向演变,传统的单一产品大批量生产方式渐渐被现代生产模式所替代,出现了与此相适应的先进制造系统,诸如柔性制造、计算机集成制造、敏捷制造、精益生产、可重构制造、虚拟制造、绿色制造、智能制造和网络化制造等。这些先进的制造系统使得现代企业在面对日益激烈的市场竞争和用户多变需求时,能以更短的产品上市时间(time)、更优的产品质量(quality)、更低的产品成本(cost)、更好的服务(service)和更高的环境适应性(environment)(这五点简称TQCSE)赢得市场竞争力。

3. 制造模式的影响因素

(1)先进技术的发展

新的制造技术的产生常是为了解决制造系统中的技术需求。而制造技术的应用则须在与之相适应的制造模式下才能收到实效,因此导致了制造模式的变化。互联网、大数据、人工智能等技术的快速发展,推动制造模式的相应转变,尤其是近年来越来越受到重视的智能制造,让一些制造企业的制造模式向智能制造模式转变,提高了企业产品或服务的竞争力。

(2)生产力水平的提升

制造模式的发展不是盲目的快速发展,其如何发展或发展程度受社会生产力水平影响,如技术人员素质、资金投入、科技发展等,新的制造模式的产生实际是生产力水平发展的产物。

(3)市场的需求

制造企业需要根据诸如产品的种类需求、质量需求、价格需求、时间需求和服务需求等市场需求来制定相应的市场定位策略,开发符合市场需求的新产品或服务,选定符合市场需求的制造模式,增加市场份额,促进企业的发展。

(4)环保要求

随着全球环境保护意识的增强,环保问题已经成为影响制造业发展的重要因素。越来越多的制造企业将提升环保意识放在首位,推进绿色制造,加强生产过程的环保管理,积极探索新型环保技术和新型能源。

4. 典型制造模式

（1）柔性制造模式

柔性制造模式的特点是:加工工序集中,无固定生产节拍,物料非顺序输送,制造模式将高效率和高柔性融为一体,产品生产成本低,制造具有较强的灵活性和适应性。在20世纪70年代出现了柔性制造单元、柔性制造系统。柔性制造模式也分为以下两种情况:

① 柔性单机模式

由单台加工设备构成,运行中不需要对设备硬件进行改动,只需要将内置的零件加工程序和刀具、夹具改变即可,其柔性主要体现在不同产品的转换过程中,适用于小批量、多品种产品的生产。图2.5为柔性单机制造模式。

图2.5　柔性单机制造模式

② 柔性系统模式

以信息控制系统、物料储运系统及若干台数控加工设备为重要组成部分,该模式能适应加工不同加工对象的情况,主要以柔性制造系统(简称FMS)为主。制造系统有以下三种类型:

a. 柔性制造单元。柔性制造单元是由一台或多台数控机床、加工中心组成的加工单元,该单元可以根据产品或用户需求更换刀具和工装夹具,以加工不同的工件产品。柔性制造单元可以加工形状复杂的零件,零件加工工序简单、加工工时长、需求量较少。柔性单元模式体现在设备的柔性上,而人员和加工的柔性较低。柔性制造单元如图2.6所示。

b. 柔性制造系统。柔性制造系统是以数控机床和加工中心为基础,配以物料传送装置、控制系统的生产系统。该系统由计算机实现自动控制,能在不停机的情况下满足多种零件的加工。柔性制造系统适合加工结构复杂、加工工序多、批量大的零件。其加工和物料输送的柔性较大,但人员柔性仍然较低。柔性制造系统如图2.7所示。

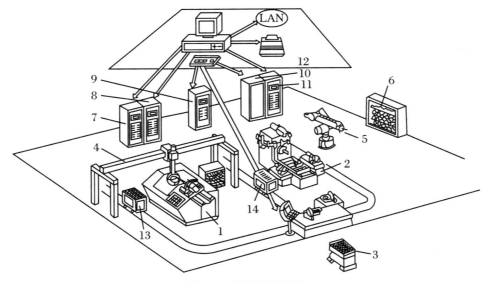

图 2.6 柔性制造单元

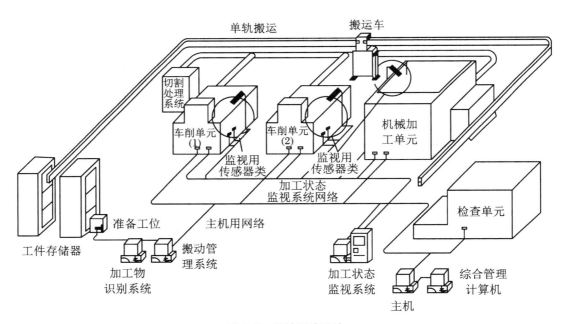

图 2.7 柔性制造系统

c. 柔性制造生产线。柔性制造生产线是把多台可调整机床(多为组合专用机床)联合起来,配以输送装置的生产线。该生产线可加工批量较大的不同规格或类型的零件。柔性制造生产线范围较广,柔性较低的生产线的性能接近刚性生产线;柔性程度高的生产线的性能接近柔性制造系统。柔性制造生产线如图 2.8 所示。

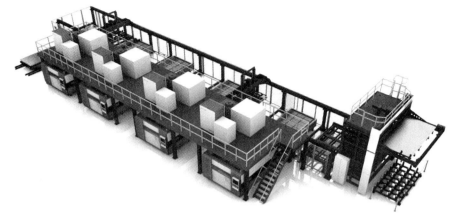

图 2.8　柔性制造生产线

（2）计算机集成制造模式

该制造模式在系统中体现了明显的全局效应。在产品生命周期中,各项生产作业都有相应的计算机辅助系统,如计算机辅助设计(CAD)、计算机辅助制造(CAM)、计算机辅助工艺规划(CAPP)、计算机辅助测试(CAT)、计算机辅助质量控制(CAQ)等。计算机集成制造模式不仅把技术生产系统和经营管理系统集成在一起,还把人员(人的思想、理念等)也集成在一起,使整个企业的工作流程、物料流和信息流相互融合。为此,计算机集成制造模式强调的是人、管理和技术三者的集成。集成制造工作流管理流程如图 2.9 所示。

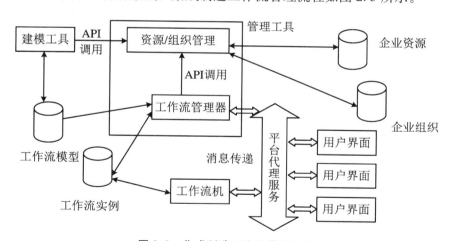

图 2.9　集成制造工作流管理流程

（3）敏捷制造模式

敏捷制造强调将先进制造技术、技术管理人员和灵活的管理集中在一起,通过三部分的共同支撑,对变幻莫测的市场需求和市场进度做出快速响应。敏捷制造相比其他制造模式具有更灵敏、更快捷的反应能力。敏捷制造的优点是生产更快、成本较低、生产效率较高、设备利用率高、产品质量提高、系统可靠性高、库存减少,适用于 CAD/CAM 操作;缺点是制造实施所需制造系统的费用较高。敏捷制造模式如图 2.10 所示。

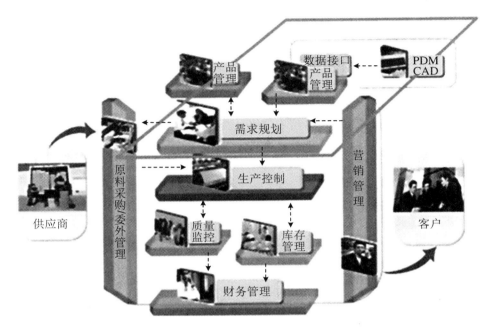

图 2.10 敏捷制造模式

（4）精良制造模式

精良制造模式强调以少量的投入获得产品低成本、产品质量高、产品投放市场快、用户满意度高为目标。其核心思想是从生产制造、组织管理、经营模式等方面,精简产品开发设计、制造、管理等过程中一切不产生产品附加值的环节,其核心是精简。精良制造模式相较于大批量制造模式,参与生产的人员、生产场地、设备投入、产品研发和设计周期、产品加工工时、物料和产品库存等相关投入大大减少,废品率下降,能够生产出更多、更好的多类型产品。

（5）快速重组制造模式

快速重组制造模式强调快速组成系统能够满足新产品的批量生产,能缩放生产规模,方便地组织多品种工件的混合生产或并行生产,较低的重组费用和较高的生产效率,缩短样件生产期,产品加工质量稳定。快速重组制造模式的重组体现在制造硬件、控制软件的重组,制造系统可以按一定的规划进行物理组态,并依据经济可承受性进行建模、评估和决策。该制造模式的目标是:快速响应市场需求;降低投资风险;方便进行技术升级。

（6）推式生产制造模式

在此生产模式中,生产方与客户之间并未对供应数量和生产时间制定明确的协定,生产方以自己的设计和生产速度,根据自己的工作进程来完成制造工作,双方没有明确规定的放置地点。既无明确的协议,也没有明确生产项目的控制对象或由谁控制。推式生产制造过程中存在各种不同的变化,而且生产制造很少能与计划进行精密的吻合。

（7）拉式生产制造模式

拉式生产制造模式是指从市场需求出发,根据市场需求组装产品。该生产制造模式中计划部门只是制订最终产品计划,其他环节的生产是按照其后续环节的生产工序指令来进行的。拉式制造模式可以保证生产在合理的时间内进行,并且每个制造环节只是根据后向指令进行,因此产量适中,从而保证企业不会因为满足产品供应需求而增加库存浪费。拉式生产制造模式的优点是能够形成追求"零库存"的动态系统,有助于在工序间实现质量保证,迫使生产过程精心组织;缺点是需要有重复循环的产品生产环境,生产柔性不够大。

(8) 绿色制造模式

绿色制造模式是一个闭环系统,强调从设计、制造、使用一直到产品报废回收整个产品寿命周期对环境影响最小,资源利用率最高,能源或能量消耗最低。该制造模式将企业经济效益与社会效益协调优化。截至 2023 年,我国已基本构建绿色制造体系。

2.2　制造系统发展历程

18 世纪的工业革命,使手工家庭式或作坊式的生产迅速向工厂式生产转变,现代意义的制造业得以诞生。20 世纪 50 年代后,在制造领域先后出现了标准化生产、成组技术和生产计划管理思想和管理方法,推动制造系统向更优化发展。人类社会发展的近几十年,并行工程、敏捷制造、计算机集成制造等先进制造的陆续出现,推动制造业蓬勃发展,也为制造系统向数字化、智能化发展注入活力。

2.2.1　制造系统的发展阶段

1. 手工作坊阶段

这一阶段制造系统的主要特征如下:

(1) 技术上完全靠手工操作,以专门匠人的手工技能为主要实施工艺,原始的机械化手段也得到应用。

(2) 以手工作坊的制造模式为主。通过集中劳作,提高了生产效率和生产质量,并可有效做到初步的质量追溯。如在春秋战国时期,各大诸侯国的兵器制造作坊中,已可以实现大批量生产;部分兵器上还篆刻了制造者的名字或相关信息,从而实现质量追溯的目的。

(3) 以人力、畜力、自然力(水力、风力等)为制造动力来源。

这一阶段发展时间极其漫长,一直到第一次工业革命手工作坊才开始逐渐被取代,但在工业不发达地区或传统工艺制造上,还能看到手工制造的身影。

2. 刚性制造系统阶段

18 世纪蒸汽机的发明给人类带来了第一次工业革命,为制造业发展提供了前所未有的动力。20 世纪上半叶,美国的亨利·福特(Henry Ford)在汽车行业首先建立了流水线生产方式,开始了刚性自动生产线的历史,掀开了制造系统辉煌的一页。

刚性制造系统的最大特点是可实现固定产品的高效率生产,同时由于设备也是固定的,因此设备利用率很高,但此制造系统通常投资大,只加工一种或者几种结构类似的零件,很难实现产品生产的改变。

由于刚性制造系统稳定性高,故其管理与控制相对简单,如果为了追求较高的生产效率,可通过增加自动化生产线,扩大刚性系统规模实现。刚性制造系统在 20 世纪 50 年代已基本形成,至今仍然非常常见。刚性制造系统如图 2.11 所示。

图 2.11　福特 T 形车装配线

3．单机柔性加工阶段

随着市场的不断发展,个性化的需求不断增加,出现了小批量、多品种的生产要求,刚性制造系统明显难以胜任。从 20 世纪 50 年代开始,单机柔性加工系统逐渐走上了历史舞台。

单机柔性加工系统柔性好、加工质量高,适于多品种、中小批量(包括单件产品)生产,因此单机柔性加工系统发展迅速、应用广泛,并成为后来发展柔性制造单元、柔性制造系统等更高级制造系统的基础。柔性制造系统在 20 世纪 70 年代已基本成熟,现在仍然在大范围地使用。单机柔性制造系统如图 2.12 所示。

图 2.12　大连机床 VDL-800 立式加工中心

4. 多机柔性加工系统阶段

多机柔性加工系统包括计算机直接数控（direct numerical control，DNC）加工系统、柔性制造单元、柔性制造系统、柔性制造生产线等。

本阶段的特征是强调制造过程的柔性和高效率，适用于产品中等批量、多品种的生产。例如，在金属制品中，结合自动流水生产线与数控机床的特点，将数控机床与物料输送设备通过计算机联系起来，以解决产品中等批量、多品种的生产问题，这就形成了柔性制造系统。其中数控机床提供了灵活的加工工艺，物料输送系统将数控机床互相联系起来，计算机则不断对设备的动作进行监控，同时提供控制作用并进行工程记录。计算机还可以通过仿真来预示系统各部分的行为，并提供必要的准确的测量结果。多机柔性加工出现于 20 世纪 60 年代末，70 年代以后得到了快速发展。各国在柔性加工系统方面进行了大量研究，多机柔性制造系统得到广泛应用。

5. 计算机集成制造系统阶段

计算机集成制造系统是 20 世纪 80 年代出现的一种新型制造系统，近三十年来得到了迅速的发展。它以计算机网络和数据库为基础，利用计算机软、硬件将制造企业的经营管理、生产计划、产品设计、加工制造、销售及服务、产品回收等全部生产活动集成起来，将各种局部自动化系统、各种资源、人与机器系统集成起来，实现整个企业制造系统的信息集成和功能集成。

计算机集成制造系统既可以看作是制造业自动化发展的一个新阶段，又可以看作是包含自动化加工系统（如柔性制造系统）的一个更高层次的制造系统。它是随着计算机辅助设计与制造的发展而产生的，是在信息技术自动化技术与制造的基础上，通过计算机技术把分散在产品设计制造过程中各种孤立的自动化子系统有机地集成起来，而形成的适用于多品种、小批量生产，实现整体效益的集成化和智能化制造系统。

6. 跨企业制造系统和全球制造系统阶段

跨企业制造系统和全球制造系统概念于 20 世纪末提出，正在成为 21 世纪制造系统的发展形式。近二十年来，随着市场的国际化和世界贸易的急剧发展，各种跨国公司不断涌现，大幅度推进了制造全球化的进程。全球制造概念和全球制造系统就是为适应这种形势发展的需要而提出和产生的。

全球制造的基本概念是根据全球化的产品需求，通过网络协调和运作把分布在世界各地的制造工厂、供应商和销售点连接成一个整体，从而能够在任何时候与世界任何一个角落的用户或供应商打交道，由此构成具有同一目标的、在逻辑上为一整体而物理上分布于全世界的跨企业和跨国制造系统，即全球制造系统，从而完成具有竞争优势的产品制造和销售。它的目标之一是，与合作伙伴甚至竞争对手建立全球范围的设计、生产和经营的网络联盟，以加速产品开发和生产过程，提高产品的质量和市场响应速度，并向用户提供最优质的服务，从而确保竞争优势，共同取得繁荣发展。网络技术是全球制造系统的最重要的技术基础。

综上所述，随着社会生产力的发展，特别是进入 21 世纪以来，制造系统技术在不断进步，已经由传统制造系统进入到了现代制造系统的范畴。

2.2.2 制造系统的发展现状

1. 计算机集成制造系统

（1）基本概念

计算机集成制造系统（简称 CIMS），是在计算机辅助设计和制造技术发展的基础上应运而生的，是组织、管理、企业生产集合而成的新哲理，通过计算机技术把产品有关的现代管理技术、制造技术、信息技术、自动化技术、系统工程技术等综合利用，将企业生产经营全过程中有关的人、技术和管理三要素及有关的信息流、物料流等有机地集成并优化运作，以实现产品的高质量、低成本、短交货期，提高企业对市场变化的应变能力和综合竞争能力。

计算机集成制造系统是计算机应用技术在工业生产领域的主要分支技术之一。它是在网络、数据库支持下，由计算机辅助设计为核心的工程信息处理系统、计算机辅助制造为中心的加工、装配、检测、储运、监控自动化工艺系统和经营管理信息系统所组成的综合体。对计算机集成制造系统的认识中应强调两个基本要点：

① 在集成上，企业生产经营的各个环节，包含如市场分析预测、产品设计、加工工艺、加工制造、生产管理、产品销售、售后服务、产品回收、报废处理等一切生产经营活动。计算机集成制造系统各个组成环节相互关联、互相制约，是一个不可分割的整体。

② 在功能上，企业整个生产经营过程本质上是一个数据的采集、传递、实施处理的过程，而形成的最终产品可以看成是数据的物质表现形式。计算机集成制造系统涉及的集成不是产品生产各个环节的简单叠加，而是在计算机网络和分布式数据库支持下的有机集成。这种集成主要体现在以信息和功能为特征的技术集成，即信息集成和功能集成。整个计算机集成制造系统的研发与实施，涉及系统的目标、结构、组成、约束、优化和实现等各方面，体现了系统的总体性和一致性。

计算机集成制造系统是先进制造技术的应用、高素质人才作用的发挥、科学生产管理三方面集成的产物。因此，计算机集成制造系统应从这几方面考虑其实施要点：一是因为计算机集成制造系统是多技术支持下的生产经营模式，实施中，首先要改造原有的管理模式、体制和组织机制，以适应市场竞争的需要；二是在企业管理模式、体制和组织机制的改造过程中，对于技术人员的因素要给予充分的重视。在系统的发展过程中，技术人员知识水平、技能和观念对系统发展有重要作用；三是计算机集成制造系统的实施是一个复杂的系统工程，整个实施过程必须有正确的指导方法和规范的实施步骤，以减少实施的盲目性和不必要的疏漏。

计算机集成制造是一种理念，是指导制造业应用计算机信息技术、先进制造技术走向更高阶段的一种思想方法、技术途径和生产模式，它对当前制造业技术发展、制造模式及制造系统发展有着重要作用，因而受到了广泛重视。

（2）计算机集成制造系统发展阶段

计算机集成制造系统有以下三个发展阶段：

① 以信息集成为特征的阶段。该阶段针对设计、管理和加工制造中大量存在的制造孤

岛,实现各环节之间信息正确、高效的共享和交换,提高企业技术和管理水平的首要问题。信息集成主要体现在两个方面:一方面是企业建模、系统设计方法、软件工具和规范。这是系统设计的基础。没有企业的模型就很难科学地分析企业各部分的功能、信息及动态关系。企业建模及系统设计方法解决了一个制造企业的物料流、信息流、决策流的关系,这是企业信息集成的基础。另一方面是异构环境下的信息集成。所谓异构是指系统中包含了不同的操作系统、控制系统、数据库及应用软件。如果各个部分的信息不能有效地交换,很难保证信息传送和共享的效率和质量。

② 以过程集成为特征的阶段(如并行工程)。企业为了提高生产计划完成情况、提高产品质量、完成成本控制等,除了采用信息集成这一手段外,还可对过程进行重构。传统的串行作业设计和并发过程,往往造成产品开发过程经常反复,使产品开发周期长、成本增长。如对产品设计开发中的各串行过程尽可能多地转变为并行过程,在设计时就考虑到后续工作中的可制造性、可装配性,设计同时考虑质量,把设计开发中的信息大循环变成多个小循环,可以减少反复,缩短开发时间。

③ 以企业集成为特征的阶段(如敏捷制造)。进入 21 世纪,企业市场竞争更加激烈,竞争中个性化的产品需求量增大,而批量生产的产品越来越少。为面对全球制造的新形势,制造业充分利用全球的制造资源,以便更快、更好、更省地响应市场需求,这就是"敏捷制造"的思想产生的缘由。敏捷制造的组织形式是企业之间针对某一特定产品,建立企业动态联盟(即所谓虚拟企业)。敏捷的企业联盟应该是"两头大、中间小",即强大的新产品设计与开发能力和强大的市场开拓与竞争的能力。"中间小"即加工制造设备的能力可以小。多数零部件可以靠协作解决,企业可以在全球采购价格最便宜、质量最好的零部件,因此企业间的集成是企业优化的新台阶。

(3)计算机集成制造系统的构成

计算机集成制造系统主要由设计与工艺模块、制造模块、管理信息模块和存储运输模块构成,计算机集成制造系统构成如图 2.13 所示。

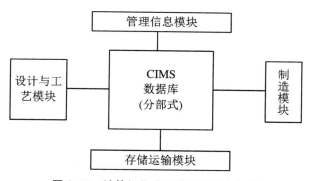

图 2.13 计算机集成制造系统基本组成

① 设计与工艺模块。工程信息系统的主要功能是进行工程设计、分析和制造,主要功能模块有计算机辅助设计、计算机辅助工艺过程设计、计算机辅助制造、成组技术等。

② 管理信息模块。管理信息系统的主要功能是进行信息处理、提供决策信息,其具体工作是进行信息的收集、传输、加工等,要处理的信息包括经营计划管理、物料管理、生产管

理、财务管理、人力资源管理、质量管理以及辅助事务管理等,并根据决策支持模块进行决策信息管理。

③ 制造模块。主要有柔性制造单元、柔性制造系统等,包括仓库、暂存处、传送装置、刀具预调仪、刀具库、清洗机、数控机床、加工中心、三坐标测量仪、夹具组装台等设备。

④ 存储运输模块。质量管理系统的主要功能是制订质量计划、进行质量信息管理和计算机辅助在线质量控制等,其中包括产品质量计划、产品加工和装配的检测规划、量具质量管理、生产过程质量管理等。

（4）计算机集成制造系统的发展趋势

① 以"数字化"为发展核心

数字化制造是制造技术、计算机技术、网络技术与管理科学的交叉、融合、发展与应用的结果,也是制造企业、制造系统与生产过程、生产系统不断实现数字化的必然趋势。它包含了以设计为中心的数字制造、以控制为中心的数字制造和以管理为中心的数字制造三大部分。

"数字化"的实现对制造企业而言,是通过网络在企业内以数字形式传递各种信息(如图形、数据、知识、技能等)。在虚拟现实、快速原型、数据库、多媒体等多种数字化技术的支持下,根据市场信息,迅速收集资料信息,对产品信息、工艺信息与资源信息进行分析、规划与重组,实现对产品设计和产品功能的仿真,对加工过程与生产组织过程的仿真完成原型制造,从而实现生产过程的快速重组与对市场的快速响应,以满足客户的要求。对制造设备而言,其控制参数均为数字化信号。对全球制造业而言,用户借助网络发布信息,各类企业通过网络,根据需求,应用电子商务,实现优势互补,形成动态联盟,迅速协同设计与制造出相应的产品。这样,在数字制造环境下,形成一个跨地区、跨国界广泛领域的数字化组成网,企业、车间、设备、员工、经销商乃至有关市场均可成为网上的一个"节点",在研究、设计、制造、销售、服务的过程中,彼此交互,围绕产品所赋予的数字信息,成为驱动制造业活动的最活跃的因素。

② 以"集成化"为发展方法

"集成化"包括技术的集成、管理的集成、技术与管理的集成,其本质是知识的集成,即知识表现形式的集成。现代集成制造技术就是制造技术、信息技术、管理科学与有关科学技术的集成。"集成化"主要指:

a. 现代技术的集成。机电一体化是典型的现代技术的集成,它是高技术装备的基础,如电子制造装备,信息化、网络化产品及配套设备,仪器、仪表、医疗、生物、环保等高技术设备。

b. 加工技术的集成。特种加工技术及其装备是典型,如激光加工、电加工等。

c. 企业集成,即管理的集成。企业集成包括生产信息、功能、过程的集成;生产过程的集成;全生命周期过程的集成;企业内部的集成和企业外部的集成。

③ 以"网络化"为发展道路

网络化是现代集成制造技术发展的必由之路,制造业同人类社会发展是同步走向整体化、有序化的,制造技术的网络化是由两个因素决定的:一是生产组织变革的需要;二是生产技术发展的可能。这是因为制造业在市场竞争中,面临多方面的压力:采购成本不断提高;

产品更新速度加快;市场需求不断变化;客户订单生产方式迅速发展;全球制造所带来的冲击日益加强等。企业要避免传统生产组织所带来的一系列问题,必须在生产组织上实行深刻的变革。这种变革主要体现在两方面:一方面是利用网络,在产品设计、制造与生产管理、甚至企业整个业务流程中充分享用相关资源,即快速收集、有机整合与高效利用有关制造资源,集中力量在自己最有竞争力的核心业务上;另一方面是生产技术发展必须利用科学技术,特别是计算机技术、网络技术的发展。

④ 以"智能化"为发展前景

制造技术的智能化体现在制造的各个环节中,以一种高度柔性与集成的方式,借助计算机模拟的人类专家的智能活动,进行分析、判断、推理、构思和决策,延伸或取代制造环境中人的部分脑力劳动。同时,收集、存储、处理、完善、共享、继承和发展人类专家的制造智能。目前,尽管智能化制造道路还很漫长,但是其必将成为未来制造业的主要生产模式之一。

⑤ 以"绿色化"为发展的必然趋势

"绿色"是从环保领域中引用来的。人类社会的发展必将走向人类社会与自然界的和谐。人与人类社会本质上也是自然界的一部分,不能脱离整体,更不能对抗与破坏整体。因此,人类必须从各方面促使人与人类社会同自然界和谐一致,制造技术也不能例外。

2. 精益生产系统

(1) 精益生产系统的形成

精益生产是 20 世纪 50 年代由日本丰田汽车公司的两位工程师丰田英二和大野耐一创造的一种独特的生产方式。当第二次世界大战刚刚结束,西方国家正在津津乐道于大量生产方式所带来的绩效和优势时,日本人却在迅速恢复被战争破坏的经济,开始悄悄地和不自觉地酝酿一场制造史上的革命。当时,日本丰田汽车公司副总裁大野耐一开始注意到,在制造过程中的浪费是生产率低下和增加成本的根结,他从美国的超市运转模式中受到启发,形成了看板系统的构想,提出了"准时制生产"。丰田公司在 1953 年先通过一个车间看板系统的试验,不断加以改进逐步进行推广,经过 10 年努力,发展成为准时制生产。并且在该公司早期发明的自动断丝检测装置的启示下,日本的小汽车、计算器、照相机、电视机等产品,以及各种机电产品,自然而然地占领了美国和西方市场,从而引起了以美国为首的西方发达国家的注意。

竞争的失利使美国人不得不反思自己在 20 世纪初福特时代以来长期所依赖的生产方式,开始研究日本生产方式取得成功的秘诀。于是在 1985 年,美国麻省理工学院的技术、政策与工业发展中心成立了科研小组,开始了一项名为"国际汽车计划"的研究项目。对日本汽车公司的生产方式进行了详尽的研究,并与其本国的大量生产方式进行了比较,最后在 1990 年总结提出了"精益生产"方式,并出版了一本名为《改变世界的机器》的书在全世界广泛传播,形成了精益生产方式探讨和研究的热潮。精益生产其实就是丰田生产方式,它总结出了日本推广应用丰田生产方式的精髓,将各类相关的生产归纳为精益生产方式。

美国和德国率先引进精益生产方式。精益生产方式同样也引起了我国管理界的浓厚兴趣,一些企业也尝试着在实践中应用精益生产的一些哲理和方法进行生产制造,并取得了初步成效。

（2）准时制生产系统

精益生产非常大的特色，便是其生产计划与库存管理模式——准时制生产。

准时制的核心就是及时，在一个物流系统中，原材料无误地提供给加工单元，零部件准确无误地提供给装配线。这就是说所提供的零件必须是不多不少的，不是次品而是合格品，不是别的而正是所需的，而且提供的时间不早也不晚。对于制造系统来说，这肯定是一种苛刻的要求，但这正是准时生产追求的目标。只是在需要的时候，按照所需要的量生产所需要的零件或产品，使得整个生产线上、整个车间和企业，很少看到库存的在制品和成品，从而大大减少流动资金的占用，减少库存场地和管理等费用，降低了成本。

众所周知，制造系统中的物流方向是从零件到组装再到总装。准时制生产主张从反方向来看物流，即从装配到组装再到零件。当后一道工序需要运行时，才到前一道工序去拿取正好所需要的那些坯件或零部件。同时下达下一段时间的需求量，这就是适时、适量、适度（指质量而言）的生产。对于整个系统的总装线来说，由市场需求来适时、适量、适度地控制，并给每个工序的前一道工序下达生产指标，现场利用看板（一种透明塑料封装的卡片或是醒目的标志物）来协调各工序、各环节的生产进程。看板由计划部门送到生产部门，再传送到每道工序，一直传送到采购部门，看板成为指挥生产、控制生产的媒介。实施看板后，管理程序简化了，库存大大地减少，浪费现象也得到控制。

在准时制生产中，没有库存，只存在单个零件在流动，鉴于这种物流系统的特点，准时制生产又被形象地称为"一个流生产"。由于准时制生产作为精益生产最明显的特点易为人所体会，所以有人曾误认为精益生产就是准时制生产，这应当予以区分。

（3）精益生产系统的特点

精益生产方式与大量生产方式的最终目标是不同的。大量生产的奉行者给自己确定的目标是：可接受数量的次废品，可接受最高库存量及相当狭窄范围的产品品种。精益生产的奉行者则将自己的目标确定为：尽善尽美，不断减少成本、零次废品率、零库存以及无终止的产品品种类型。

精益生产的详细定义为：

① 精益生产的原则是团队作业、交流，有效地利用资源并消除一切浪费，不断改进及改善。

② 精益生产与大量生产相比只需要其 1/2 劳动力，1/2 占地面积，1/2 投资，1/2 工时，1/2 新产品开发时间。

简言之，精益生产就是及时制造，消除故障和一切浪费，向零次废品和零库存进军。

3. 敏捷制造系统

（1）敏捷制造系统的形成

20 世纪 90 年代，信息技术突飞猛进，信息化的浪潮汹涌而来，许多国家制订了旨在提高自己国家在未来世界中的竞争地位、培养竞争优势的先进的制造计划。在这一浪潮中，美国走在了世界的前列，给美国制造业改变生产方式提供了强有力的支持，美国想凭借这一优势重造在制造领域的领先地位。在这种背景下，一种面向 21 世纪的新型生产方式——敏捷制造（agile manufacturing）的设想诞生了。

敏捷制造是美国国防部为了指定 21 世纪制造业发展而支持的一项研究计划。该计划始于 1991 年,有 100 多家公司参加,由通用汽车公司、波音公司、IBM、德州仪器公司、AT&T、摩托罗拉等 15 家著名大公司和国防部代表共 20 人组成了核心研究队伍。此项研究历时三年,于 1994 年底提出了《21 世纪制造企业战略》。在这份报告中,提出了既能体现国防部与工业界各自的特殊利益,又能获取他们共同利益的一种新的生产方式,即敏捷制造。

敏捷制造是在具有创新精神的组织和管理结构、先进制造技术(以信息技术和柔性智能技术为主导)、有技术有知识的管理人员三大类资源支柱支撑下得以实施的,也就是将柔性生产技术、有技术有知识的劳动力与能够促进企业内部和企业之间合作的灵活管理集中在一起,通过所建立的共同基础结构,对迅速改变的市场需求和市场进度做出快速响应。敏捷制造比起其他制造方式具有更灵敏、更快捷的反应能力。

(2) 敏捷制造理论

敏捷制造所体现的新概念、新思想、新理论和新方法等,是非常值得我们学习、研究和借鉴的,尽管国情不同,但其包含的哲理给了我们很好的启示。为此,这一战略一经公开,我国的学者立即开始了跟踪学习和研究,目的是取长补短、结合实际、为我所用。其基本的特征是客观性和辩证性。客观性是指它们不是凭空臆造的,而是来源于社会实践,由一定的社会技术条件支持,并在实践中证明其是有效性的一种工具、手段和活动方式;辩证性是指这些方法不是孤立、静止和凝固不变的,而应当随着经济的发展、科学和技术的进步,不断地改进并推陈出新。

敏捷制造体现在以下几个方面:

① 拓扑化。拓扑学是数学中的一个分支,这里所谓的拓扑化就是不依赖时空距离,只保持交互联系关系的概念。也就是说,原来各成员之间地理和时差的影响被忽略了剩下的就只是联系,这是敏捷制造中分布式集成和功能集成的基础。此外,现代科技、信息、高速公路等为此提供了社会技术支持,使这种关系得以实现。

② 瞬时化。瞬时化意味着一切制造活动都应快速化。分散与集成是快速的,信息是及时的,合作也是快速的,因为只能用快速去应对瞬息万变的市场环境。

③ 并行化。并行工程可以改善产品开发的素质。其目标就是把串联的工作程序改变为并串联甚至并联的工作程序。并行化是对并行工程的开发应用,其最大的风险在于能否按客观过程的并串联特征实现新的有序化,否则会导致混乱,以致事倍功半。因此,必须更好地掌握产品开发及其整个生命周期的客观规律。重视开发过程建模、虚拟现实和网络化等并行工程的支撑技术的研究与开发,否则是无法实现并行工程化的。

④ 简洁化。简洁化是指对程序、报告和管理决策、测试评价等进行简化,并能以易于应用的方式出现。简洁化是快速响应的前提。

⑤ 多零化。多零化是为了缩短设计、开发、制造产品的周期,消除故障和损耗,保证一次成功而使效率和效益统一,从而争取市场机遇的一系列具体的措施。其中对准零点(zeroing in)的质量就是以零废品率为目标不断提高产品质量。

(3) 敏捷制造的发展趋势

基于知识和信息网络的敏捷制造涉及多种技术和应用领域,具有广泛的发展趋势。具体体现在以下几个方面:

① 面向知识和信息网络,建立一套支持敏捷制造数字化、并行化、智能化、集成化的多模态人机交互信息处理与应用理论及方法,根据用户的个性化需求和市场的竞争趋势,以有效地组织敏捷制造动态联盟,充分利用各种资源进行多模态人机协同的敏捷制造,以尽快响应市场需求。

② 基于知识和信息网络,对定制产品的外观形态、方案布局和多模态环境下人机交互等环节的支持加强,以提高敏捷制造系统的可塑性及定制品在美观性、宜人性等方面运作过程的可视化。

③ 利用多模态人机交互技术改变企业以试制、试验和改进等方式为主的传统制造开发过程,使之转变为市场需求下以设计、分析和评估为主,并基于知识和信息网络迅速组成动态联盟的可视化敏捷制造,从而缩短产品开发时间,提高市场竞争能力。

4. 大规模个性化生产系统

（1）大规模个性化生产的形成

1970 年未来学家 Toffler 提出一种全新的生产方式设想,即"以类似于大规模生产时间和成本满足客户特定需求的产品或服务",此种生产方式 1987 年被 Davis 首次定义为"大规模定制（简称 MC）",其核心是"产品或服务品种定制化与多样化急剧增加,满足个性化定制需要的同时,不相应增加成本,最大优点在于提供战略优势和经济价值"。大规模定制生产方式既能满足客户的定制化需求,又能在大量定制产品的生产中实现接近大规模生产的效率、成本的目标,从而在竞争中赢得优势。

21 世纪以来,随着社会经济的飞速发展和人们生活水平、健康意识的显著提升,医疗、健康器械等产品大量涌现,这类产品的用户本身具有完全的独特性,产品制造精度、与人体贴合度等要求极高,故其设计与制造的个性化特征日益突出。此外,产品设计与制造很大程度上依赖于客户高度个性化信息以及显性、隐形需求的获取和挖掘分析,对用户参与度的要求急剧增加,并呈现大幅提升的态势。现有大规模定制生产所依托的产品平台技术和可重构制造系统等,难以满足此类产品的个性化需求,为此急需一种与客户参与度更高要求相适应,同时保持良好的效率和成本的生产模式,这就是大规模个性化生产（简称 MP）。

（2）大规模个性化生产的发展趋势

在大规模个性化生产所需的技术要求方面,除了产品开发设计技术、管理技术、客户需求分析技术外,还有可重组的制造系统和成本控制技术。大规模个性化生产融合了大规模生产和个性化制造的优势,但是目前的研究更多偏重考虑如何更好地满足客户的需求。如何提高大规模个性化生产系统在成本、交货期、质量、个性化定制水平等方面的发展是优化大规模个性化生产的主要方向。

大规模个性化生产未来将向以下三个方面发展:

① 生产成本的控制。成本控制关系到大规模个性化生产的应用,是其与传统生产方式竞争的一大要素。

② 产品个性化定制方式。市场的调研分析,是该生产方式是否满足社会个性化发展趋势的基础。

③ 产业链的管理。主要指对现代信息技术和制造技术的应用,提高生产率。

2.2.3　制造系统的发展趋势

进入 21 世纪,随着电子信息等高新技术的不断发展,处于新技术革命的巨大浪潮冲击下的制造业面临着严峻的挑战,如新技术革命的挑战、信息时代的挑战、有限资源日益增长的环境压力的挑战、制造全球化和贸易自由化的挑战、消费观念变革的挑战等。为了适应这些日益变化的社会、市场和技术环境,现代制造理念日益凸显出敏捷化、精益化和绿色化趋势,而现代制造系统技术也正朝着集成化、柔性化、数字化、网络化、智能化等多方面全方位发展。

1. 制造系统的发展理念——全球化、敏捷化、绿色化

(1) 全球化

近年来,国际化经营不仅成为大公司而且已是中小批量企业取得成功的重要因素。全球化制造业发展的动力来自两个因素的相互作用:① 国际和国内市场上的竞争越来越激烈。例如,在机械制造业中,国内外已有不少企业在这种无情的竞争中纷纷落败,有的倒闭,有的被兼并。不少暂时还在国内市场上占有份额的企业,不得不拓展新的市场。② 网络通信技术的快速发展推动了企业向着既竞争又合作的方向发展。这种发展进一步激化了国际市场的竞争。

制造全球化的内容非常广泛,主要包括:① 市场的国际化,产品销售的全球网络正在形成;② 产品设计和开发的国际合作;③ 产品制造的跨国化;④ 制造企业在世界范围内的重组与集成,如动态联盟公司;⑤ 制造资源的跨地区、跨国家的协调、共享和优化作用;⑥ 全球制造的体系结构将要形成。

今天,无论是产品设计、制造、装配,还是物料供应都可以在全球范围内进行。例如,波音公司的 777 客机在美国进行概念设计,在日本进行部件设计,而零件设计则在新加坡完成。在相互联络的网络上,建立可 24 小时工作的协调设计队伍,大大加快了设计进度。又如,全球化的供应链,可以使产品总装工厂及时获得所需要的零部件,减少库存,降低成本,提高质量。

(2) 敏捷化

当今世界制造业市场的激烈竞争在很大程度上是以时间为核心的市场竞争,不是"大"吃"小",而是"快"吃"慢",制造业不仅要满足用户对产品多样化的需求,而且要及时快捷地满足用户对产品时效性的需求,敏捷化已成为当今制造理念的核心之一。敏捷制造是制造业的一种新战略和新模式,当前全球范围内敏捷制造的研究十分活跃。敏捷制造是对全球级和企业级制造系统而言的。制造环境和制造过程的敏捷性问题是敏捷制造的重要组成部分。敏捷化是制造环境和制造过程面向未来制造活动的必然趋势。

制造环境和制造过程的敏捷化包括的主要内容有:① 柔性,包括机器柔性、工艺柔性、运行柔性和扩展柔性等;② 重构能力,能实现快速重组重构,增强对新产品开发的快速响应能力;③ 快速化的集成制造工艺,如快速成型制造是一种 CAD/CAM 的集成工艺;④ 支持快速反应市场变化的信息技术,如供应链管理系统,促进企业供应链反应敏捷、运行高效,企业间的竞争将变成企业供应链间的竞争;又如客户关系管理系统使企业为客户提供更好的服务,对客户的需求做出更快的响应。

(3) 绿色化

迄今为止,制造业已成为人类财富的支柱产业,是人类社会物质文明和精神文明的基础。同时,制造业在将资源转变为产品的制造过程中以及产品的使用过程和处理过程中,也消耗了大量有限的资源,并对自然环境造成了严重的污染。随着国际上"绿色浪潮"的掀起,人们在购物和消费时,总要考虑环境污染问题,危害环境的产品日益受到抵制,无污染或能减少污染的绿色产品受到青睐。绿色制造正是对生产过程和产品实施综合预防污染的战略,从生产的始端就注重污染的防范,以节能、降耗、减污为目标,以先进的生产工艺、设备和严格的科学管理为手段,以有效的物料循环为核心,使废物的产生量达到最小化,尽可能地使废物资源化和无害化,实现环境与发展的良性循环,最终达到持续协调发展。

2. 制造系统的制造柔性化、集成化和智能化

(1) 柔性化

社会市场需求的多样化促使制造模式向柔性化制造发展。据统计,自 1975 年至 1990 年,机械零件的种类增加了 4 倍,近 80% 的工作人员不直接与材料打交道,而与信息打交道,75% 的活动不直接增加产品的附加值。随着技术革新竞争的加剧和技术转让过程的加速,仅仅依靠生产技术取得质量和成本的统一仍不够。如何以最快的速度及时开发出满足客户需求的产品并抢先打入市场,越来越成为竞争的焦点。这些都迫使现代企业必须具有很强的应变能力,能迅速响应用户提出的各种要求,并能根据科技发展、市场需求的变化及时调整产品的种类和结构。原来的机械化、刚性自动化系统不能适应这种需求,必须采用先进的柔性自动化系统。柔性制造系统、柔性装配系统、面向制造与装配的设计以及并行工程等都是为生产技术的柔性化而开发研究的。制造柔性化是指制造企业对市场多样化需求和外界环境变化的快速动态响应能力,也就是制造系统快速、经济地生产出多样化新产品的能力。在 20 世纪 50 年代数控机床诞生后,底层加工系统出现了从刚性自动化向柔性自动化的转变,而且发展很快。计算机数控系统已发展到第六代,加工中心、柔性制造系统的发展比较成熟。计算机辅助设计、计算机辅助工程、计算机辅助工艺过程设计、计算机辅助制造、虚拟制造等技术的发展,为底层加工的上一级技术层次的柔性化问题找到了解决办法。经营过程重组(BPR)、制造系统重构(RMS)等新兴技术和管理模式的出现为整个制造系统的柔性化开辟了道路。另外,进一步的发展要求能够促使制造系统的重组快速实现。模块化技术是提高制造自动化系统柔性的重要策略和方法。通过硬件和软件的模块化设计,不仅可以有效地降低生产成本,而且可以显著缩短新产品研制与开发周期,模块化制造系统可以极大地提高制造系统的柔性,并可根据需要迅速实现制造系统的重组。

制造柔性化还将为大量定制生产的制造系统模式提供基础。大量定制生产是根据每个用户的个性化需求以大批量生产的成本提供定制产品的一种生产模式。它实现了用户的个性化和大批量的有机组合。大量定制生产模式可能会促成下一次的制造革命,同 20 世纪初的大量生产方式一样,将使制造业发生巨大的变革。大量定制生产模式的关键是实现产品标准化和制造柔性化之间的平衡。

(2) 集成化

集成是综合自动化的一个重要特征。集成化符合系统工程的思想。集成化的发展将使制造企业各部门之间以及制造活动各阶段之间的界限逐渐淡化,并最终向一体化的目标迈进。CAD/CAPP/CAM 系统的出现,使设计、制造不再是截然分开的两个阶段:柔性制造单元、柔性制造系统的发展,使加工过程、检测过程、控制过程、物流过程融为一体,而计算机集成制造的核心更是通过信息集成使一个个自动化孤岛有机地联系在一起,发挥出更大的效益。制造环节集成化的各个发展阶段的主要特点如下:

① 信息集成。其主要目的是通过网络和数据库把各自动化系统和设备及异种设备互连起来,实现制造系统中数据的交换和信息共享,做到把正确的数据,在正确的时间,以正确的形式,送给正确的人,帮助人做出正确的决策。

② 功能集成。主要实现企业要素,即人、技术、管理组织的集成,并在优化企业运营模式基础上实现企业生产经营各功能部分的整体集成。

③ 过程集成。主要通过产品开发过程的并行和以多功能项目组为核心的企业扁平化组织,实现产品开发过程、企业经营过程的集成,对企业过程进行重组与优化,使企业的生产与经营产生质的飞跃。

④ 企业集成。面对市场机遇,为了高速、优质、低成本地开发某一新产品,具有不同的知识特点、技术特点和资源优势的一批企业围绕新产品对知识技术和资源的需求,通过采用敏捷化企业组织形式、并行工程环境、全球计算机网络或国家信息基础设施实现跨地区甚至跨国家的企业间的动态联盟,即动态集成由此能迅速集结和运筹该新产品所需的知识、技术和资源,从而迅速开发出新产品,响应市场需求,赢得竞争。

(3) 智能化

智能化是制造系统在柔性化和集成化基础上的延伸。近年来,制造系统正由原先的能量驱动型转变为信息驱动型,要求制造系统不但应具备柔性,而且还要表现出某种智能,以便应对大量复杂信息的处理、瞬息万变的市场需求和激烈竞争的复杂环境。现今信息化时代要走向未来智能化时代。因此,智能化是制造系统发展的前景。

由于日本、美国及欧洲国家都将智能制造视为 21 世纪的制造技术和尖端科学,并认为是国际制造业科技竞争的制高点,且有着重大利益,所以他们在该领域的科技协作频繁,参与研究计划的各国制造业力量庞大,大有主宰未来制造业的趋势。

智能制造将是 21 世纪制造业赖以行进的基本轨道。可以说智能制造系统是集自动化、集成化和智能化于一身,并具有不断向纵深发展的高技术含量和高技术水平的先进制造系统。尽管智能化制造道路还很漫长,但是必将成为未来制造业的主要制造系统之一,潜力极大,前景广阔。

2.3　计算机集成制造系统

2.3.1　计算机集成制造系统的发展背景

自 20 世纪 50 年代初数控机床诞生以来,以计算机作为工具和载体的信息技术在制造业中飞速发展起来。从20世纪中叶开始,计算机在制造业应用,制造产品市场的调查研究、经营管理决策、新产品的研发、生产的规划、加工技术、物流及存储、质量管理、销售服务等全部生产活动,均与信息技术息息相关。经过数十年的开发和应用,各种单元技术正日趋成熟,并出现了商品化的软件。数据库管理系统、局域网络等通用软件均可从市场购得。到了20世纪80~90年代,从制造企业功能要求出发,将各单元技术集成的时机已初见端倪,集成的条件也已初步具备。

第二次世界大战后长时间的和平年代,由于先进科学技术不断转化为生产力,制造系统有了很大发展。同时,社会需求和市场也发生了巨大变化。传统的大量生产模式已经不适应当代社会的需要,多品种中小批量生产已成为制造业的主要生产方式。到了20世纪90年代以后,制造企业的外部环境和内部条件都发生了深刻的变化,主要体现在:

(1) 制造业产品的市场已由各国或局部地区变成世界市场。

(2) 产品多样化,型号、规格日益增加,批量减少。市场主要是买方市场,并由相对稳定的市场变成动态多变的市场。

(3) 产品生命周期,即产品更新换代的时间越来越短。

(4) 在国内外市场上,产品的竞争主要表现在质量、价格、交货期的竞争。

鉴于上述经济和技术的改变,特别是在世界各工业发达国家内老龄人口的不断增加,工资逐年提高,技术熟练的劳动力日益短缺,促使制造业需要一种新的策略,寻求一种在信息技术主导下将技术、管理和经济相互结合的新的生产方式,以便增强自身的竞争力。这就是产生计算机集成制造的历史背景。

2.3.2　计算机集成制造系统的基本概念

计算机集成制造系统简称CIMS,是计算机集成制造的英文名词"Computer Integrated Manufacturing"的缩写CIM,再加上"System"的字头S,即为计算机集成制造系统。

美国人J. Harrington在《计算机集成制造》(*Computer Integrated Manufacturing*)一书中首先提出了CIM的概念,此概念有以下两个要点:

(1) 从功能上,CIM包含一个制造企业的全部生产和经营管理活动,从市场预测、产品设计、制造装配、经营管理到售后服务是一个整体,要全面考虑。

(2) 从信息上,整个生产过程实质上是一个数据采集、传送和处理决策的过程,最终形成的产品可以看作是数据(信息)的物质表现。

虽然美国、德国、日本都曾经阐释了对CIM不同的定义,但国际上至今还没有统一公认的定义,不同的CIM开发者或计算机公司,有其不同的侧重点,因此计算机集成制造系统的模型也不同。此外,组成CIMS的各个部分各公司有不同的分类方法,各部分有不同的内涵和外延。

首先应该明确CIM与CIMS之间的关系和区别。欧共体CIM-OSA(开放系统结构)委员会概括各国对CIM认识的要点,曾对CIM定义为:"CIM是信息技术和生产技术的综合应用,其目的是提高制造型企业的生产率和响应市场的能力,由此,企业的所有功能、信息、组织管理都是一个集成起来的整体的各个部分"。现在关于CIM比较共同的认识是:CIM

是一种新的制造思想和技术形态,是未来工厂的模式,是信息技术与制造过程相结合的自动化技术与科学。通俗和形象地说,CIM 是各种计算机辅助技术 CAX(包括计算机辅助设计 CAD、计算机辅助工艺规划 CAPP、计算机辅助制造 CAM 等)和管理信息系统 MIS(也包括制造资源规划 MRPⅡ等类似系统)等在更高水平上的集成。CIMS 则是在 CIM 概念指导下建立的制造系统。具体地说,CIMS 是在信息技术、自动化技术、制造技术的基础上,通过计算机及其软件把制造过程中各种分散的自动化系统有机地集成起来,以形成适用于多品种、中小批量生产并能实现总体高效益的现代制造系统。

2.3.3　计算机集成制造系统的组成

就系统功能角度而言,通常 CIMS 由工程设计自动化、制造自动化、质量保证和管理信息四个分系统,以及计算机通信网络和数据库这两个支撑分系统组成。

1. 工程设计自动化分系统

此系统包括产品设计、生产准备和制造过程的设计。具体来说是:

(1) CAD 计算机辅助设计。对产品进行概念设计、功能设计、结构设计直至产生零部件图和装配图。

(2) CAE 计算机辅助工程分析。对产品零部件力学性能、物理性能、产品功能等进行分析以及考虑到成本等因素的优化设计功能。

(3) CAP 计算机辅助工艺设计。为零件及产品制定加工和装配工艺过程,合理选择工艺参数。

(4) CAT 计算机辅助工艺装备设计。为加工工艺设计夹具、专用刀具及各类模具等。

(5) CAM 计算机辅助制造。按照零件图及工艺过程生成 NC 程序代码。

在 CIMS 中,CAD/CAPP/CAT/CAM 经常局部集成,同时需要图形转换标准、工程数据库等各方面的支持。

2. 制造自动化分系统

制造自动化分系统在计算机控制与调度下,根据工程设计分系统生成的 NC 代码将毛坯在 NC 机床上加工成零件,再装配部件和最终产品,同时把生产现场的实时信息反馈到相关部门。此分系统要生成生产作业计划,生成工件、刀具、夹具需求计划,完成生产调度,进行系统状态监控和故障诊断处理,完成生产中各类数据的采集和评估。这一分系统是 CIMS 中信息流和物流的结合点,信息系统通过这一系统才能产生物质效益和经济效益,其中要经过许多生产环节、物流和信息流的相互交汇,才能完成工程设计及管理中的各项任务。除了各种软件外,还有大量柔性制造硬设备,组成制造系统中如下各种工作站:

(1) 加工工作站。如各类 NC 机床、加工中心和其他柔性自动化设备,再与物料输送设备配合完成各项任务。在信息集成中主要是各种控制系统的联网问题。

(2) 物料输送及储存工作站。包括各种传送带、机器人和自动导引车(AGV)、立体仓库、堆垛机等及其控制系统。

(3) 夹具与装卸工作站。包括夹具管理(如采用组合夹具或可调整夹具)和夹具数据库。

（4）刀具管理工作站。各种刀具的管理、调度以及刀具长度尺寸的测量等，包括中央刀库、换刀机器人、刀具预调仪及刀具数据库。

（5）检测工作站。包括三坐标测量机以及与各种产品配合的测试设备等。

（6）装配工作站。大部分由带有传感器的工业机器人及传送装置实现，也有专用的装配机或人工参与装配等。此外，还有一些辅助设施，如清洗、排屑等。

3．质量保证分系统

此分系统主要是采集、存储、评价与处理存在于设计、制造过程中与质量有关的大量数据，从而及时正确处理各种质量问题，促进提高产品质量。质量保证分系统具有质量决策、质量检测与数据采集、质量评价、控制与追踪等功能。

4．管理信息分系统

通常，管理信息分系统以 MRP II 为核心，根据企业管理高层的经营决策中期和短期生产计划与生产工场（车间）的作业计划以及各种生产活动和操作，来编制制造资源规划，其功能覆盖了市场营销、物料供应、各级生产计划与控制、财务管理、成本、库存和技术管理等部分的活动。此系统包含了企业经营规划、主生产计划、物料需求计划、生产能力需求计划、车间或工场生产作业计划、车间调度与控制等软件。这一分系统在 CIMS 中处于中枢地位，指挥与控制其余各分系统进行有条不紊的工作。

5．计算机通信网络

此系统采用国际上标准的网络协议，实现异种机互联、异构局部网络及多种网络的互联。实际上这是一个局域网，要满足各分系统对网络支持服务的不同需求，支持资源共享、分布数据库、各种递阶和实时控制。

6．数据库

数据库是支持 CIMS 各分系统并包含企业全部信息的数据库系统。此数据库在逻辑上是统一的，在物理上可以是分布的，用以支持企业数据共享和信息的集成。

由于各企业产品不同，生产规模和性质都不一样，因此在实施 CIM 时都有不同的结构，有的分系统复杂，有的就简单，但两个支撑分系统是必不可少的。

2.3.4 我国实施计算机集成制造系统的情况

我国在 20 世纪 80 年代中期已关注到国际上 CIMS 的发展，在国家高技术发展计划（863 计划）中，CIMS 作为自动化领域的一个主题被列入。国家科委组织了 2000 多人的研究队伍进行了近 10 年的研究和在工厂中的实施，取得了许多研究成果和工作经验。设在清华大学的 CIMS 实验工程研究中心（CIMS/ERC）和北京第一机床厂的 CIMS 应用工程，先后在 1994 年和 1995 年获得了美国制造工程师学会（SME）的 CIMS"大学领先奖"和"工业领先奖"，标志着我国对 CIMS 的研究和实施进入了国际先进水平。此外，CIMS 的推广应用已发展到机械电子、航空、航天、轻工、纺织、化工、冶金、石油、通信、煤炭等行业的 60 多家企业，获得了显著的经济效益和社会效益，为推动我国制造企业的技术进步作出了贡献。

习题与思考

(1) 什么是智能制造系统？它与传统制造系统有何不同？

(2) 制造系统相关特征有哪些？

(3) 随着技术的不断发展，制造系统会向哪些方面发展？

(4) 计算机集成制造系统由哪几部分组成？

第 3 章　智能制造系统概念与内涵

3.1　智造系统概述

制造业是国民经济的支柱产业,是工业化和现代化的主导力量,是衡量一个国家或地区综合经济实力和国际竞争力的重要标志,也是国家安全的保障。当前,新一轮科技革命与产业变革风起云涌,以信息技术与制造业加速融合为主要特征的智能制造成为全球制造业发展的主要趋势。中国机械工程学会组织编写的《中国机械工程技术路线图》提出了到 2030年机械工程技术发展的五大趋势和八大技术,认为"智能制造是制造自动化、数字化、网络化发展的必然结果"。智能制造的主线是智能生产,而智能工厂、车间又是智能生产的主要载体。随着新一代智能技术的应用,国内企业将要向自学习、自适应、自控制的新一代智能工厂进军。

3.1.1　智能制造的定义

智能制造简称智造,源于人工智能的研究成果,是一种由智能机器和人类专家共同组成的人机一体化智能系统。该系统在制造过程中可以进行诸如分析、推理、判断、构思和决策等智能活动,同时基于人与智能机器的合作,扩大、延伸并部分地取代人类专家在制造过程中的脑力劳动。智能制造包括智能制造技术与智能制造系统。

（1）智能制造技术

智能制造技术是指利用计算机模拟制造专家的分析、判断、推理、构思和决策等智能活动,并将这些智能活动与智能机器有机融合,使其贯穿应用于制造企业的各个子系统的先进制造技术,该技术能够实现整个制造企业经营运作的高度柔性化和集成化,取代或延伸制造环境中专家的部分脑力劳动,并对制造业专家的智能信息进行收集、存储、完善、共享、继承和发展,从而极大地提高了生产效率。

（2）智能制造系统

智能制造系统是由部分或全部具有一定自主性和合作性的智能制造单元组成的、在制造活动全过程中表现出相当智能行为的制造系统。其最主要的特征是在工作过程中对知识的获取、表达与使用。智能制造系统可分为两类:一是以专家系统为代表的非自主式制造系统,该类系统的知识由人类的制造知识总结归纳而来;二是建立在系统自学习、自进化与自组织基础上的自主式制造系统,该类系统可以在工作过程中不断自主学习、完善与进化自有的知识,因而具有强大的适应性以及高度开放的创新能力。随着以神经网络、遗传算法与遗传编程为代表的计算机智能技术的发展,智能制造系统正逐步从非自主式智能制造系统向具有自学习、自进化与自组织的具有持续发展能力的自主式智能制造系统过渡发展。

3.1.2　智能制造的发展

当今世界各国的制造业活动趋向于全球化,制造、经营活动、开发研究等都在向多国化发展,为了有效地进行国际信息交换及世界先进制造技术共享,各国的企业都希望以统一的方式来交换信息和数据。因此,必须开发出一个快速有效的信息交换工具,创建并促进全球化的公共标准来实现这一目标。

先进的计算机技术和制造技术向产品、工艺和系统的设计和管理人员提出了新的挑战,传统的设计和管理方法不能有效地解决现代制造系统中出现的问题,这就促使我们通过集成传统制造技术、计算机技术与人工智能等技术,发展新型的制造技术与系统,这便是智能制造技术与智能制造系统。智能制造正是在这一背景下产生的。

近半个世纪来,随着产品性能的完善化及其结构的复杂化、精细化以及功能的多样化,产品所包含的设计信息量和工艺信息量猛增,随之生产线和生产设备内部的信息流量增加,制造过程和管理工作的信息量也必然剧增,因而促使制造技术发展的热点与前沿转向了提高制造系统对于爆炸性增长的制造信息处理的能力及规模上面。目前,先进的制造设备离开了信息的输入就无法运转,柔性制造系统一旦被切断信息来源就会立即停止工作。专家认为,制造系统正在由原先的能量驱动型转变为信息驱动型,这就要求制造系统不但要具备柔性,而且还要表现出智能,否则难以处理如此大量而复杂的信息工作量。瞬息万变的市场需求和激烈竞争的复杂环境,也就要求制造系统表现出更高的灵活、敏捷和智能。因此,智能制造越来越受到高度的重视。

1992 年,美国执行新技术政策,包括信息技术和新的制造工艺,智能制造技术自在其中,美国政府希望借助此举改造传统工业并启动新产业。

加拿大制订的 1994—1998 年发展战略计划,认为未来知识密集型产业是驱动全球经济和加拿大经济发展的基础,认为发展和应用智能系统至关重要,并将具体研究项目选择为智能计算机、人机界面、机械传感器、机器人控制、新装置、动态环境下系统集成。

日本 1989 年提出智能制造系统,且于 1994 年启动了先进制造国际合作研究项目,包括公司集成和全球制造、制造知识体系、分布智能系统控制、快速产品实现的分布智能系统技术等。

欧洲联盟的信息技术相关研究有 ESPRIT 项目,该项目大力资助有市场潜力的信息技术。1994 年又启动了新的 R&D 项目,选择了 39 项核心技术,其中 3 项包括信息技术、分子生物学和先进制造技术中均突出了智能制造的位置。

我国在 20 世纪 80 年代末也将“智能模拟”列入国家科技发展规划的主要课题,已在专家系统、模式识别、机器人、汉语机器理解方面取得了一批成果。科技部也正式提出了“工业智能工程”,作为技术创新计划中创新能力建设的重要组成部分,智能制造将是该项工程中的重要内容。

　　由此可见,智能制造正在全世界范围内兴起,它是制造技术发展,特别是制造信息技术发展的必然,是自动化和集成技术向纵深发展的结果。

3.1.3 "德国工业4.0"

　　20世纪中期计算机的发明、可编程控制器的应用使机器不仅延伸了人的体力,而且延伸了人的脑力,开创了数字控制机器的新时代,使人机在空间和时间上可以分离,人不再是机器的附属品,而真正成为机器的主人。

　　进入21世纪,互联网、新能源、新材料和生物技术正在以极快的速度形成巨大产业能力和市场,将使整个工业生产体系提升到一个新的水平,推动一场新的工业革命,德国技术科学院等机构联合提出工业4.0战略规划,旨在确保德国制造业的未来竞争力和引领世界工业发展潮流。按照德国技术科学院划分的四次工业革命的特征如图3.1所示。从图3.1中可见,工业4.0与前三次工业革命有本质区别,其核心是信息物理系统(CPS)的深度融合。信息物理系统是指通过传感网紧密连接现实世界,将网络空间的高级计算能力有效运用于现实世界中,从而在生产制造过程中与设计、开发、生产有关的所有数据将通过传感器采集并进行分析,形成可自律操作的智能生产系统。

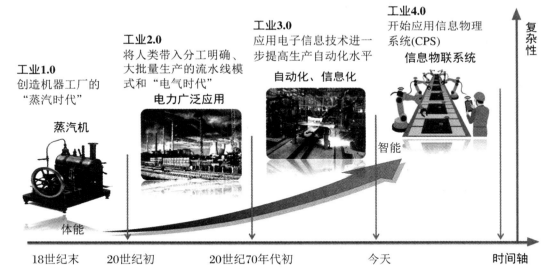

图3.1　四次工业革命的不同特征

　　(1)"工业4.0"内容

　　工业4.0究竟是什么?工业1.0主要是机器制造机械化生产;工业2.0是流水线、批量生产、标准化;工业3.0是高度自动化、无人化(少人化)生产;而工业4.0是网络化生产、虚实融合。工业4.0:在一个"智能化、网络化的世界"里,物联网和服务网将渗透到所有的关键领域。智能电网将能源供应领域、可持续移动通信战略领域(智能移动、智能物流),以及医疗智能健康领域融合。在整个制造领域中,信息化、自动化、数字化贯穿整个产品生命周期、端到端工程、横向集成(协调各部门间的关系),成为工业化第四阶段的引领者,也即"工业4.0"。工业4.0想要打造的是整个产品生产链的实时监控,产品配套服务设施之间的合作。

工业4.0计划的核心内容可以用"一个网络、两大主题、三大集成"来概括。其中一个网络指的便是信息物理融合系统:工业4.0强调通过信息网络与物理生产系统的融合,即建设信息物理系统来改变当前的工业生产与服务模式。具体是指将信息物理系统技术一体化应用于制造业和物流行业,以及在工业生产过程中使用物联网和服务技术,实现虚拟网络世界与实体物理系统的融合,完成制造业在数据分析基础上的转型。通过"6C"技术,即 Connection(连接)、Cloud(云储存)、Cyber(虚拟网络)、Content(内容)、Community(社群)、Customization(定制化),将资源、信息、物体以及人员紧密联系在一起,从而创造物联网及相关服务,并将生产工厂转变为一个智能环境。

而两大主题则指的是智能工厂和智能生产:智能工厂由分散的、智能化生产设备组成,在实现了数据交互之后,这些设备能够形成高度智能化的有机体,实现网络化、分布式生产。智能生产将人机互动、智能物流管理、3D打印与增材制造等先进技术应用于整个工业生产过程。智能工厂与智能生产过程使人、机器和资源如同在一个社交网络里一般自然地相互沟通协作;智能产品能理解它们被制造的细节以及将被如何使用,协助生产过程。最终通过智能工厂与智能移动,智能物流和智能系统网络相对接,构成工业4.0中的未来智能基础设施。

工业4.0计划的三大集成分别是横向集成、端到端集成、纵向集成。① 横向集成。工业4.0通过价值网络实现横向集成,将各种使用不同制造阶段和商业计划的信息技术系统集成在一起,既包括一个公司内部的材料、能源和信息,也包括不同公司间的配置。最终通过横向集成开发出公司间交互的价值链网络。② 端到端集成。贯穿整个价值链的端到端工程数字化集成,在所有终端实现数字化的前提下实现的基于价值链与不同公司之间的一种整合,将在最大限度上实现个性化定制。最终针对覆盖产品及其相联系的制造系统完整价值链,实现数字化端到端工程。③ 纵向集成。垂直集成和网络化制造系统,将处于不同层级(例如,执行器和传感器、控制、生产管理、制造和企业规划执行等不同层面)的 IT 系统进行集成。最终,在企业内部开发、实施和纵向集成灵活而又可重构的制造系统。

工业4.0计划优先在八个重点领域执行:建立标准化和开放标准的参考架构、实现复杂系统管理、为工业提供全面带宽的基础设施、建立安保措施、实现数字化工业时代工作的组织和设计、实现培训和持续的职业发展、建立规章制度、提高资源效率。其中的首要目标就是"标准化"。PLC 编程语言的国际标准 IEC 61131-3(PL. Copen)主要是来自德国企业;通信领域普及的 CAN、Profibus 以及 Ether CAT 也全都诞生于德国。工业4.0工作组认为推行工业4.0需要在八个关键领域采取行动。其中第一个领域就是"标准化和参考架构"。标准化工作主要围绕智能工厂生态链上各个环节制定合作机制,确定哪些信息可被用来交换。为此,工业4.0将制定一揽子共同标准,使合作机制成为可能,并通过一系列标准(如成本、可用性和资源消耗)对生产流程进行优化。以往,我们听到的大多是"产品的标准化",而德国工业4.0将推广"工厂的标准化",借助智能工厂的标准化将制造业生产模式推广到国际市场,以标准化提高技术创新和模式创新的市场化效率,继续保持德国工业的世界领先地位。

　　(2)工业4.0参考架构

　　工业4.0参考架构模型RAMI4.0(reference architecture model for industrie 4.0)是目前应用最广泛的面向工业4.0的智能制造参考架构。RAMI4.0第1版由德国机械设备制造业联合会(VDMA)在2015年正式发布,2016年,RAMI4.0作为技术规范EC/PAS63088《智能制造:工业4.0参考架构模型(RAMI4.0)》的投票文件,由国际电工委员会EC/TC65(工业过程测量、控制和自动化)公开发布。RAMI4.0从类别(layers)、生命周期和价值链(value stream/life cycle and valuechain)和递阶层级(hierarehylevels)三个维度描述了符合工业4.0要求的产品开发和生产全过程中的各个关键要素。

　　在类别维度,借用了信息和通信技术常用的分层概念,从功能角度将复杂系统分解成资产(asset)、集成(integration)、通信(communication)、信息(information)功能(funetional)和业务(business)等六个功能层,在资产层和集成层,用数字化(虚拟)表示现实世界的各种资产(物理部件/硬件/软件/文件等);通信层实现标准化的通信协议以及数据和文件的传输;信息层包含相关的数据;功能层采用形式化定义必要的功能;业务层映射相关的业务流程。以上各层既各自实现相对独立的功能,同时下一层又为上一层提供接口,上一层也使用下一层的服务。

　　在递阶层级维度,依据《企业控制系统集成标准》(EC62264)《批量控制规范》(IEC61512)描述了企业信息系统和控制系统,给出了用于工厂的不同的功能实体群,定义了产品(product)、现场设备(field device)、控制装置(control device)、操作站(station)、工作单元(work units)、企业(enterprise)和互联世界(con-nected world)等不同层级。由于工业4.0不仅关注生产产品的工厂、车间和机器,还关注产品本身以及工厂外部的跨企业协同关系,因此相对于C62264/IEC61512原标准规范不同之处,是在递阶层级的底层增加了"产品"层,在企业(工厂)之上增加了"互联世界"层。RAMI4.0模型将全生命周期及价值链与工业4.0分层结构相结合,为描述和实现工业4.0提供了最大的灵活性。

　　德国工业4.0的本质是基于"信息物理系统"实现"智能工厂"。工业4.0核心是动态配置的生产方式。工业4.0报告中描述的动态配置的生产方式主要是指从事作业的机器人(工作站)能够通过网络实时访问所有相关信息,并根据信息内容,自主切换生产方式以及更换生产材料,从而调整为最匹配模式的生产作业。

3.1.4　"工业互联网"

　　与德国强调的"硬"制造不同,软件和互联网经济发达的美国更侧重于在"软"服务方面推动新一轮工业革命,希望用互联网激活传统工业,保持制造业的长期竞争力。其中以美国通用电气公司为首的企业联盟倡导的"工业互联网",强调通过智能机器间的连接最终将人、机连接,结合软件和大数据分析,来重构全球工业。

　　"工业互联网"的概念最早由通用电气于2012年提出,随后美国5家行业龙头企业联手组建了工业互联网联盟(industrial internet consortium,IIC),将这一概念大力推广开来。

除了通用电气这样的制造业巨头,加入该联盟的还有 IBM、思科、英特尔和 AT&T 等 IT 企业。工业互联网联盟致力于发展一个"通用蓝图",使各个厂商设备之间可以实现数据共享。该蓝图的标准不仅涉及 Internet 网络协议,还包括诸如 IT 系统中数据的存储容量互联和非互联设备的功率大小、数据流量控制等指标。其目的在于通过制定通用标准,打破技术壁垒,利用互联网激活传统工业过程,更好地促进物理世界和数字世界的融合。

工业互联网的核心内容即是发挥数据采集、互联网、大数据、云计算的作用,节约工业生产成本,提升制造水平。工业互联网将为基于互联网的工业应用打造一个稳定可靠、安全、实时、高效的全球工业互联网络。通过工业互联网,将智能化的机器与机器连接互通起来,将智能化的机器与人类互通起来,更深层次的是可以做到智能化分析,从而能帮助人们和设备做出更智慧的决策,这就是工业互联网给客户带来的核心利益。

美国制造业复兴战略的核心内容是依托其在信息通信技术(information communication technology,ICT)、新材料等通用技术领域长期积累的技术优势,加快促进人工智能、数字打印、3D 打印工业机器人等先进制造技术的突破和应用,推动全球工业生产体系向有利于美国技术和资源禀赋优势的个性化制造、自动化制造、智能制造方向转变。

"工业互联网"主要包括三种关键因素:智能机器、高级分析、工作人员。

① 智能机器是现实世界中的机器、设备、设施和系统及网络通过先进的传感器、控制器和软件应用程序以崭新的方式连接起来形成的集成系统;② 高级分析是使用基于物理的分析性、预测算法、关键学科的深厚专业知识来理解机器和大型系统运作方式的一种方法;③ 建立各种工作场所的人员之间的实时连接,能够为更加智能的设计、操作、维护以及高质量的服务提供支持和安全保障。

3.1.5　"中国制造 2025"

"中国制造 2025"是中国版的"工业 4.0"规划,该规划经李克强总理签批,并由国务院于 2015 年 5 月 19 日公布,是我国实施制造强国战略的第一个十年的行动纲领。

建设制造强国,必须紧紧抓住当前难得的战略机遇,积极应对挑战,加强统筹规划,突出创新驱动,制定特殊政策,发挥制度优势,动员全社会力量奋力拼搏,更多依靠中国装备、依托中国品牌,实现中国制造向中国创造的转变,中国速度向中国质量的转变,中国产品向中国品牌的转变,完成中国制造由大变强的战略任务。

"中国制造 2025"指导思想是全面贯彻党的十八大和十八届二中、三中、四中全会精神,坚持走中国特色新型工业化道路,以促进制造业创新发展为主题,以提质增效为中心,以加快新一代信息技术与制造业深度融合为主线,以推进智能制造为主攻方向,以满足经济社会发展和国防建设对重大技术装备的需求为目标,强化工业基础能力,提高综合集成水平,完善多层次、多类型人才培养体系,促进产业转型升级,培育有中国特色的制造文化,实现制造业由大变强的历史跨越。

实现制造强国的战略目标,必须坚持问题导向,统筹规划,突出重点;必须凝聚行业共识,加快制造业转型升级,全面提高发展质量和核心竞争力。"中国制造 2025"的九大任务和"三步走"战略如图 3.2 所示,立足国情,立足现实,力争通过"三步走"战略实现制造强国的战略目标。

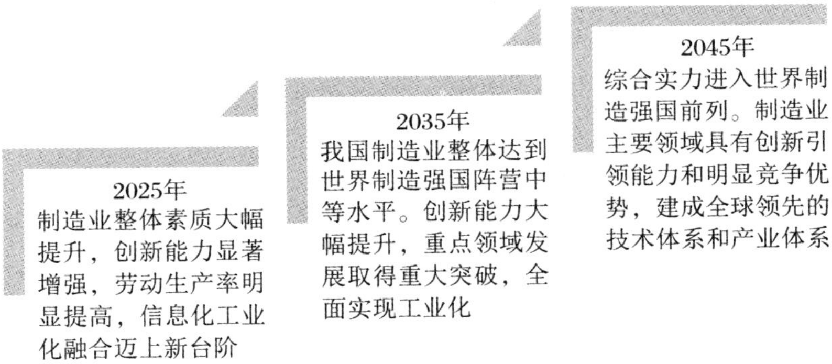

图 3.2 "中国制造 2025"三步走战略

第一步：到 2025 年，制造业整体素质大幅提升，创新能力显著增强，全员劳动生产率明显提高，两化（工业化和信息化）融合迈上新台阶。重点行业单位工业增加值能耗、物耗及污染物排放达到世界先进水平。形成一批具有较强国际竞争力的跨国公司和产业集群，在全球产业分工和价值链中的地位明显提升。

第二步：到 2035 年，我国制造业整体达到世界制造强国阵营中等水平。创新能力大幅提升，重点领域发展取得重大突破，整体竞争力明显增强，优势行业形成全球创新引领能力，全面实现工业化。

第三步：新中国成立一百年时，制造业大国地位更加巩固，综合实力进入世界制造强国前列。制造业主要领域具有创新引领能力和明显竞争优势，建成全球领先的技术体系和产业体系。

"中国制造 2025"的核心内容是加快推动新一代信息技术与制造技术融合发展，把智能制造作为两化深度融合的主攻方向，着力发展智能装备和智能产品，推进生产过程智能化，培育新型生产方式，全面提升企业研发、生产、管理和服务的智能化水平。具体如下：

（1）研究制定智能制造发展战略。

（2）加快发展智能制造装备和产品。

（3）推进制造过程智能化。

（4）深化互联网在制造领域的应用。

（5）加强互联网基础设施建设。

"中国制造 2025"瞄准新一代信息技术、高端装备、新材料、生物医药等战略重点，引导社会各类资源集聚，推动优势和战略产业快速发展。特别是在以下产业加大扶持力度，力求与发达国家比肩：

（1）新一代信息技术产业。

（2）高档数控机床和机器人。

（3）航空航天装备。

（4）海洋工程装备及高技术船舶。

（5）先进轨道交通装备。

（6）节能与新能源汽车。

（7）电力装备。

（8）农机装备。

（9）新材料。

（10）生物医药及高性能医疗器械。

3.2　智能制造系统的定义

智能制造系统是指基于智能制造技术，综合运用人工智能技术、信息技术、自动化技术、制造技术、并行工程、生命科学、现代管理技术和系统工程理论方法，在国际标准化和互换性的基础上，使得制造系统中的经营决策、产品设计、生产规划、制造装配和质量保证等各个子系统分别实现智能化的网络集成的高度自动化制造系统。

智能制造系统是一个开放的信息系统，它采用耗散结构，如图 3.3 所示。

具体来说，智能制造系统就是要通过集成知识工程、制造软件系统、机器人视觉与机器人控制等来对制造技术的技能与专家知识进行模拟，使智能机器在没有人工干预的情况下进行生产。简单来说，智能制造系统就是把人的智力活动变为制造机器的智能活动。

智能制造系统的物理基础是智能机器，它包括具有各种程序的智能加工机床、工具和材料传送、准备装置、检测和试验装置以及安装装配装置等。智能系统的目的是通过设备柔性和计算机人工智能控制，自动地完成设计、加工、控制、管理过程，旨在解决适应高度变化环境的制造的有效性。

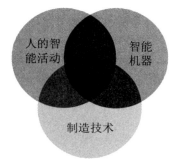

图 3.3　智能制造系统的构成

3.3　智能制造系统的典型特征

智能制造集自动化、柔性化、集成化和智能化于一身，具有实时感知、优化决策、动态执行三个方面的优点。具体地看，智能制造在实际应用中具有以下特征：

（1）自组织能力

智能制造中的各组成单元能够根据工作任务需要，集结成一种超柔性最佳结构，并按照最优方式运行。其柔性不仅表现在运行方式上，也表现在结构组成上。例如，在当前任务完成后，该结构将自行解散，以便在下一任务中能够组成新的结构。

（2）自律能力

智能制造具有搜集与理解环境信息及自身信息并进行分析判断和规划自身行为的能

力。强有力的知识库和基于知识的模型是自律能力的基础。智能制造系统能监测周围环境和自身作业状况并进行信息处理,根据处理结果自行调整控制策略,以采用最佳运行方案,从而使整个制造系统具备抗干扰、自适应和容错等能力。

(3) 自学习和自维护能力

智能制造以原有的专家知识为基础,在实践中不断进行学习,完善系统知识库,并剔除其中不适用的知识,使知识库趋于合理化。与此同时,它还能对系统故障进行自我诊断、排除和修复,从而能够自我优化并适应各种复杂环境。

(4) 整个制造环境的智能集成

智能制造在强调各子系统智能化的同时,更注重整个制造环境的智能集成,这是它与面向制造过程中特定应用的"智能化孤岛"的根本区别。智能制造将各个子系统集成为一个整体,实现系统整体的智能化。

(5) 人机一体化

智能制造不但强调人工智能,而且是一种人机一体化的智能模式,是一种混合智能。人机一体化一方面突出了人在制造环境中的核心地位,另一方面在智能机器的配合下,更好地发挥了人的潜能,使人机之间表现出一种平等共事、相互"理解"、相互协作的关系,使两者在不同的层次上各显其能,相辅相成。因此,在智能制造中,高素质、高智能的人将发挥更好的作用,机器智能和人的智能将真正地集成在一起。

(6) 虚拟现实

虚拟现实是实现高水平人机一体化的关键技术之一,人机结合的新一代智能界面,使得可用虚拟手段智能地表现现实,它是智能制造的一个显著特征。

3.4　智能制造系统的实现基础

要实现智能制造,必须在产品设计制造服役全过程实现信息的智能传感与测量、智能计算与分析、智能决策与控制,涉及 CPS、工业物联网、云计算技术、工业大数据、工业机器人技术、3D 打印技术、RFID 技术、虚拟制造和人工智能技术等技术基础。

3.4.1　赛博物理系统

赛博物理系统(cyber-physical system,CPS),也称为"虚拟网络—实体物理"生产系统,其目标是使物理系统具有计算、通信、精确控制、远程合作和自治等能力,通过互联网组成各种相应自治控制系统和信息服务系统,完成现实社会与虚拟空间的有机协调。与物联网相比,CPS 更强调循环反馈,要求系统能够在感知物理世界之后通过通信与计算再对物理世界起到反馈控制作用。在这样的系统中,一个工件就能算出自己需要哪些服务。通过数字化逐步升级现有生产设施,这样生产系统可以实现全新的体系结构。这意味着这一概念不仅可在全新的工厂得以实现,而且能在现有工厂的升级过程中得到改造。

　　CPS 是一个综合计算、网络和物理环境的多维复杂系统,通过 3C 技术的有机融合与深度协作,实现制造的实时感知、动态控制和信息服务。CPS 实现计算、通信与物理系统的一体化设计,可使系统更加可靠、高效、实时协同,具有重要而广泛的应用前景。CPS 系统把计算与通信深深地嵌入实物过程,使之与实物过程密切互动,从而给实物系统添加新的能力。

3.4.2　工业物联网

　　物联网(the internet of things,IT)可以实现物品间的全面感知、可靠传输和智能处理,利用事先在物品或设施中嵌入的传感器与现代化数据采集设备,将客观世界中的物品信息最大限度地数据化,再利用物品识别技术与通信技术将数据化的物品信息连入互联网,形成一个物品与物品相互连接的巨大的分布式网络,然后再把这些信息传递到后台服务器上进行整理、加工分析和处理,最后利用分析与处理的结果对客观世界中的物品进行管理和相应控制。

　　物联网技术实现了客观世界中的物物相连,它是继计算机、互联网之后蓬勃兴起的世界信息技术的又一次革命,是人类社会以信息技术应用为核心的技术延展。物联网与传统产业的全面融合,将成为全球新一轮社会经济发展的主导力量。

3.4.3　云计算技术

　　云计算(cloud computing)由分布式计算、并行处理、网格计算发展而来,是一种新兴的商业计算模型。目前,云计算仍然缺乏普遍一致的定义。国际商业机器公司(IBM)于 2007年年底宣布了云计算计划,在其技术白皮书中将云计算定义为:“云计算”一词用来同时描述一个系统平台或者一种类型的应用程序。一个云计算的平台按需进行动态地部署(provision)、配置(configuration)、重新配置(reconfigure)以及取消服务(deprovision)等。在云计算平台中的服务器可以是物理的服务器或者虚拟的服务器。高级的计算云通常包含一些其他的计算资源,如存储区域网络(SANs)、网络设备、防火墙及其他安全设备等。云计算在描述应用方面,描述了一种可以通过互联网进行访问的可扩展的应用程序。“云应用”使用大规模的数据中心及功能强劲的服务器来运行网络应用程序与网络服务。任何一个用户通过合适的互联网接入设备及一个标准的浏览器就能够访问一个云计算应用程序。

　　云计算将互联网上的应用服务及在数据中心提供这些服务的软硬件设施进行统一的管理和协同合作。云计算将 IT 相关的能力以服务的方式提供给用户,允许用户在不了解提供服务的技术、没有相关知识及设备操作能力的情况下,通过互联网获取需要的服务,具有高可靠性、高扩展性、高可用性、支持虚拟技术、廉价及服务多样性的特点。

3.4.4　工业大数据技术

　　大数据(big data)一般指体量特别大,数据类别特别大的数据集,并且无法用传统数据库工具对其内容进行抓取、管理和处理。大数据具有 5 个主要的技术特点,可以总结为“5V

特征"。

（1）数据量（volumes）大。计量单位从 TB 级别上升到 PB、EB、ZBYB 及以上级别。

（2）数据类别（variety）大。数据来自多种数据源，数据种类和格式日渐丰富，既包含生产日志、图片、声音，又包含动画、视频、位置等信息，已冲破了以前所限定的结构化数据范畴，囊括了半结构化和非结构化数据。

（3）数据处理速度（velocity）快。在数据量非常庞大的情况下也能够做到数据的实时处理。

（4）价值密度（value）低。随着物联网的广泛应用，信息感知无处不在，信息海量，但存在大量不相关信息。因此，需要对未来趋势与模式做可预测分析，利用机器学习、人工智能等进行深度复杂分析。

（5）数据真实性（veracity）高。随着社交数据、企业内容、交易与应用数据等新数据源的兴起，传统数据源的局限被打破，企业愈发需要有效的信息之力，以确保其真实性及安全性。

大数据是工业 4.0 时代的重要特征。目前，数字化、网络化和智能化等现代化制造与管理理念已经在工业界普及开来，工业自动化和信息化程度得到前所未有的提升。而工业产品遍布全球各个角落，这些产品从设计制造到使用维护再到回收利用，整个生命周期都涉及海量的数据，这些数据就是工业大数据。

机器学习和数据挖掘是大数据的关键技术。机器学习最初的研究动机是让计算机系统具有人的学习能力，以便实现人工智能，目前被广泛采用的机器学习的定义是"利用经验来改善计算机系统自身的性能"。事实上，由于"经验"在计算机系统中主要是以数据的形式存在的，因此，机器学习需要设法对数据进行分析，这就使得它逐渐成为智能数据分析技术的创新源之一，并且为此受到越来越多的关注。数据挖掘和知识发现通常被相提并论，并在许多场合被认为是可以相互替代的术语。对数据挖掘有多种文字不同但含义接近的定义，如"识别出巨量数据中有效的、新颖的、潜在有用的、最终可理解的模式的非平凡过程"。顾名思义，数据挖掘就是试图从海量数据中找出有用的知识。数据挖掘可以视为机器学习和数据库的交叉，它主要利用机器学习提供的技术来分析大数据和管理大数据。

3.4.5　工业机器人技术

机器人是一种由主体结构、控制器、指挥系统和监测传感器组成的，能够模拟人的某些行为、能够自行控制、能够重复编程、能在二维空间内完成一定工作的机电一体化的生产设备。机器人技术是综合了计算机、控制论、机构学、信息传感技术、人工智能、仿生学等多学科而形成的高新技术，集精密化、柔性化、智能化、软件应用开发等先进制造技术于一体，是工业自动化水平的最高体现。

工业机器人经过近 60 年的迅速发展，随着对产品加工精度要求的提高，关键工艺生产环节逐步由工业机器人代替工人操作，再加上各国对工人工作环境的严格要求，高危、有毒等恶劣条件的工作逐渐由机器人进行替代作业，从而增加了对工业机器人的市场需求。在工业发达国家中，工业机器人及自动化生产线成套装备已成为高端装备的重要组成部分及未来的发展趋势,工业机器人已经广泛应用于汽车及汽车零部件制造业、机械加工行业、电子电气行业、橡胶及塑料工业、食品工业、物流、制造业等领域。

机器人的性能正向高速度、高精度、高可靠性、低价格、便于操作和维修方面发展;而机器人的机械结构向着模块化、可重构化发展。在国外,已经有模块化装配机器人产品问世。工业机器人的控制系统向基于 PC 的开放型控制器方向发展,便于标准化和网络化。

3.4.6　3D 打印技术

3D 打印技术以数字模型文件为基础运用粉末状金属或塑料等可黏合材料,基于离散材料逐层叠加的成形原理,通过有序控制将材料逐层堆积,从而制造出实体产品。

3D 打印是"增材制造"的主要实现形式。传统数控制造一般是在原材料基础上,使用切割、磨削、腐蚀、熔融等办法,去除多余部分,得到零部件,再以拼装、焊接等方法组合成最终产品。与传统的"去材加工"相比,3D 打印技术不需要刀具、模具,所需工装、夹具较少;能够大幅度缩短生产准备周期,从而加速制造过程;能够制造出传统工艺方法难以加工,甚至无法加工的结构,从而实现自由制造;能够精确制造出复杂零件,从而有效提高材料的利用率,而且产品的结构越复杂,其制造优势也越显著。3D 打印技术几乎可以制造任意复杂程度的形状和结构;既可以制造单一材料的产品,又能够实现异质材料零件制造;允许跨越多个尺度(从微观结构到零件级的宏观结构)设计并制造具有复杂形状的特征;可以在一次加工过程中完成功能结构的制造,从而简化甚至省略装配过程。

3D 打印技术为其设计、过程建模和控制、材料和机器、生物医学应用、能源和可持续发展应用、社区发展、教育等各方面均带来了巨大的机遇与挑战。

3.4.7　射频识别技术

射频识别(radio frequency identification,RFID)技术又称为无线射频识别,是一种无线通信技术,可以通过无线电信号识别特定目标并读写相关数据,识别系统与特定目标之间无须进行机械或光学接触。常用的无线射频有低频(125~134.2 kHz)、高频(13.56 MHz)和超高频(860~928 MHz 全球各标准不一)三种。RFID 读写器分为移动式和固定式两种。RFID 通过将小型的无线设备贴在物件表面,并采用 RFID 阅读器自动进行远距离读取,提供了一种精确、自动、快速记录和收集目标的工具,其应用领域及效果见表 3.1。

RFID 技术已成为制造型企业业务流程精益化的关键技术之一,可以有效减少企业的生产库存,提高生产率和质量,从而提高制造企业的竞争力。早在 2000 年,空客公司就认识到这种技术优势,应用 RFID 技术与各大航空公司进行工具租赁业务。到 2006 年空客有 15 个项目的赢利都得益于 RFID 技术。之后,空客公司决定在全公司范围内使用零件序列化的自动识别技术(包括 RFID),增加飞机全生命周期的可视化,被称为价值链可视化(VCV)计划,空客公司则称之为"空客业务雷达"。RFID 技术成为简化业务流程、降低库存和提高经营活动效率与质量的强大武器,大大提高了企业竞争优势。

表 3.1　RFID 应用领域及效果

应用领域	效　　　果
供应链管理	通过自动化数据收集和数据传输,降低劳动力成本
	减少发货错误、库存迷失和重复数据读取
	减少盗窃和物品丢失
	利用远程进行产品维护、保修和调用警报
在制品制造	减少返修,保证制造精度
	提高生产率,加快零部件的定位和正确检索
	降低生产成本,消除手动条形码读取
	实现自动化零件集成跟踪
	连续的零件库存通道减少了生产线中断
资产管理	提供快速公司资产识别
	确保传输点的安全跟踪
	减少盗窃和物品丢失
安全访问控制	确保个人、机密信息的安全,方便访问
	提供移动、动态更新的数据存储库
	减少盗窃、欺诈,降低风险
消费应用	提高个人安全
	确保个人事务数据安全,方便访问
	增加用户获得商品和服务的便利
	降低欺诈和风险

3.4.8　实时定位和机器视觉技术

在实际生产制造现场,需要对多种材料、零件、工具、设备等资产进行实时跟踪管理;在制造的某个阶段,材料、零件、工具等需要及时到位和撤离;在生产过程中,需要监视制品的位置行踪,以及材料、零件、工具的存放位置等。这样,在生产系统中需要建立一个实时定位网络系统,以完成生产全程中角色的实时位置跟踪,这就是实时定位系统(real time location system,RTLS)。

RTLS 是一种基于信号的无线电定位手段,可以采用主动式或者被动感应式。其中,主动式分为 AOA(到达角度定位)、TDOA(到达时间差定位)、TOA(到达时间)、TW-TOF(双向飞行时间)、NFER(近场电磁测距)等。未来世界是一个无处不在的感知世界,物联网的兴起将掀起定位技术革新的又一波新高潮,实时定位已经成为一种应用趋势。

机器视觉系统是指通过机器视觉产品(即图像摄取装置,分 CMOS 和 CCD 两种)将被摄取目标转换成图像信号,传送给专用的图像处理系统,根据像素分布和亮度、颜色等信息,转变成数字化信号;图像系统对这些信号进行各种运算来抽取目标的特征,进而根据判别的结果来控制现场的设备动作。它是计算机学科的一个重要分支,它结合了光学、机械、电子、计算机软硬件等方面的技术,涉及计算机、图像处理、模式识别、人工智能、信号处理、光机电一体化等多个领域,是用于生产、装配或包装的有价值的机制。它在检测缺陷和防止缺陷产品被配送到消费者的功能方面具有不可估量的价值。

机器视觉系统的特点是提高生产的柔性和自动化程度。在一些不适合人工作业的危险工作环境或人工视觉难以满足要求的场合,常用机器视觉来替代人工视觉;同时在大批量工业生产过程中,用人工视觉检查产品质量效率低且精度不高,用机器视觉检测方法可以大大提高生产效率和生产的自动化程度。而且机器视觉易于实现信息集成,是实现计算机集成制造的基础技术,可以在较快的生产线上对产品进行测量、引导、检测和识别,并能保质保量地完成生产任务。

3.4.9　虚拟制造技术

虚拟制造技术(virtual manufacturing technology,VMT)是以虚拟现实和仿真技术为基础,对产品的设计、生产过程统一建模,在计算机上实现产品从设计、加工和装配、检验、使用整个生命周期的模拟和仿真,以增强制造过程各级的决策与控制能力。

虚拟制造的基本思想是在产品制造过程的上游——设计阶段就对产品制造全过程进行虚拟集成,将全阶段可能出现的问题在这一阶段解决,通过设计的最优化达到产品的一次性制造成功。

虚拟制造是利用信息技术、仿真技术和计算机技术对现实制造活动中的人物、信息及制造过程进行全面仿真,以预先发现制造过程中的问题,在产品实际生产前就提供预防措施,从而使产品一次性制造成功,以达到降低成本、缩短产品开发周期和增强产品竞争力的目的。

虚拟制造是基于虚拟现实技术来实现的。它是在一个统一的模型之下对设计和制造等过程的集成,将与产品制造相关的各种过程与技术集成在三维的、动态的仿真真实过程的实体数字模型之上,其目的是在产品设计阶段,借助建模与仿真技术及时地、并行地模拟出产品未来制造过程乃至产品全生命周期中各种对产品设计的影响,预测、检测、评价产品性能和产品可制造性等,从而更有效地、经济地、柔性地进行生产,使得生产周期和成本最低,产品设计质量最优,生产效率最高。

它是多学科、多领域知识的综合,其产生的虚拟产品和虚拟制造系统,要在计算机上以直觉、生动精确的方式体现出来,它拥有产品和相关制造过程的全部信息,包括虚拟设计、制造和控制产生的数据、相关知识和模型信息。

3.4.10　人工智能技术

人工智能(artificial intelligence,AI)是研究用于模拟、延伸和扩展人的智能的理论、方法、技术及应用系统的一门技术,目标是让机器像(单一)个体一样思考和学习,从而理解世界。

自从1956年斯坦福大学John McCarthy教授(图灵奖获得者)、麻省理工学院Marvin Lee Minsky教授(图灵奖获得者)、贝尔实验室的Claude Elwood Shannon、国际商业机器公司(IBM)的Nathaniel Rochester四位学者在美国达特蒙斯大学首次提出了"人工智能"这一术语以来,人工智能迅速发展成为一门广受关注的交叉和前沿学科,沿着"符号主义走向连接主义"和"从逻辑走向知识"两个方向蓬勃发展,在象棋博弈、机器证明和专家系统等方面取得了丰硕成果,并应用于机器人、语言识别、图像识别和自然语言处理等。

近年来,随着深度学习算法、脑机接口技术进步,人工智能基本理论和方法的研究开始出现新的变化,特别是以2016年谷歌围棋人工智能Alpha Go以4∶1战胜韩国棋手李世石为标志,人工智能再次成为大众关注的热点。Alpha Go技术本质是大数据+深度学习,Alpha Go通过大量的训练数据(包括以往的棋谱和自我对局)训练了一个价值神经网络用以评估局面上的大量选点,又训练了一个策略神经网络负责走子,在蒙特卡罗树搜索中同时使用这两个网络。

3.5　智能制造系统体系结构

智能制造系统通过生命周期、系统层级和智能功能三个维度构建完成,从系统的功能角度,智能制造系统可以看作若干复杂相关子系统的一个整体集成,包括PLM系统、MES过程控制系统、ERP及将各子系统无缝接起来的CPS等。本节主要解决智能制造标准体系结构和框架的建模研究,下面将分别讲解这几个系统的内容。

如图3.4所示,智能制造系统的整体架构可分为五层。上文所说的几种子系统,贯穿在这五层中,帮助企业实现各个层次的最优管理。

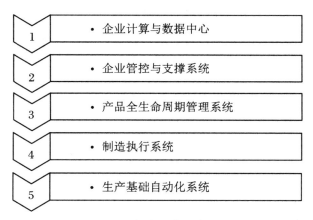

图3.4　智能制造系统架构

各层的具体构成如下:

（1）生产基础自动化系统层

它主要包括生产现场设备及其控制系统。其中生产现场设备主要包括传感器、智能仪表、可编程逻辑控制器 PLC、机器人、机床、检测设备、物流设备等。控制系统主要包括适用于流程制造的过程控制系统、适用于离散制造的单元控制系统和适用于运动控制的数据采集与监控系统。

（2）生产执行系统层

它包括不同的子系统功能模块（计算机软件模块），典型的子系统有制造数据管理系统、计划安排管理系统、生产调度管理系统、库存管理系统、质量管理系统、人力资源管理系统、设备管理系统、工具工装管理系统、采购管理系统、成本管理系统、项目看板管理系统、生产过程控制系统、底层数据集成分析系统、上层数据集成分解系统等。

（3）PLM 系统层

它主要分为研发设计、生产和服务三个环节。研发设计环节主要包括产品设计、工艺仿真和生产仿真。应用仿真模拟现场形成效果反馈，促使产品改进设计，在研发设计环节产生的数字化产品原型是生产环节的输入要素之一；生产环节涵盖了上述生产基础自动化系统层与 MES 层的内容；服务环节主要通过网络进行实时监测、远程诊断和远程维护，并对监测数据进行大数据分析，形成和服务有关的决策、指导、诊断和维护工作。

（4）企业管控与支撑系统层

它包括不同的子系统功能模块，典型的子系统有战略管理、投资管理、财务管理、人力资源管理、资产管理、物资管理、销售管理、健康安全与环保管理等。

（5）企业计算与数据中心层

它包括网络、数据中心设备、数据存储和管理系统、应用软件等，提供企业实现智能制造所需的计算资源、数据服务及具体的应用功能，并具备可视化的应用界面。企业为识别用户需求而建设的各类平台，包括面向用户的电子商务平台、产品研发设计平台、MES 运行平台、服务平台等。这些平台都需要以该层为基础，方能实现各类应用软件的有序交互工作，从而实现全体子系统信息共享。

习题与思考

（1）什么是智能制造？简述智能制造的发展过程。

（2）智能制造系统是如何定义的？其特征表现在哪些方面？

（3）简述智能制造系统的关键技术。

第4章　智能制造系统:自动化

制造系统自动化是应用于制造行业的机电一体化产品,它的自动化水平代表了一个国家制造业的发达程度,它的普及应用会有效提高劳动条件,提高劳动生产率,提高产品质量,降低制造成本,提高劳动者素质,带动相关产业及技术发展,从而推动一个国家的制造业逐渐由劳动密集型产业向技术密集型产业发展。目前在我国乃至全球都非常重视制造自动化技术的发展。

4.1　制造系统自动化概述

制造系统自动化是指在较少的人工直接或间接干预下,将原材料加工成零件或将零件组装成产品,在加工过程中实现管理过程和工艺过程自动化。管理过程包括产品的优化设计、程序的编制及工艺的生成、设备的组织及协调、材料的计划与分配、环境的监控等。工艺过程包括工件的装卸、储存和输送,刀具的装配、调整、输送和更换,工件的切削加工、排屑、清洗和测量,切屑的输送、切削液的净化处理等。

4.2　自动化制造系统的类型

自动化制造系统包括刚性制造和柔性制造,"刚性"的含义是指该生产线只能生产某种或生产工艺相近的某类产品,表现为生产产品的单一性。刚性制造包括组合机床、专用机床、刚性自动化生产线等。"柔性"是指生产组织形式和生产产品及工艺的多样性和可变性,可具体表现为机床的柔性、产品的柔性、加工的柔性、批量的柔性等。

4.2.1　刚性自动线

刚性自动线(demand automation line,DAL)由若干自动机床连成一体并配备自动化传送和搬运设备。线上的每台自动机床有材料自动传送机,无须人工操作,每台机器完成作业后,零件按固定顺序传给下台机器直至加工完毕。这类系统常用于生产产品的主要零部件。这类自动线属于固定自动化或刚性自动化,加工自动线专为生产某种零件或产品而设计,初始投资大,难以更改产品。只是在产量大且稳定时才应用它,这时单位产品成本较低,现今技术发展快,产品生命周期缩短,这种刚性自动化的应用受到限制。

刚性自动线一般由刚性自动化加工设备、工件输送装置、切屑输送装置和控制系统以及刀具等组成。

（1）自动化加工设备

组成刚性自动线的加工设备有组合机床和专用机床,它们是针对某一种或某一组零件的加工工艺而设计和制造的。刚性自动化设备一般采用多面、多轴和多刀同时加工,因此自动化程度和生产率均很高。在生产线的布置上,加工设备按工件的加工工艺顺序依次排列。

（2）工件输送装置

刚性自动线中的工件输送装置以一定的生产节拍将工件从一个工位输送到下一个工位。工件输送装置包括工件装卸工位、自动上下料装置、中间储料装置、输送装置、随行卡具返回装置、升降装置和转位装置等。输送装置采用各种传送带,如步伐式、链条式或辊道式传送带等。

（3）切屑输送装置

刚性自动线中常采用集中排屑方式,切屑输送装置有刮板式、螺旋式等。

（4）控制系统

刚性自动线的控制系统对全线机床、工件输送装置、切屑输送装置进行集中控制,控制系统一般采用传统的电气控制方式(继电器-接触器),目前倾向于采用可编程逻辑控制器（PLC）。

（5）刀具

加工机床上的切削刀具由人工安装、调整,实行定时强制换刀。如果出现刀具破损、折断,则进行应急换刀。

刚性自动线生产率高,但柔性较差,当被加工对象发生变化时,需要停机、停线并对机床、卡具、刀具等工装设备进行调整或更换。如更换主轴箱,通常调整工作量大,停产时间长。如果被加工件的形状、尺寸或精度变化很大,则需要对生产线进行重新设计和制造。

4.2.2　分布式数字控制

DNC 有两种英文表达,即 direct numerical control 和 distributed numerical control,前者译为“直接数字控制”,后者译为“分布式数字控制”。两种表达反映了 DNC 的不同发展阶段。DNC 始于 20 世纪 70 年代初期,DNC 的出现标志着数控加工由单机控制发展到集中控制。最早的 DNC 是用一台中央计算机集中控制多台(3~5 台)数控机床,机床的部分数控功能由中央计算机完成,组成 DNC 的数控机床只配置简单的机床控制器,用于数据传送驱动和手工操作(见图 4.1,图中每种方案连接只画出一台机床),在这种控制模式下,机床不能独立工作,虽然能节省部分硬件,但现在的硬件价格很低,因此该方案已失去实用意义。第二代 DNC 系统称为 DNC-BTR 系统,各机床的数控功能不变,DNC 起着数控机床的纸带阅读机的功能,故称为读带机旁路控制(behind tape reader,BTR)。若 DNC 通信受到干扰,数控机床仍可用原读带机独立工作。

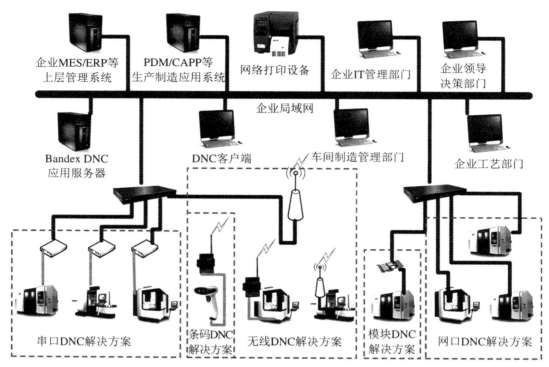

图 4.1　DNC 系统的组成方案

现代 DNC 系统称为 DNC-CNC 系统，它由中央计算机、CNC 控制器通信端口和连接线路组成。现代 CNC 都具有双向串行接口和较大容量的存储器。通信端口在 CNC 一侧通常是一台工控微机，也称 DNC 接口机。每台 CNC 都与一台 DNC 接口机相连（点对点式），通过串行口（如 RS232 20 MA 电流环、RS422 和 RS449 等）进行通信，DNC 中央机与 DNC 接口机通过现场总线如 Profibus、CAN bus、Bit bus 等进行通信，实现对 CNC（包括多制式 CNC）机床的分布式控制和管理。数控程序以程序块方式传送，与机床加工非同步进行。先进的 CNC 具有网络接口，DNC 中央计算机与 CNC 通过现场总线直接通信。DNC 中央计算机与上层计算机通过局域网（local area network，LAN）进行通信，如 MAP（manufacturing automation protocol）网、以太网等。DNC-CNC 系统的主要功能和任务如表 4.1 所示。

表 4.1　DNC-CNC 系统的主要功能和任务

功　能	任　　　务
系统控制	作业调度、数控程序分配、数控数据传送
	机床负荷均衡、系统启动、系统停止
数据管理	作业计划数据管理、数控程序管理、程序参数管理
	刀具数据管理、托盘零点偏移数据管理
	生产统计数据管理、设备运行统计数据管理
系统监视	刀具磨损、破损检测和系统运行状态检测及故障报警

1. 系统控制

DNC 系统控制功能的主要任务是根据作业计划进行作业调度,将加工任务分配给各机床,要求在正确的时间,将正确的程序传送到正确的加工机床,即 3R(right time, right programmer, right position)。数控数据包括数控程序、数控程序参数、刀具数据、托盘零点偏移数据等。

2. 数据管理

DNC 系统管理的数据包括作业计划数据、数控数据、生产统计数据和设备运行统计数据等。数据管理包括数据的存储、修改、清除和打印。数控程序往往在机床上要通过仿真进行修改和完善,经过加工验证过的数控程序要存储,并回传 DNC 系统中央计算机。生产统计数据和设备运行数据需要在系统运行过程中生成。

3. 系统监视

DNC 系统监视功能的主要任务是对刀具磨损、破损的检测和系统运行状态的检测及故障报警。

4.2.3　柔性加工单元

柔性加工(制造)单元(flexible manufacturing cell, FMC)是由单台数控机床/加工中心、工件自动输送及更换系统,刀具存储、输送及更换系统,设备控制器和单元控制器等组成的。它是实现单工序加工的可变加工单元,单元内的机床在工艺能力上通常是相互补充的,可混流加工不同的零件。系统对外设有接口,可与其他单元组成柔性制造系统。

图 4.2 是加工棱体零件的柔性制造单元。单元主机是一台卧式加工中心,刀库容量为 70 把,采用双机械手换刀,配有 8 工位自动交换托盘库。托盘库为环形转盘,托盘库台面支承在圆柱环形导轨上,由内侧的环链拖动而回转,链轮由电机驱动。托盘的选择和定位由可编程控制器控制,托盘库具有正反向回转、随机选择及跳跃分度等功能。托盘的交换由设在环形台面中央的液压推拉机构实现。托盘库旁设有工件装卸工位,机床两侧设有自动排屑装置。

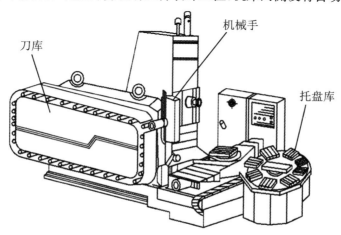

图 4.2　带托盘库的柔性制造单元

4.2.4　柔性加工线

柔性加工线(flexible manufacturing line,FML)由自动化加工设备、工件输送系统和控制系统等组成。FML 与柔性制造系统之间的界限也很模糊,两者的重要区别是前者像刚性自动线一样,具有一定的生产节拍,工作沿一定的方向顺序传送,后者则没有一定的生产节拍,工件的传送方向也是随机性质的。柔性制造线主要适用于品种变化不大的中批和大批量生产,线上的机床主要是多轴主轴箱的换箱式和转塔式加工中心。在工件变换以后,各机床的主轴箱可自动进行更换,同时调入对应的数控程序,生产节拍也会做相应调整。

柔性加工线的主要优点是:具有刚性自动线的绝大部分优点,当批量不是很大时,生产成本比刚性自动线低得多,可以根据品种改变,以较快的速度调整系统,但建立系统的总费用较高。因此,为了节省投资,提高系统的运行效率,柔性制造线一般采用刚柔结合的形式,即生产线的一部分设备采用刚性专用设备(主要是组合机床),另一部分采用换箱或换刀式柔性加工机床。

1. 自动化加工设备

组成 FML 的自动化加工设备有数控机床、可换主轴箱机床。可换主轴箱机床是介于加工中心和组合机床之间的一种中间机型。可换主轴箱机床周围有主轴箱库,根据加工工件的需要更换主轴箱。主轴箱通常是多轴的,可换主轴箱机床可对工件进行多面、多轴、多刀同时加工,是一种高效机床。

2. 工件输送系统

FML 的工件输送系统和刚性自动线类似,采用各种传送带输送工件,工件的流向与加工顺序一致,依次通过各加工站。

3. 刀具

可换主轴箱上装有多把刀具,主轴箱本身起着刀具库的作用,刀具的安装、调整一般由人工进行,采用定时强制换刀。

图 4.3 为加工箱体零件的柔性加工线示意图,这条自动线看起来和刚性自动线没有什么区别,但它具有一定的柔性。FML 同时具有刚性自动线和 FMS 的某些特征。在柔性上接近 FMS,在生产率上接近刚性自动线。

图 4.3　柔性加工线

4.2.5　柔性装配线

　　柔性装配线(flexible assembly line,FAL)是由若干自动装配机器和自动材料装卸设备连成的系统。材料或零部件自动传送给各台机器,每台机器完成装配工序后即送往下一台机器,直到产品装配完毕为止。适合手工装配的产品设计不一定能直接用于自动装配线,因为机器人不能完全重复手工操作,如人工可使用螺丝刀或用螺栓、螺母将两零件连接成一体等,柔性装配线上就需有新的连接方法,产品设计要适当修改与自动装配相适应。FAL 可降低产品成本,提高产品质量,初始投资不像自动生产线那么昂贵。因此,并不局限于产品成本。柔性装配线通常由装配站、物料输送装置和控制系统等组成。

　　1.装配站

　　FAL 中的装配站可以是可编程的装配机器人、不可编程的自动装配装置和人工装配工位。

　　2.物料输送装置

　　FAL 输入的是组成产品或部件的各种零件,输出的是产品或部件。根据装配工艺流程,物料输送装置将不同的零件和已装配成的半成品送到相应的装配站。输送装置由传送带和换向机构等组成。

　　3.控制系统

　　FAL 的控制系统对全装配线进行调度和监控,主要是控制物料的流向、自动装配站和装配机器人。

　　图 4.4 是柔性装配线示意图,料工作站中有料库和取料机器人。料库有多层重叠放置的盒子,这些盒子可以抽出,也称为抽屉。待装配的零件存放在这些盒子中。取料机器人有各种不同的夹爪,它可以自动地将零件从盒子中取出,并摆放在一个托盘中。盛有零件的托盘由传送带自动地送往装配机器人或装配站。

图 4.4　柔性装配线

4.2.6　柔性制造系统

　　柔性制造系统是指一组按次序排列的机器,由自动装卸及传送机器连接并经计算机系统集成一体,原材料和待加工零件在零件传输系统上装卸,零件在一台机器上加工完毕后传到下一台机器,每台机器接收操作指令,自动装卸所需工具,无须工人参与。FMS 的初始投资很大,但单位成本低,产品质量高,柔性程度大。FMS 具有如下市场竞争优势:在接收到订单后能及时和客户签单;可迅速扩大生产能力以满足用户高峰需求;具有快速引入新产品以满足需求的能力。这些能力均可归结到前述的产量柔性和产品柔性,而产品柔性往往更加重要,即生产系统可不用很大投入便能快速转向生产其他产品。随着产品和生产过程生命周期阶段的发展,生产系统会向高标准化产品、大量生产和生产线推进。这就存在一个问题,处于成熟期的产品需要花费高额投资达到大量的生产方式。一旦进入衰退期,原先高额投资建成的生产线由于柔性差,很可能会处于报废的困境。FMS 为摆脱此困境开辟了新的途径,即设计的生产设备比较容易调整,一旦某种产品衰退,就转而生产其他产品。

"柔性"是指生产组织形式和自动化制造设备对加工任务的适应性。FMS 在加工自动化的基础上实现物料流和信息流的自动化,主要由自动化加工设备、工件储运系统、刀具储运系统、辅助设备、多层计算机控制系统等组成。

1. 自动化加工设备

组成 FMS 的自动化加工设备有数控机床、加工中心车削中心等,也可能是柔性制造单元。这些加工设备都是由计算机控制的,加工零件的改变一般只需要改变数控程序,因而具有很高的柔性。自动化加工设备是自动化制造系统最基本也是最重要的设备。

2. 工件储运系统

FMS 工件储运系统由工件库、工件运输设备和更换装置等组成。工件库包括自动化立体仓库和托盘(工件)缓冲站。工件运输设备包括各种传送带、运输小车机器人或机械手等。工件更换装置包括各种机器人或机械手、托盘交换装置等。

3. 刀具储运系统

FMS 的刀具储运系统由刀具库、刀具输送装置和交换机构等组成。刀具库有中央刀库和机床刀库。刀具输送装置有不同形式的运输小车、机器人或机械手。刀具交换装置通常是指机床上的换刀机构,如换刀机械手。

4. 辅助设备

FMS 可以根据生产需要配置辅助设备。辅助设备一般包括:① 自动清洗工作站;② 自动去毛刺设备;③ 自动测量设备;④ 集中切屑运输系统;⑤ 集中冷却润滑系统等。

5. 多层计算机控制系统

FMS 的控制系统采用三级控制,分别是单元控制级、工作站控制级、设备控制级,图 4.5 是一个具有柔性装配功能的柔性制造系统。

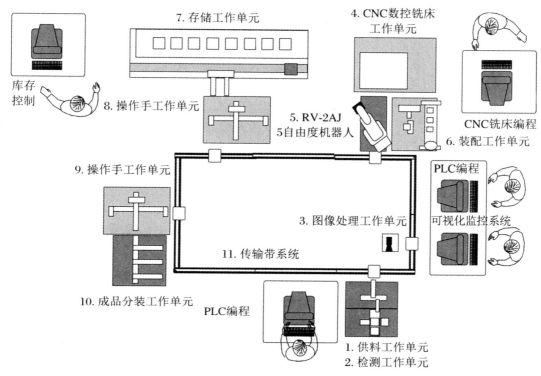

图 4.5　柔性制造系统

4.3　自动化制造系统构成单元

4.3.1　自动化加工设备

1. 组合机床

组合机床一般是针对某一种零件或某一组零件设计、制造的，常用于箱体、壳体和杂件类零件的平面、各种孔和孔面的加工，往往能在一台机床上对工件进行多刀、多轴、多面和多方位加工。

组合机床是一种以通用部件为基础的专用机床，组成组合机床的通用部件有床身、底座、立柱、动力箱、主轴箱、动力滑台等。绝大多数通用部件是按标准设计、制造的，主轴箱虽然不能做成完全通用的，但其组成零件（如主轴、中间轴和齿轮等）很多是通用的。组合机床的下述特点对其组成自动化制造系统是非常重要的：

（1）工序集中，多刀同时切削加工，生产效率高。

（2）采用专用夹具和刀具（如复合刀具、导向套），加工质量稳定。

（3）常用液压、气动装置对工件定位、夹紧和松开，实现工件的装夹自动化。

（4）常用随行夹具，方便工件装卸和输送。

（5）更换主轴箱可适应同组零件的加工，有一定的柔性。

（6）采用可编程逻辑控制器控制，可与上层控制计算机通信。

（7）机床主要由通用部件组成，设计、制造周期短，系统的建造速度快。

2. 数控机床

数控机床是由数字信号控制其动作的自动化机床，现代数控机床常采用计算机进行控制，即计算机数字控制机床（computerized numerical control machine，CNC）。数控机床是组成自动化制造系统的重要设备。

数控机床通常是指数控车床、数控铣床、数控镗铣床等，它们的下述特点对其组成自动化制造系统是非常重要的：

（1）柔性高。数控机床按照数控程序加工零件，当加工零件改变时，一般只需要更换数控程序和配备所需的刀具，不需要改换靠模、样板、钻镗模等专用工艺装备。数控机床可以很快地从加工一种零件转变为加工另一种零件，生产准备周期短，适合于多品种、小批量生产。

（2）自动化程度高。数控程序是数控机床加工零件所需的几何信息和工艺信息的集合。几何信息有走刀路径、插补参数、刀具长度半径补偿量；工艺信息有刀具、主轴转速、进给速度、切削液开/关等。在切削加工过程中，自动实现刀具和工件的相对运动，自动变换切削速度和进给速度，自动开/关切削液，数控车床自动转位换刀。操作者的任务是装卸工件、换刀、操作按键、监视加工过程等。

（3）加工精度高、质量稳定。CNC 装有伺服系统，具有很高的控制精度。数控机床的进给伺服系统采用闭环或半闭环控制，对反向间隙和丝杠螺距误差以及刀具磨损进行补偿，因而数控机床能达到较高的加工精度。对中小型数控机床，定位精度普遍可达到 0.03 m，重复定位精度可达到 0.01 mm。数控机床的传动系统和机床结构都具有很高的刚度和稳定性，制造精度也比普通机床高。当数控机床有 3～5 轴联动功能时，可加工各种复杂曲面，并能获得较高精度。由于按照数控程序自动加工，避免了人为的操作误差，因而同一批加工零件的尺寸一致性好，加工质量稳定。

（4）生产效率较高。零件加工时间由机动时间和辅助时间组成，数控机床加工的机动时间和辅助时间比普通机床明显减少。数控机床主轴转速范围和进给速度范围比普通机床大，主轴转速范围通常在 10～6000 r/min，高速切削加工时可达 15000 r/min，进给速度范围可达到 10～12 m/min，高速切削加工进给速度其至超过 30 m/min，快速移动速度在 30～60 m/min。主运动和进给运动一般为无级变速，每道工序都能选用最有利的切削用量，空行程时间明显减少。数控机床的主轴电动机和进给驱动电动机的驱动能力比同规格的普通机床大，机床的结构刚度高，有的数控机床能进行强力切削，可有效地减少机动时间。

（5）具有刀具寿命管理功能。构成 FMC 和 FMS 的数控机床具有刀具寿命管理功能，可对每把刀的切削时间进行统计，当达到给定的刀具寿命时，自动换下磨损刀具，并换上备用刀具。

（6）具有通信功能。CNC 一般都具有通信接口，可以实现上层计算机与 CNC 之间的通信,也可以实现几台 CNC 之间的数据通信,同时还可以直接对几台 CNC 进行控制。通信功能是实现 DNC、FMC、FMS 的必备条件。

3. 车削中心

车削中心比数控车床工艺范围宽,工件一次安装,几乎能完成所有表面的加工,如内外圆表面、端面、沟槽、内外圆及端面上的螺旋槽、非回转轴心线上的轴向孔、径向孔等。

车削中心回转刀架上可安装如钻头、铣刀、铰刀、丝锥等回转刀具,它们由单独电动机驱动,也称自驱动刀具。在车削中心上用自驱动刀具对工件的加工分为两种情况,一种是主轴分度定位后固定,对工件进行钻、铣、攻螺纹等加工;另一种是主轴运动作为一个控制轴(C轴),C 轴运动和 x,z 轴运动合成为进给运动,即三坐标联动,刀在工件表面上削各种形状的沟槽、凸台、平面等。在很多情况下,工件无须专门安排一道工序,单独进行钻、铣加工,消除了二次安装引起的同轴度误差,缩短了加工周期。

车削中心回转刀架通常可装 12~16 把刀具,这对无人看管的柔性加工来说,刀架上的刀具数是不够的。因此,有的车削中心装备有刀具库,刀具库有筒形或链形,刀具更换和存储系统位于机床一侧,刀具库和刀架间的刀具交换由机械手或专门机构进行。

现代车削中心工艺范围宽,加工柔性高,人工介入少,加工精度、生产效率和机床利用率都很高。

4. 加工中心

加工中心通常是指镗铣加工中心,主要用于加工箱体及壳体类零件,工艺范围广。加工中心具有刀具库及自动换刀机构、回转工作台、交换工作台等,有的加工中心还具有可交换式主轴头或卧立式主轴。加工中心目前已成为一类广泛应用的自动化加工设备,它们可作为单机使用也可作为 FMC、FMS 中的单元加工设备。加工中心有立式和卧式两种基本形式,前者适合于平面形零件的单面加工,后者特别适合于大型箱体零件的多面加工。加工中心除了具有一般数控机床的特点外,它还具有其自身的特点。加工中心必须具有刀具库及刀具自动交换机构,其结构形式和布局是多种多样的。刀具库通常位于机床的侧面或顶部。刀具库远离工作主轴的优点是少受切屑液的污染,使操作者在调换库中刀具时免受伤害。FMC 和 FMS 中的加工中心通常需要大量刀具,除了满足不同零件的加工外,还需要后备刀具,以实现在加工过程中实时更换破损刀具和磨损刀具,因而要求刀具库的容量较大。换刀机械手有单臂机械手和双臂机械手。布置的双臂机械手应用最普遍。

加工中心刀具的存取方式有顺序方式和随机方式,刀具随机存取是最主要的方式。随机存取就是在任何时候可以取用刀具库中任意一把刀,选刀次序是任意的,可以多次选取同一把刀,从主轴卸下的刀被允许放在不同于先前所在的刀座上,CNC 可以记忆刀具所在的位置。采用顺序存取方式时,刀具严格按数控程序调用刀具的次序排列。程序开始时,刀具按照排列次序一个接着一个取用,用过的刀具仍放回原来的刀座上,以保持确定的顺序不变。正确地安放刀具是成功执行数控程序的基本条件。

加工中心的交换工作台和托盘交换装置配合使用,实现了工件的自动更换,从而缩短了消耗在更换工件上的辅助时间。

4.3.2　工件储运系统

1. 工件储运系统的组成

在自动化制造系统中,伴随制造过程进行着各种物料的流动,如工件或工件托盘、刀具、夹具、切屑、切削液等。工件储运系统是自动化制造系统的重要组成部分,它将工件毛坯或半成品及时准确地送到指定加工位置,并将加工好的成品送进仓库或装卸站。工件储运系统为自动化加工设备服务,使自动化制造系统得以正常运行,以发挥出系统的整体效益。

工件储运系统由存储设备、运输设备和辅助设备等组成。存储是指将工件毛坯、制品或成品在仓库中暂时保存起来,以便根据需要取出,投入制造过程,立体仓库是典型的自动化仓储设备。运输是指工件在制造过程中的流动,例如,工件在仓库或托盘站与工作站之间的输送以及在各工作站之间的输送等。广泛应用的自动输送设备有传送带、运输小车、机器人及机械手等。辅助设备是指立体仓库与运输小车、小车与机床工作站之间的连接或工件托盘交换装置。图 4.6 是工件储运系统的组成设备及分类。

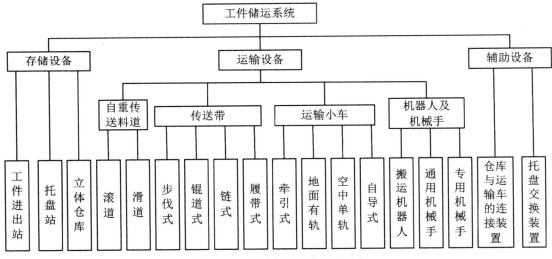

图 4.6　工件储运系统的组成设备

2. 工件输送设备

(1) 传送带

传送带广泛用于自动化制造系统中工件或工件托盘的输送。传送带的形式有多种,如步伐式传送带、链式传送带、辊道式传送带、履带式传送带等。

(2) 托盘及托盘交换装置

① 托盘。在 FMS 中广泛采用托盘及托盘交换装置,实现工件自动更换,缩短消耗在更换工件上的辅助时间。托盘是工件和夹具与输送设备和加工设备之间的接口。托盘有箱式、板式多种结构。箱式托盘不进入机床的工作空间,主要用于小型工件及回转体工件的储存和运输。板式托盘主要用于较大型非回转体工件,工件在托盘上通常是单件安装,大型托盘上可安装多个相同或不相同的工件。

②托盘交换装置。托盘交换装置是加工中心与工件输送设备之间的连接装置，起着和接口的桥梁作用。托盘交换装置的常用形式是回转式和往复式，多位托盘交换装置可以存储多个相同或不同的工件，所以也称托盘库。

（3）运输小车

①有轨小车(rail guide vehicle，RGV)。有轨小车是一种沿着铁轨行走的运输工具，有自驱和它驱两种驱动方式。自驱式有轨小车有电动机，通过车上小齿轮和安装在铁轨一侧的齿条啮合，利用交、直流伺服电动机驱动。它驱式有轨小车由外部链索牵引。

有轨小车的特点是：

- 加速和移动速度都比较快，适合运送重型工件。
- 因导轨固定，行走平稳，停车位置比较准确。
- 控制系统简单、可靠性好，制造成本低，便于推广应用。
- 行走路线不易改变，转弯角度不能太小。
- 噪声较大，影响操作工监听加工状况及保护自身安全。

②自动导向小车(automatic guide vehicle，AGV)。自动导向小车是一种无人驾驶的以蓄电池供电的物料搬运设备，其行驶路线和停靠位置是可编程的。20世纪70年代以来，电子技术和计算机技术推动了AGV技术的发展，如磁感应、红外线传感、激光定位、图形化编程、语音控制等。

在自动化制造系统中用的AGV大多数是磁感应式，由运输小车、地下电缆和控制器三部分组成(图4.7)。小车由蓄电池提供动力，沿着埋设在地板槽内的用交变电流激磁的电缆行走，地板槽埋设在地下。AGV行走的路线一般可分为直线、分支、环路或网状。AGV驱动电动机由安装在车上的工业级铝酸蓄电池供电，通常供电周期为20h左右，因此必须定期到维护区充电或更换。蓄电池的更换是手工进行的，充电可以是手工的或者自动的，有些小车能按照程序自动接上电插头进行充电。

图4.7　AGV外形

AGV小车上设有安全防护装置，小车前后有黄色警示信号灯。当小车连续行走或准备行走时，黄色信号灯闪烁。每个驱动轮带有安全制动器，断电时，制动器自动接上。小车每一面都有急停按钮和安全保险杠，其上有传感器，当小车轻微接触障碍物时，保险杠受压，小车停止行走。自动导向小车的行走路线是可编程的，FMS控制系统可根据需要改变作业计划，重新安排小车的路线，具有柔性特征。AGV小车工作安全可靠，停靠定位精度可以达到±3 mm，能与机床、传送带等相关设备交接传递货物，在运输过程中对工件无损伤，噪声低。

3. 自动化立体仓库

自动化立体仓库是一种先进的仓储设备，其目的是将物料存放在正确的位置，便于随时向制造系统供应物料。自动化立体仓库在自动化制造系统中起着十分重要的作用。自动化立体仓库的主要特点有：①利用计算机管理，物资库存账目清楚，物料存放位置准确，对自动化制造系统物料需求响应速度快；②与搬运设备(如自动导向小车、有轨小车、传送带)衔接,供给物料可靠及时;③ 减少库存量,加速资金周转;④ 充分利用空间,减少厂房面积;⑤ 减少工件损伤和物料丢失;⑥ 可存放的物料范围宽;⑦ 减少管理人员,降低管理费用;⑧ 耗资较大,适用于一定规模的生产。自动化立体仓库主要由库房、货架、堆垛起重机、外围输送设备、自动控制装置等组成,如图 4.8 所示。

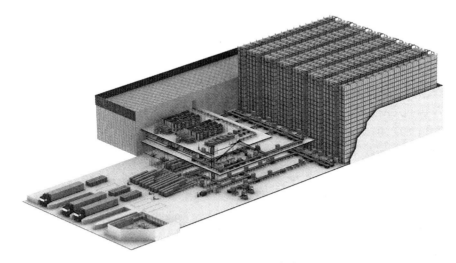

图 4.8　自动化立体仓库

堆垛起重机是立体仓库内部的搬运设备。堆垛起重机上有货格状态检测器。它采用光电检测方法,利用零件表面对光的反射作用,探测货格内有无货箱,防止取空或存货干涉。

自动化立体仓库实现仓库管理自动化和出入库作业自动化。仓库管理自动化包括对账目、货箱、货位及其他信息的计算机管理。出入库作业自动化包括货箱零件的自动识别、自动认址、货格状态的自动检测以及堆垛起重机各种动作的自动控制等。

4.3.3　刀具准备与储运系统

1. 概述

刀具准备与储运系统为各加工设备及时提供所需要的刀具,从而实现刀具供给自动化,使自动化制造系统的自动化程度进一步提高。

在刚性自动线中,被加工零件品种比较单一,生产批量比较大,属于少品种大批量生产。为了提高自动线的生产效率和简化制造工艺,多采用多刀、复合刀具、仿形刀具和专用刀具加工,一般是多轴、多面同时加工。刀具的更换是定时强制换刀,由调整工人进行换刀。刀具供给部门准备刀具,并进行预调。调整工人逐台机床更换全部刀具,直至全线所有刀具都已更换,并进行必要的调整和试加工。换刀、调试结束后,交给生产工人使用。特殊情况和中途停机换刀作为紧急事故处理。

在 FMS 中,被加工零件品种较多。当零件加工工艺比较复杂且工序高度集中时,需要的刀具种类、规格、数量是很多的。随着被加工零件的变化和刀具磨损、破损,需要进行定时强制性换刀和随机换刀。由于在系统运行过程中,刀具频繁地在各机床之间、机床和刀库之间进行交换，刀具流的运输、管理和监控是很复杂的。

2. 刀具准备与储运系统的组成

刀具准备与储运系统由刀具组装台、刀具预调仪、刀具进出站、中央刀库、机床刀库、刀具输送装置和刀具交换机构、刀具计算机管理系统等组成。

在数控机床和加工中心上广泛使用模块化结构的组合刀具。刀具组件有刀柄、刀夹、刀杆、刀片、紧固件等，这些组件都是标准件。如刀片有各种形式的不重磨刀片。组合刀具可以提高刀具的柔性，减少刀具组件的数量，充分发挥刀柄、刀夹、刀杆等标准件的作用，降低刀具费用。在一批新的工件加工之前，按照刀具清单组装一批刀具，刀具组装工作通常由人工进行。一般使用特殊刀具，有时也会使用整体刀具。整体刀具磨损后需要重磨。

（1）刀具预调仪

刀具预调仪（又称对刀仪）是刀具系统的重要设备之一，其基本组成如图 4.9 所示。

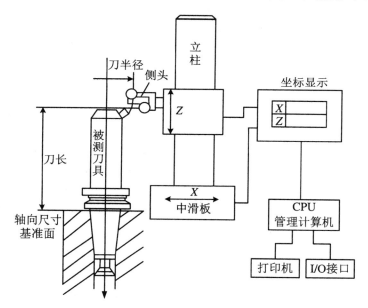

图 4.9　刀具预调仪

① 刀柄定位机构。刀柄定位机构是一个回转精度很高、与刀柄锥面接触很好、带拉紧刀柄机构的主轴。该主轴的轴向尺寸基准面与机床主轴相同。刀柄定位基准是测量基准，具有很高的精度，一般与机床主轴定位基准的精度相接近。测量时慢速转动主轴，便于找出刀具刀齿的最高点。刀具预调仪主轴中心线对测量轴 z，x 有很高的平行度和垂直度。

② 测量头。测量头分为接触式测量和非接触式测量。接触式测量用百分表（或扭簧仪）直接测出刀齿的最高点和最外点，测量精度可达 $0.002 \sim 0.01 \text{ mm}$。测量比较直观，但容易损伤表头和切削刃。

非接触式测量用得较多的是投影光屏，投影物镜放大倍数有 8、10、15 和 30 等。测量精度受光屏的质量、测量技巧、视觉误差等因素的影响，其测量精度在 0.005 mm 左右。这种测量不太直观，但可以综合检查切削刃质量。

③ z，x 轴测量机构。通过 z，x 两个坐标轴的移动带动测量头测得 z 轴和 x 轴尺寸即

刀具的轴向尺寸和径向尺寸。两轴采用的实测元件有多种,机械式的有游标刻线尺、精密丝杠和刻线读数头;电测式有光栅数显、感应同步器数显和磁尺数显等。

④ 测量数据处理。在有些 FMS 中对刀具进行计算机管理和调度时刀具预调数据随刀具一起自动送到指定机床。要做到这一点,需要对刀具进行编码,以便自动识别刀具。刀具的编码方法有很多种,如机械编码、磁性编码、条形码和磁性芯片。刀具编码在刀具准备阶段完成。此外,在刀具预调仪上配置计算机及附属装置,它可存储、输出和打印刀具预调数据,并与上一级计算机(刀具管理工作站、单元控制器)联网,形成 FMS 系统中刀具计算机管理系统。

(2) 刀具进出站

刀具经预调、编码后,其准备工作宣告结束。将刀具送入刀具进出站,以便进入中央刀库。磨损、破损的刀具或在一定生产周期内不使用的刀具,从中央刀库中取出,送回刀具进出站。

刀具进出站是刀具流系统中外部与内部的界面。刀具进出站多为框架式结构,设有多个刀座位。刀具在进出站上的装卸可以是人工操作,也可以是机器人操作。

(3) 中央刀库

图 4.10　中央刀库及刀具放置方式

中央刀库用于存储 FMS 加工工件所需的各种刀具及备用刀具,图 4.10 为刀具在储存架上的放置方法。中央刀库通过刀具自动输送装置与机床刀库连接起来,构成自动刀具供给系统。中央刀库容量对 FMS 的柔性有很大影响,尤其是混流加工(同时加工多种工件)和有相互替代的机床的 FMS。中央刀库不但为各机床提供后续零件加工刀具,而且周转和协调各机床刀库的刀具,提高刀具的利用率。当从一个加工任务转换到另一个加工任务时,刀具管理和调度系统可以直接在中央刀库中组织新加工任务所需要的刀具组,并通过输送装置送到各机床刀库中去,数控程序中所需要的刀具数据也及时送到机床数控装置中。

(4) 机床刀库及换刀机械手

机床刀库分为固定式和可换式两种。固定式刀库不能从机床上移开,其刀具容量较大(40 把以上)。可换式刀库可以从机床上移开,并用另一个装有刀具的刀库替换,刀库容量一般比固定式刀库要小。一般情况下,机床刀库用来装载当前工件加工所需要的刀具,刀具来源可以是刀具室、中央刀库或其他机床刀库。采用机械手进行机床上的刀具自动交换方式应用最广。机械手按其具有一个或两个刀具夹持器可分为单臂式和双臂式两种。双臂机械手又分为钩手、抱手、伸缩手和叉手。这几种机械手能完成抓刀、拔刀、回转、插刀、放刀及返回等全部动作。

(5) 刀具输送装置和交换机构

刀具输送装置和交换机构的任务是为各种机床刀库及时提供所需要的刀具,将磨损、破损的刀具送出系统。机床刀库与中央刀库，机床刀库与其他机床刀库，中央刀库与刀具进出站之间要进行刀具交换，需要相应的刀具输送装置和刀具交换机构。刀具的自动输送装置主要如下：

① 带有刀具托架的有轨小车或无轨小车。

② 高架有轨小车。

③ 刀具搬运机器人等类型。

刀具运输小车可装载一组刀具，小车上刀具和机床刀具的交换可由专门交换装置进行，也可由手工进行。机器人每次只运载一把刀具，取刀、运刀、放刀等动作均由机器人完成。

4.3.4　检测与监控系统

1. 概述

自动化制造系统的加工质量与工艺过程中的工艺路线、技术条件和约束控制参数有关。零件的加工质量是自动化制造系统各道工序质量的综合反映，不过有些工序是关键工序，有些因素是主导因素。质量问题主要来源于机床、刀具、夹具和托盘等，如刀具磨损及破损、刀具受力变形、刀具补偿值、机床间隙、刚性、热变形、托盘零点偏移等。国外统计资料表明，由于刀具原因引起加工误差的概率最高。为了保证自动化制造系统的加工质量，需要对加工设备和加工工艺过程进行监控，包括工艺过程的自适应控制和加工误差的自动补偿，目的是主动控制质量，防止产生废品。

为了保证自动化制造系统的正常可靠运行，提高加工生产率和加工过程安全性，合理利用自动化制造系统中的制造资源，需要对自动化制造系统的运行状态和加工过程进行检测与控制。检测与监控的对象包括加工设备、工件储运系统、刀具及其储运系统、工件质量、环境及安全参数等。检测与监控的对象如图 4.11 所示。

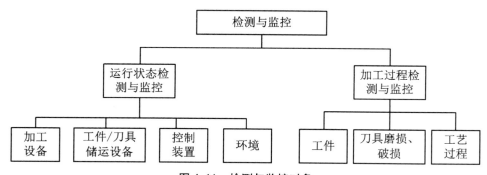

图 4.11　检测与监控对象

检测信号有几何的、力学的、电学的、光学的、声学的、温度的和状态的(空/忙、进/出、占位/非占位、运行/停止)等。检测与监控的方法有直接的与间接的、接触式的与非接触式的、在线的与离线的、总体的与抽样的等。

2. 工件尺寸精度检测与监控

工件尺寸精度检测分为在线检测和离线检测两种。在加工过程中或在加工系统运行过程中对被测对象进行的检测称为在线检测。它在对测得的数据进行分析处理后,通过反馈控制调整加工过程以保证加工精度。例如,有些数控机床上安装有激光在线测量装置,在加工的同时测量工件尺寸,根据测量结果调整数控程序参数或刀具磨损补偿值,保证工件尺寸在允许误差范围内,这就是主动控制量。在线测量又分为工序间(循环内)检测和最终工序检测两种。循环内检测可实现加工精度的在线检测及实时补偿,而最终工序检测实现对工件精度的最终测量与误差统计分析,找出产生加工误差的原因,并调整加工过程。

在加工中或加工后脱离加工设备对被测对象进行的检测称为离线检测。离线检测的结果是合格、报废或可返修。经过误差统计分析可得到尺寸变化趋势,然后通过人工干预调整加工过程。离线检测设备在自动化制造系统中得到广泛应用,主要有三坐标测量机、测量机器人和专用检测装置等。

3．刀具磨损和破损的检测与监控

在金属切削加工过程中,由于刀具的磨损和破损未能及时发现,将导致切削过程的中断,引起工件报废或机床损坏,甚至使整个制造系统停止运行,造成很大的经济损失。因此,应在制造系统中设置刀具磨损和破损的检测与监控装置。刀具磨损最简单的检测方法是记录每把刀具的实际切削时间,并与刀具寿命的极限值进行比较,达到极限值就发出换刀信号。刀具破损的一般检测方法是在切削加工开始前或切削加工结束后将每把刀具移近到固定的检测装置,以检测是否破损。在切削加工过程中对刀具的磨损和破损的检测与监控需要附加检测装置,技术上比较复杂,费用较高。常用的检测与监控方式有如下几种:

(1) 切削力检测

切削力的变化能直接反映刀具的磨损情况。如果切削力突然上升或突然下降,可能预示刀具的折断。

当刀具在切削过程中磨损时,切削力会随着增大,如果刀具崩刃或断裂,切削力会剧增。在系统中,工件加工余量的不均匀等因素也会引起切削力的变化。

(2) 声发射检测

固体在产生变形或断裂时,以弹性波形式释放出变形能的现象称为声发射。在金属切削过程中产生声发射信号的来源有工件的断裂、工件与刀具的摩擦、刀具的破损及工件的塑性变形等。因此,在切削过程中产生频率范围很宽的声发射信号,从几十千赫至几兆赫不等。声发射信号可分为突发型和连续型两种。突发型声信号在表面开裂时产生,其信号幅度较大,各声发射事件之间间隔时间较长;连续型声发射信号幅度较低,事件的频率较高。声发射信号受切削条件的变化影响较小,抗环境噪声和振动等随机干扰的能力较强。因此,声发射法识别刀具破损的精确度和可靠性较高,能识别出直径 1 mm 的钻头或丝锥的破损,是一种很有前途的刀具破损检测方法。

(3) 视觉检测

在检测领域近几年发展最快的是视觉检测。视觉检测的原理是利用高分辨率摄像头拍摄工件的图像,将拍摄得到的图像送入计算机,计算机对图像进行处理和识别,得到零件的形状、尺寸和表面形貌等信息。视觉检测属于非接触式检测范畴,目前的检测精度可以达到微米级,检测速度在 1 s 以内。视觉检测常用于对零件进行分类,对零件的表面质量和几何精度进行检测。视觉检测的缺点是对图像处理慢,因此,开发出速度更快、检测精度更高的算法是目前的研究重点。

（4）环境及安全检测

为了保证自动化制造系统正常可靠运行，需要对自动化制造系统的生产环境和安全特性进行监测，主要监测内容有：① 电网的电压及电流值；② 空气的温度及湿度；③ 供水、供气压力和流量；④ 火灾；⑤ 人员安全等。

4.3.5　辅助设备

零件的清洗、去毛刺、切屑和切削液的处理是制造过程中不可缺少的工序。零件在检验、存储和装配前必须清洗及去毛刺；切屑必须随时被排除、运走并回收利用；切削液的回收、净化和再利用，可以减少污染，保护工作环境。有些 AMS 集成有清洗站和去毛刺设备，实现清洗及去毛刺自动化。

1. 清洗站

从零件表面去除污染物可以利用机械、物理或化学的方式来进行。机械清洗是通过刷洗、搅拌、压力喷淋、振动、超声波等外力作用对零件进行清洗。物理与化学方式则是利用润湿、乳化、皂化、溶解等方式进行清洗。清洗机有许多种类、规格和结构，但是一般按其工作是否连续分为间歇式（批处理式）和连续通过式（流水线式）。批处理式清洗站用于清洗质量和体积较大的零件，属中小批量清洗，流水线式清洗机用于零件通过量大的场合。

清洗机有高压喷嘴，喷嘴的大小、安装位置和方向要考虑零件的清洗部位，保证零件的内部和难清洗的部位均能清洗干净。为了彻底冲洗夹具和托盘上的切屑，清洗液应有足够大的流量和压力。高压清洗液能粉碎结团的杂渣和油脂，能很好地清洗工件、夹具和托盘。对清洗过的工件进行检查时，要特别注意不通孔和凹入处是否清洗干净。确定工件的安装位置和方向时，应考虑到最有效清洗和清洗液的排出。吹风是清洗站重要的工序之一，它缩短干燥时间，防止清洗液外流到其他机械设备或先进制造系统的其他区域，保持工作区的洁净。有些清洗站采用循环对流的热空气吹干，空气用煤气、蒸汽或电加热，以便快速吹干工件，防止生锈。

2. 去毛刺设备

以前去毛刺一直是手工进行的，是重复的、繁重的体力劳动。最近几年出现了多种去毛刺的新方法，可以减轻人的体力劳动，实现去毛刺自动化。最常用的方法有机械去毛刺、振动去毛刺、喷射去毛刺、热能去毛刺和电化学去毛刺。

3. 切屑和切削液处理

在自动化制造系统中，对切屑的排除、运输和切削液的净化、循环利用非常重要，这对环境保护、节省费用、增加废物利用价值有重要意义，许多先进制造系统装备有切屑排除、集中输送和切削液集中供给及处理系统。

切屑的处理包括三个方面的内容：① 把切屑从加工区域清除；② 把切屑输送到系统以外；③ 把切屑从切削液中分离出去。

4.3.6　自动化制造系统的控制系统

1. 自动化制造系统控制系统的作用

在自动化制造系统运行中,进入系统的毛坯在装卸站被装夹到夹具托盘上,再由物料传输装置将毛坯连同夹具托盘一起,按工艺路线的要求送到将要对零件进行加工的机床前等待,一旦机床空闲,零件即被送上机床加工。加工完后再被送到下一工序所需机床。上述设备的运行全部由控制计算机进行控制。其控制系统方案的优劣将直接影响到整个系统的运行效率与可靠性。因此,对控制结构体系及运行控制系统的设计有着十分重要的作用。

2. 自动化制造系统的递阶控制结构

自动化制造系统的控制系统是很复杂的。对复杂控制系统采用递阶控制结构是当今的常用方式。也就是说,人们通过对系统的控制功能进行正确、合理的分解,划分成若干层次,各层次分别进行独立处理,完成各自的功能,层与层间保持信息交换,上层向下层发布命令,下层向上层回送命令的执行结果,通过信息联系,构成完整的系统。从而把一个复杂的控制系统分解为分层控制,降低了全局控制和开发的难度。例如,五层(即工厂层、车间层、单元层、工作站层、设备层)递阶控制结构,如图 4.12 所示。

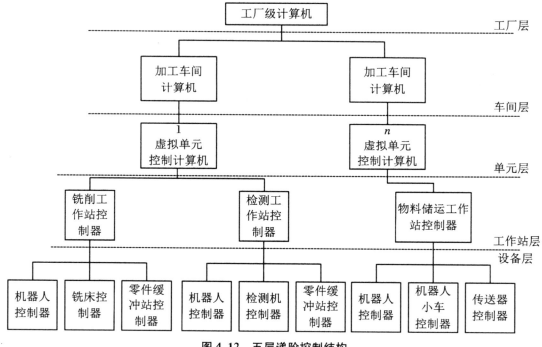

图 4.12　五层递阶控制结构

实践证明,分层递阶控制是一种行之有效的方法。首先,把复杂控制过程的管理和控制进行分解,分为相对简单的过程,分别由各层计算机去处理,功能单一,易于实现,不易出错;其次,各层的处理相对独立,易于实现模块化,使局部增、减、修改简单易行,从而增加了整个系统的柔性和对新技术的开放性；最后，分层处理对实时性要求有很大差别的任务，可以充分有效地利用计算机的资源。不过，究竟是分几层好，这要视具体对象和条件而定，不可千篇一律。

在分级控制结构中，任务的安排是根据自身的功能或在系统中的作用而定的，不同的系统其控制结构的差别在于分配给系统各部分任务的方式不同，以及将控制程序分开或合并的组合方式不同。在具体选择控制结构时，可根据自动化制造系统的目标及发展规划来选择。对自动化制造系统来说，常用的控制结构是三级控制结构，例如，FMS 就是这种控制结构。

4.4　自动化制造系统设计

4.4.1　自动化制造系统的功能模型

1. 建立系统功能模型的目的

无论是用户自行研制还是与供应商联合设计，在进行复杂系统的设计时，为了使设计人员、用户以及维修人员对系统的功能达成一致的理解而采用一种通用性强、规则严格、没有歧义的工具对系统功能进行的描述，称为系统的功能模型。功能模型是分析和设计系统的有效工具，也是检查、验收系统的技术文件和依据之一。因此，建立系统的功能模型是总体方案设计的一项非常重要的内容。

2. 系统具有的基本功能

自动化制造系统通常具有两大方面的功能：

（1）信息变换功能。包括各种数据的采集、加工和处理以及信息的储存和传送。信息变换的功能由系统控制器承担。

（2）制造变换功能。包括系统内所有物理的、化学的和空间位置的变换。制造变换的功能由各种加工设备、运输设备以及清洗设备等承担。

3. 建立系统功能模型的方法与步骤

（1）建立系统功能模型的方法。一个好的建模方法必须满足以下条件：能够从各个侧面全面描述系统；系统描述简单明了，容易读懂，便于理解；具有严格的建模规则，不会产生歧义；所建立的模型应能够用来进行系统的分析与设计。

（2）描述系统的功能可以有多种方法，如可用数学公式、图形或文字叙述等，常见的有如下三种方法：

① 结构化分析法（structured analysis，SA）是由美国 Yourdon 公司在 20 世纪 70 年代提出的，可用于分析大型数据处理系统，多用它来分析和定义用户的功能需求，基本方法是采用自顶向下、逐层分解的方式描述系统的功能。

② 结构化设计法（structured design，SD）是由 IBM 公司 W. Stevens 等人提出的，基本

方法是将系统设计成由相对独立、单一功能的模块组成的结构,以提高软件开发的质量。

③ 功能模型法(ICAM definition method,IDEF)是 1986 年由美国空军公布的工程中使用的结构化分析和设计方法,也是我国"863/CIMS"主题专家组推荐使用的方法。这种方法主要用于分析定义功能需求,以及建立系统功能模型。IDEF 方法使用图形语言建立系统功能模型,常称为 IDEF 模型,是复杂大系统建立功能模型时最普遍使用的方法。

4.4.2　车间布局与设施规划

自动化制造系统的类型不同,其设备配置及总体布局是不一样的。一个典型的自动化制造系统如 FMS 有三个重要组成部分。

(1) 能独立工作的工作站,如机械加工工作站、工件装卸工作站、工件清洗工作站与工件检测工作站等。

(2) 物料运储系统,如工件与刀具的搬运系统、托盘缓冲站、刀具进出站、中央刀库、立体仓库。

(3) FMS 运行控制与通信网络系统。

自动化制造系统的设备配置与布局是千变万化的,需视具体情况而定,下面仅介绍一般的配置与布局原则。

1. 设备配置

(1) 设备的选择原则

制造设备的选择是一个综合决策问题。选择的基本思想是将质量、时间、柔性和成本作为优化目标统筹兼顾,综合考虑,而将环境性作为约束条件,进行多目标优化,具体考虑原则如表 4.2 所示。

表 4.2　设备选择原则

序号	原则	内　　　容
1	质量	在选择设备时所涉及的质量是一种广义的质量。它包括:① 制造的产品满足用户期望值的程度;② 设备使用者对设备功能的基本要求,可以称这种要求为功能要求。设备的选择应满足这两个要求
2	生产率(时间)	根据自动化制造系统的设计产量、利润、市场等因素可以规定其生产率,在满足质量约束的方案集内,找出满足生产率约束的方案集
3	柔性	当环境条件变化时,如产品品种改变、技术条件改变、零件制造工艺改变等,如果系统不需要多大的调整,不需花费多长时间就可以适应这种变化,仍然低成本高效率地生产出新的产品,我们说这种系统柔性好,反之则柔性差。在自动化制造系统决策过程中,将柔性作为主要因素加以考虑
4	成本	在满足以上约束条件的可行方案集内,应按成本最低的原则选择设备,可以采用数学规划法求解

(2) 独立工作站的设备配置

自动化制造系统有多个能独立工作的工作站,其配置方案取决于企业经营目标、系统生产纲领、零件族类型及功能需求等。

① 机械加工工作站。机械加工工作站一般泛指各类机床。机床的数量及其性能，决定了自动化制造系统的加工能力。机床数量是由零件族的生产纲领、工艺内容、机床结构形式、工序时间和一定的冗余量来确定的。

加工设备的类型应根据总体设计中确定的典型零件族及其加工工序来确定。每一种加工设备都有其最佳加工对象和范围。如车削中心用于加工回转体类零件，板材加工中心用于板材加工，卧式加工中心适用于加工箱体、泵体、阀体和壳体等需要多面加工的零件，立式加工中心适用于加工板料零件，如箱盖、盖板、壳体和模具型腔等单面加工零件。

选择加工设备类型也要综合考虑价格与工艺范围问题。通常卧式加工中心工艺性比较广泛，同类规格的机床，一般卧式机床的价格比立式机床贵 80%～100%。有时可考虑用夹具来扩充立式机床的工艺范围。

此外，加工设备类型选择还受到机床配置形式的影响。在互替形式下，强调工序集中，要有较大的柔性和较宽的工艺范围。而在互补形式下，主要考虑生产率，较多用立式机床甚至专用机床。

选择加工中心机床时还应考虑它的尺寸、精度、加工能力、控制系统、刀具存储能力以及排屑装置的位置等。

② 工件装卸站。装卸站设有机动、液动或手动的工作台。工件自动导引小车可将托盘从工作台上取走或将托盘推上工作台；工作台至地面的高度以便于操作者在托盘上装卸夹具及工件为宜。

在装卸站设置计算机终端，操作人员通过终端可以接收来自自动化制造系统各单元控制器的作业指令或提出作业请求。也可以在装卸站设置监视识别系统，防止错装的工件进入自动化制造系统。

装卸站的数目取决于自动化制造系统的规模及工件进出自动化制造系统的频度。对于过重无法用人力搬运的工件，在装卸站还应设置吊车或叉车作为辅助搬运设备。在装卸站还应设置自动开启式防护闸门或其他安全防护装置，避免自动导引小车取走托盘时误伤操作者。

③ 工件检测站。检测完工或部分完工的工件，通常是在三坐标测量机或其他自动检测装置上进行。检测站设在自动化制造系统内时，可完成对工件的线内检测。在线检测时测量机的检测过程由 NC 程序控制。测量结果反馈到自动化制造系统的控制器，用以判断刀具性能的变化，控制刀具的补偿量或实施其他控制行为，迅速判定工件加工中的问题。

离线检测时，检测站的设置往往距加工设备较远。通过计算机终端人工将检测信息送入系统。由于整个检测时间及检测过程的滞后性，其检测信息不能对系统进行实时反馈控制。

④ 清洗工作站。设置在线检测工作站的自动化制造系统，一般都设置清洗工作站，以彻底清除切屑及灰尘，提高测量的准确性。如机械加工工作站本身具有清洗站的功能，则清洗工作站可不必单独设置。

（3）物料运储系统的设备配置

自动化制造系统的物料系指工件（含托盘与夹具）和刀具（含刀柄）工件运储系统，包括工件搬运系统、托盘及托盘缓冲站等设备。刀具运储系统包括刀具搬运系统、刀具进出站及中央刀库等设备。

工件运储系统的设备配置如下：

① 工件搬运系统。在自动化制造系统内担任输送任务的有有轨小车和无轨自动导引小车等。有轨小车只沿安装在地面上的固定轨道运行，通常适用于机床台数较少且加工设备成直线布局的工件输送系统。无轨自动导引小车输送系统，多用在设备成环行或网络形布局的系统。

加工回转体类工件的自动化制造系统，除采用自动导引小车完成工件搬运外，还必须采用机器人作为机床上下工件的搬运工具。

加工钣金类工件的自动化制造系统，通常采用带吸盘的输送装置来搬运板料。

② 托盘。托盘也称为托板，是操作者在装卸站上安装夹具和工件的底板。其结构可根据需要选择标准形式或自行设计非标准形式。

③ 托盘缓冲站。托盘缓冲站是自动化制造系统内工件排队等待加工的暂存地点。托盘缓冲站的数目，以不使工件在系统内排队等待而产生阻塞为原则，有利于提高机床的利用率。具体确定时应考虑工件的装卸时间、切削时间、输送时间以及无人或少人看管系统时间（如节假日、第三班）等多种因素。托盘缓冲站的安放位置应尽可能靠近机床，以减少工件的输送时间。

④ 夹具。对于上线加工的工件来说，往往要求尽快设计和制造出成本尽可能低的所需夹具。因此，采用模块化的夹具，即通用零部件加上少量专用零部件组成的夹具或组合夹具，使用方便，经济性好。

设计和选用自动化制造系统用的托盘夹具应遵循如下原则：

① 为简化定位和安装，夹具的每个定位面相对加工中心的坐标原点，都应有精确的坐标尺寸。

② 夹具元件数应尽可能少，元件的强度和刚度要高，使用方便、合理，应设有能将工件托起一定高度的等高元件，便于冲洗和清除切屑。

③ 夹具与托盘一起移动、上托、下沉和旋转时，应不与机床发生干涉。

④ 尽可能采用工序集中的原则，在一次装夹中能对工件多面进行加工，以框架式或台架式夹具为好。

当工件结构尺寸较小时，应尽可能在一个夹具上装夹多个（或多种）工件，以减少夹具数量或种类、提高机床的利用率。

刀具运储系统的设备配置如下：

① 刀具搬运系统。换刀机器人是刀具搬运系统的重要设备。换刀机器人的手爪既要抓住刀具柄部，又要便于将刀具置于进出站、中央刀库和机床刀库的刀位上，以及从其上取走刀具。换刀机器人的自由度数目按需换刀的动作设定，其纵向行走可沿地面轨道或空架轨道进行。

如果自动化制造系统使用较大型的加工中心机床，机床刀库容量较大，由于在机床上加工的工件也较大，工序时间长，因而换刀并不频繁，换刀机器人利用率太低，很不经济。这种情况下可不配置庞大价昂的换刀机器人、刀具进出站及中央刀库等刀具运储系统，而在机床刀库附近设置换刀机械手。进入系统的刀具先置于托盘上特制的专门刀盒中,经工件装卸站由自动导引小车拉入系统送到加工中心指定位置,然后由换刀机械手将刀具装到机床刀库的刀位中,或者从机床刀库取下刀具置于刀盒中,由自动导引小车送到工件装卸站退出系统。

②　刀具进出站。刀具进出站是刀具进出加工系统的界面,其上设置许多(根据需要而定)放置刀具的刀位,每一刀位装有拾取信号的传感器及不同颜色的两种指示灯。

凡进入系统的刀具必须先经刀具预调仪检测,操作人员将检测完毕的刀具置于进出站刀位上,当换刀机器人得到调度指令后便会迅速移动到刀具进出站,将此刀取走进入系统。损坏或不用的刀具也由换刀机器人将其置于进出站刀位中,由操作人员取走该刀具,退出系统。

在刀具进出站处,通常设置一个条码阅读器,以识别成批置于刀具进出站的刀具,使进入系统的刀具与刀具预调仪的对刀参数相吻合。

③　中央刀库。中央刀库是自动化制造系统内刀具的存放地点,是独立于机床的公用刀库。

中央刀库的刀位数设定,应综合考虑系统中各机床刀库容量、采用混合工件加工时所需的刀具最大数量、为易损刀具准备的备用刀具数量以及工件的调度策略等多种因素。如系统加工中心自身刀库容量大,也可以不设中央刀库。

中央刀库的安放位置以便于换刀机器人在刀具进出站、机床刀库和中央刀库三者中抓放刀具为准。

④　立体仓库。立体仓库是毛坯和成品零件的存放地点,也可看成是托盘缓冲站的扩展与补充。系统中使用的托盘及大型夹具也可在立体仓库中存放。

立体仓库通常以巷道、货架型结构设置。巷道数与货架数应综合考虑车间面积、车间高度、车间中各种加工设备的数量和能力以及车间的管理模式等多种因素。

立体仓库中依靠堆垛机来自动存取物料。它应能把盛放物料的货箱推上滚道式输送装置或从其上取走。有时,还应与无轨自动导引小车进行物料传递。

立体仓库的管理计算机能对物料进出货架,以及货架中的物料进行管理与查询。

钣金加工的自动化制造系统通常都设置存放板材的立体仓库,而不设其他缓冲站。

2. 总体平面布局设计

(1) 平面布局原则。自动化制造系统的组成设备较多,设备布局设计可根据主导产品的产量、工艺特性和车间平面结构等系统特性来进行。其布局形式有一维和多维布局方式。在进行设备布局优化时,除了考虑加快加工运输时间、降低运输成本外,还应考虑有利于信息沟通,平衡设备负荷,具体原则如下:

①　有利于提高机床的加工精度。一般来说,清洗站应离加工机床和检测工位远一些较好,以免清洗工件时的振动和泄漏对零件加工与测量产生不利影响。同样道理,三坐标测量机的地基应具有防振沟和防尘隔离室。

②　加工机床与物料运输设备(有轨小车或无轨自动导引小车)之间的空间位置应相互协调。一方面应注意减少占地面积与方便设备维修的兼容性;另一方面应考虑物料运输的

最佳路径以及工件与刀具运输系统在空间位置上的协调性和互容性(不撞车等),确保整个系统内物料流动的畅通和自动化。

③ 计算机工作站应有合理的空间位置,通信线路畅通且不受外界强磁场干扰。

④ 确保工作人员的人身安全,应设置安全防护栅栏。

⑤ 为便于系统扩展以模块化结构布局为好。

⑥ 物料运输路线愈短愈好。

(2) 设备布局的基本形式及运输调度策略。系统平面布局特点如下:

① 加工设备采用一维直线平面布局——工件运储系统和刀具运储系统分别在机床的两侧。

② 有轨小车沿地面直线导轨运行,可将工件(含托盘和夹具)在工件进出站、加工中心清洗机和托盘缓冲站之间运行和交换。

③ 配置的 12 个托盘缓冲站安装在导轨的一侧并靠近加工中心。

④ 根据加工中心的机械结构特点,换刀机器人纵向移动导轨采用空架式。其主要好处是无须改动加工中心的排屑系统,就可以使盛屑小车易于推出线外;减少系统占地面积且便于对敷设在空架导轨下方地面下的电源线和信号线进行检修。

⑤ 控制室建在厂房的顶头约 2 m 高度处,以便于观察现场。

⑥ 平面布局考虑了系统配置向一端扩充的可能性。

4.4.3   控制结构体系及通信网络方案设计

自动化制造系统的信息传递是通过计算机网络将有关的计算机设备连接起来形成相应的硬件体系结构(包括通信网络),并在相应的软件体系结构支撑下完成的。自动化制造系统信息系统的物理配置内容包括如下:

(1) 自动化制造系统控制体系结构的选择与设计。

(2) 自动化制造系统计算机硬件系统与通信网络的体系结构设计。

(3) 自动化制造系统计算机软件系统的设计。

上面是功能完善的自动化制造系统物理配置内容。在实际中并不是任何一个自动化制造系统都涉及上述各个方面的问题,对于相对简单的系统,如 DNC,一般就没有自动物料传输系统。

自动化制造系统的递阶控制结构在前面已详细讨论过。以下重点讨论如何根据信息需求确定自动化制造系统的通信网络(拓扑)结构和总体方案。

1. 网络选择的基本步骤

单元控制器底层网络方案选择的一般步骤如图 4.13 所示。主要包括信息传输需求分析、网络功能模型设计、网络体系结构选择、网络物理配置设计等内容。

2. 信息传输需求分析

单元运行过程中所涉及的信息可以分成三类,即基本信息、控制信息和系统状态信息,如表 4.3 所示。

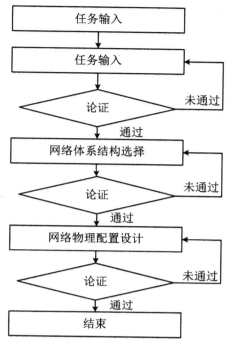

图 4.13　单元控制系统底层网络

表 4.3　信息分类

序号	信息	内　　容
1	基本信息	在制造单元开始运行时建立的，并在运行中逐渐补充，它包括：① 制造单元系统配置信息，如加工、清洗或检测设备编号、类型、数量等；② 物料流等系统资源基本信息，如刀具几何尺寸、类型、寿命数据，托盘的基本规格，相匹配的夹具类型、尺寸等
2	控制信息	控制系统运行状态，特别是有关零件加工的数据。包括：① 工程控制数据，如零件的工艺路线、NC 加工程序代码等；② 计划控制数据，如零件的班次计划、加工批量、交货期等
3	系统状态信息	反映系统资源的利用情况，包括：① 设备的状态数据，如机床、装卸系统、物料传输系统等装置的运行时间，停机时间、故障时间及故障原因等；② 物料的状态数据，如刀具剩余寿命、破损断裂情况及地址识别零件实际加工进度等

上述信息将由各级控制器分别进行处理，并通过计算机网络在各层之间进行传输。

（1）单元控制器与工作站控制器之间的信息传输：

① 下达零件加工任务（信息包括基本信息和控制信息）。

② 工作站反馈的状态信息。

（2）工作站控制器与设备控制器之间的信息传输如下：

① 下达的 NC 程序。

② 向设备层发出的控制命令。

③ 设备层状态信息反馈。

3. 网络功能设计

根据上述信息传输的需求,可设计网络功能。以 FMS 为例,为了满足单元控制系统中信息递阶控制的分层结构,单元控制系统中的通信网络可以划分为两个层次,一是单元控制器与工作站之间的网络;二是工作站控制器与设备控制器之间的网络,两者在功能及性能上的要求不完全相同,如表 4.4 所示。

表 4.4　网络功能和性能要求

序号	功能		内　　　　容
1	单元控制器与工作站之间的网络功能和性能要求	网络体系结构功能	① 支持异种机及异种操作系统(如 VMSUNIXDOS)等上网;② 网络协议符合国际标准或工业标准;③ 能与异构网连接
		网络功能	① 文件传递;② 报文传送;③ 电子邮件;④ 虚拟终端;⑤ 进程间通信;⑥ 分布式数据处理与查询
		网络性能	① 传输速率:1~10 Mbps;② 误码率:10^{-7} 以下;③ 响应时间:秒级;④ 传输距离:100~1000 m
		网络管理保障功能	① 网络管理服务;② 计算机及网络安全;③ 网络平均无故障时间至少一年
2	工作站控制器与设备控制器之间的网络功能和性能要求		传送 NC 程序,控制命令,应答状态反馈信息;进程间通信;误码率:10^{-7} 以下;响应时间:毫秒级;传输距离:50 m 以内

4. 网络的物理结构

(1) 自动化制造系统单元的网络结构

中、大型自动化制造系统单元网络物理结构如图 4.14 所示。

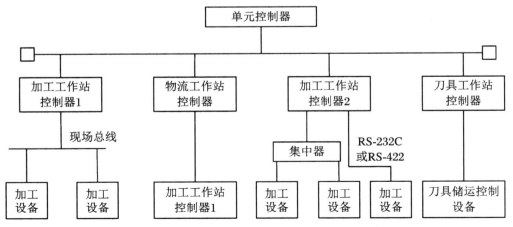

图 4.14　自动化制造系统单元网络物理配置示意

对物理结构的说明如下:

单元控制器与工作站控制器之间一般用 LAN 连接,选择的 LAN 应符合 ISO/OSI 参考模型,网络协议最好选用 MAP3.0。如条件不具备,也可以选用 TCP/IP 与其他软件相结合的方式,如 Ethernet 标准。

工作站控制器与设备层之间的连接可采用几种方式:一是直接采用 RS-232C 或 RS422 异步通信接口;二是采用现场总线;三是使用集中器将几台设备连接在一起,再连接到工作站控制器上。

(2) DNC 型单元网络结构

DNC 型单元是组成制造单元的另一种形式,在这种结构的制造单元中,由于系统内没有物料自动传输系统,因此设备间的信息交往要少得多。

DNC 型单元的通信结构主要指数控系统的接口通信能力和数控系统与计算机间的物理连接、通信协议、数据结构、系统作业时序及联网能力等。从现在的情况看,计算机与机床控制器之间互连的拓扑结构主要有几种形式,如点-点型、现场总线型等。

① 点-点型。点-点型拓扑结构连接形式的一个例子如图 4.15 所示。其中 DNC 中央计算机和数控机床(加工中心)分别称为连接中的节点,连接接口常采用 RS-232C 和 20 mA 电流环,也可用 RS-422 或 RS-485,通信速率一般在 100～9600 bit 之间。

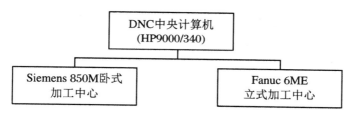

图 4.15　点-点拓扑结构的一个例子

② 现场总线型。现场总线相当于"底层"工业数据总线,常用于分布式控制系统和实时数据采集系统中。它有以下特点:该连接方式造价较低,可用于组合成中小型 DNC 系统;与 LAN 连接方式相比,现场总线只发送或接收规模较小的数据报文,并且以这种数据报文作为与较高一级的控制系统实现设备数据往返传送的有效手段。

4.4.4　自动化制造系统可靠性分析

1. 系统可靠性分析的目的

自动化制造系统是具有高柔性和高度自动化的生产加工线,它至少应具备如下基本功能:

(1) 自动变换加工程序。

(2) 自动完成多品种零件族加工。

(3) 对作业计划和加工顺序能够按某些策略随机应变。

(4) 高效率自动换刀。

(5) 自动监测、质量自动控制和故障自动诊断等。

这些功能是否能得到可靠保证,与自动化制造系统设计和运行质量有极大关系。自动化制造系统的设计可靠性是实现其功能的基础,运行可靠性是实现功能的保证,两者共同决定了系统的可靠性。设计可靠性分析可以预测自动化制造系统可靠性的预期水平,并可对系统的可靠性进行合理分配。运行可靠性分析则是确定自动化制造系统实际达到的可靠性水平是否与技术任务书规定的相符。因此,对自动化制造系统设计和运行可靠性进行分析显得十分必要。这项工作不仅是对设计和运行可靠性的评价,也为设计和运行的不足之处给出了分析的依据。可靠性分析的目的就在于计算所设计的自动化制造系统所能达到的可靠度、可用度、平均无故障间隔时间(mean time between failures,MTBF)等可靠性指标,为系统的可靠运行和进行可靠性设计提供必要的依据,是系统设计不可缺少的重要环节。

2.系统可靠性分析的主要内容

系统可靠性分析的主要内容,如表4.5所示。

表 4.5　系统可靠性分析内容

序号	类别	内　　　容
1	系统设计可靠性分析	① 分析系统的性能是否满足规定的要求 ② 分析可靠性目标是否符合用户要求,现实性怎样 ③ 分析工作环境对系统可靠性有何影响 ④ 分析是否考虑了系统安全性要求 ⑤ 分析是否对系统各组成部分有可靠性要求,设计的薄弱环节是什么 ⑥ 分析系统的安装工艺和系统调试考虑得怎样 ⑦ 分析系统是否需要做试运行试验 ⑧ 分析资金投入是否合理等
2	系统运行可靠性分析	① 分析制造工艺的可靠性 ② 分析安全操作规程 ③ 分析系统中的各个设备、装置以及刀、夹、量具和检测设备的可靠性 ④ 分析工作环境的严格控制 ⑤ 分析异常状态的监测和报警 ⑥ 分析人员安全防护装置的可靠性 ⑦ 分析外购件外协件的可靠性等

3.自动化制造系统可靠性分析的特点与一般要求

(1) 自动化制造系统可靠性分析的特点

对自动化制造系统设计与运行进行可靠性分析时,必须考虑下列特点:

① 自动化制造系统是一种多功能系统,各功能起着不同的作用,因此对各种功能有不同程度的可靠性要求。

② 在自动化制造系统运行中可能发生异常情况(紧急、危险),这些异常情况是系统工作故障或错误的产物,它们可导致系统功能和性能的严重破坏(事故)。

③ 参与自动化制造系统工作的有各种保障机构和人员,这些保障机构和人员对自动控制系统的可靠性水平都可能有不同程度的影响。

④ 每一套自动化制造系统由大量各种不同的组元(硬件、软件和人员)组成,在完成自动化制造系统的某一功能时一般有多种不同的组元参与工作,而同一个组元也可能同时参

与完成几种功能。

(2)自动化制造系统可靠性分析的一般要求

分析自动化制造系统设计和运行的可靠性时,应按照自动化制造系统的每种功能,采用适当的方法单独地对可靠性基础数据进行统计处理,求得系统的可靠性指标数值,如可靠度、失效率和平均寿命等,从而对整个系统的可靠性进行评估。必要时,还应进行系统发生紧急情况的可靠性分析。

① 由于自动化制造系统是一个复杂的系统,在描述系统的失效模式时,要尽量以零部件故障模式来表征,只有在难以用零部件故障模式进行描述或无法确认是某一零部件发生故障时,才可以用子系统或系统本身的故障模式进行描述。

② 失效模式及影响分析是自动化制造系统可靠性分析方法之一,自动化制造系统用户应根据同自动化制造系统设计方所达成的协议编制自动化制造系统功能一览表,由合同承包商(设计方和生产厂)提供详细的失效模式及影响分析一览表(根据此表对具体的自动化制造系统提出可靠性要求以及失效模式判别准则),并列入自动化制造系统技术任务书。

③ 自动化制造系统设计方必须向自动化制造系统用户提供详细的故障树分析,以此作为管理人员和维修人员的指南。

④ 为了合理地、科学地分析自动化制造系统设计与运行的可靠性,必须对自动化制造系统所有的自动化制造模块逐一完成下列工作:每一自动化制造模块的可靠性数据收集、可靠性指标确定以及维修性设计、人机工程设计、安全性设计,以期达到高的可靠性,最终完成可靠性分配;每个自动化制造模块的可靠性均应单独获得定量描述、分析和评估;分析、确定自动化制造模块的失效模式;给出自动化制造模块故障,并考虑自动化制造模块的所有元件对于失常状态具有一种互相补偿的功能,可以防止失常状态在完成相应功能时变成故障,或将其不良后果降低到最低限度。

⑤ 在自动化制造系统设计和运行的各个阶段应对自动化制造系统可行性进行分析,做到:在研制自动化制造系统过程中应对系统可靠性进行设计(先验分析),在自动化制造系统试运行和工业运行中应对系统可靠性进行实验(事后)分析;在自动化制造系统设计与运行的各阶段对其可靠性进行分析时,是否要考虑自动化制造系统软件和人员工作可靠性,应由自动化制造系统技术任务书予以规定。

4.4.5 自动化制造系统仿真

1.仿真的基本概念

现代科学研究、生产开发、社会工程、经济运营中涉及的许多项目,都具有较大的规模和较高的复杂度。在进行项目的设计和规划时,往往需要对项目的合理性、经济性加以评价。在项目实际运营前,也希望对项目的实施结果加以预测,以便选择正确、高效的运行策略或提前消除该项目设计中的缺陷,最大限度地提高实际系统的运行水平。采用仿真技术可以省时、省力、省钱地达到上述目的。

仿真应用很广。例如,在进行军事战役之前,进行沙盘演练和实地军事演习就是对该战役的一种仿真研究。设计飞机时,用风洞对机翼进行空气动力学特性研究,就是在飞机上天实际飞行前,对其机翼在空中高速气体流场中受力状态和运行状态的一种仿真。在制造系统的设计阶段,可以通过某一种模型来研究该系统在不同物理配置情况下不同物流路径和不同运行控制策略的特性,从而预先对系统进行分析和评价。以获得较佳的配置和较优的控制策略。在制造系统建成后,通过仿真,可以研究系统在不同作业计划输入下的运行情况,以比较和选择较优的作业计划,达到提高系统运行效率的目的。

根据仿真与实际系统配置的接近程度,将其分为计算机仿真、半物理仿真和全物理仿真。在计算机上对系统的计算机模型进行试验研究的仿真称为计算机仿真。用以研制出来的系统中的实际部件或子系统去代替部分计算机模型所构成的仿真称为半物理仿真。采用与实际系统相同或等效的部件或子系统来实现对系统的试验研究,称为全物理仿真。一般说来,计算机仿真较之半物理、全物理仿真在时间、费用和方便性等方面都具有明显的优点。而半物理仿真、全物理仿真具有较高的可信度,但费用昂贵且准备时间长。

2. 自动化制造系统仿真的作用

计算机仿真在自动化制造系统的设计、运行等阶段可以起重要的决策支持作用。在自动化制造系统的设计阶段,通过仿真可以选择系统的最佳结构和配置方案,以保证系统建成后既可以完成预定的生产任务,又具有很好的经济性、柔性和可靠性;在系统建成后,通过仿真可以预测系统在不同调度策略下的性能,从而为系统运行选择较好的调度方案;还可以通过仿真选择合理、高效的作业计划,从而充分地发挥自动化制造系统的生产潜力,提高经济效益。

在自动化制造系统的设计和运行阶段,通过计算机仿真能够辅助决策的方面主要如下:

(1) 确定系统中设备的配置和布局

① 机床的类型、数量及其布局。

② 运输车、机器人、托盘和夹具等设备和装置的类型数量及布局。

③ 刀库、仓库、托盘缓冲站等存储设备容量的大小及布局。

④ 评估在现有的系统中引入一台新设备的效果。

(2) 性能分析

① 生产率分析。

② 制造周期分析。

③ 产品生产成本分析。

④ 设备负荷平衡分析。

⑤ 系统分析。

(3) 调度及作业计划的评价

① 评估和选择较优的调度策略。

② 评估合理和较优的作业计划。

3. 计算机仿真的基本理论及方法

仿真就是通过对系统模型的实验去研究一个真实系统,这个真实系统可以是现实世界中已存在的或正在设计中的系统。因此,要实现仿真,首先得采用某种方法对真实系统进行抽象,得到系统模型,这一过程称为建模。其次对已建成的模型进行实验研究,这个过程称为仿真实验。最后要对仿真的结果进行分析,以便对系统的性能进行评估或对建模进行改进。因此,计算机仿真过程可以概括为如下几个步骤:

（1）建模。建模包含以下几个步骤：

① 收集必要的系统数据，为建模奠定基础。

② 采用文字（自然语言）、公式、图形对系统的功能、结构行为和约束进行描述。

③ 将前一步的描述转化为相应的计算机程序（计算机仿真模型）。

（2）进行仿真实验。输入系统的运行数据，在计算机上运行仿真程序，并记录仿真的结果数据。

（3）结果数据统计及分析。对仿真实验结果数据进行统计分析，以期对系统进行评价。在自动化制造系统中，通常评价的指标有系统效率、生产率、资源利用率、零件的平均加工周期、零件的平均等待时间、零件的平均队列长度等指标。图 4.16 为计算机仿真的一般过程。

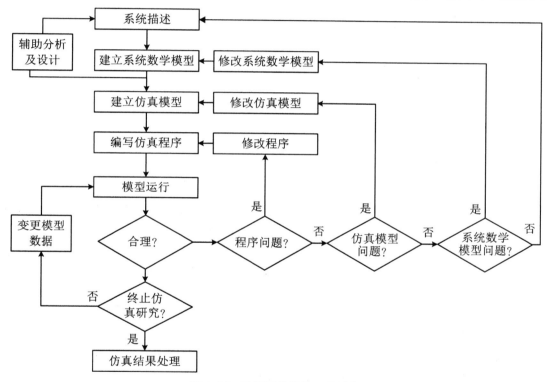

图 4.16 计算机仿真的一般过程

习题与思考

（1）试对柔性制造系统与刚性自动线的组成、加工柔性与生产效率进行比较。

（2）托盘交换装置起什么作用？

（3）刀具管理系统的作用是什么？它应具备哪几方面的功能？

（4）自动化制造系统检测与监控系统的作用是什么？

（5）自动化立体仓库有哪些优点？

（6）为了保证清洗站将工件清洗干净，应该注意哪些问题？

（7）各种工件尺寸精度检测技术及装置的检测原理各有什么特点？

（8）试说明 FMS 多层计算机控制系统的结构。

第 5 章　智能制造系统:数字化

智能制造,毫无疑问是以数字化为核心,以数据驱动/数据流动为根本,采用智能化手段来改进研发生产、经营管理中的瓶颈问题为目标。从智能制造的角度来说,数字化转型是制造业推进智能制造的起点。

5.1　制造业为什么要数字化

5.1.1　制造业的数字化趋势

近年来,制造业企业数字化转型的话题一直处于行业高热位置。中央经济工作会议作出"大力发展数字经济"的部署,工信部提出要深化产业数字化转型,建设一批全球领先的智能工厂、智慧供应链,并向中小企业场景化、标准化复制推广。

早在 1996 年 Nicholas Negroponte 就在被誉为 20 世纪信息技术及理念发展圣经的《数字化生存》中预言到了今天的数字化时代:数字化生存是现代社会中以信息技术为基础的新的生存方式。在数字化生存环境中,人们的生产方式、生活方式、交往方式、思维方式、行为方式都呈现出全新的面貌。如:生产力要素的数字化渗透、生产关系的数字化重构、经济活动走向全面数字化,使社会的物质生产方式被打上了浓重的数字化烙印,人们通过数字政务、数字商务等活动体现出全新的数字化政治和经济;通过网络学习、网聊、网络游戏、网络购物、网络就医等刻画出异样的学习、交往、生活方式。

中国信息化百人会联合埃森哲、国家信息中心等多家机构组成的课题组发布的《2017年中国数字经济发展报告》显示,2016 年中国数字经济总量达到 22.6 万亿元人民币,占GDP 的比重为 30.3%。毕马威预测,到 2030 年时,这一比例将会达到 77%,超过 153 万亿人民币的 GDP 贡献将来自于数字经济。

2020 年 12 月工信部印发《工业互联网创新发展行动计划(2021—2023)》。提出五大目标和多项重点工作任务,是"十四五"工业互联网发展的纲领性文件,也是未来发展的路径指南。

数字化既是信息化的产物,也是信息化的演进阶段之一,更是构建智慧企业的首要前提。每个阶段是相互递进的过程,同时会伴随着管理方式发生相应的演变和优化。

从企业看,以客户为中心是企业在市场竞争中存活下来的关键。数字化浪潮的到来,用户信息不对称的地位得到极大改观,客户感知价值最大化成为导向,从根本上改变了传统以生产为主导的商业经济模式,给企业的经营带来了巨大的挑战,也带来了新的机遇。有别于传统工业化发展时期的竞争模式,数字经济时代企业核心竞争能力从过去传统的"制造能力"变成了"服务能力＋数字化能力＋制造能力"。企业要具备开展技术研发创新的能力,加快研发设计向协同化、动态化、众创化转型;企业要具备生产方式变革的能力,加快工业生产向智能化、柔性化和服务化转变;企业要具备组织管理再造的能力,加快组织管理向扁平化、创客化、自组织拓展;企业要具备跨界合作的能力,推动创新体系由链条式价值链向能够实时互动、多方参与的灵活价值网络演进。

其次,应用数字技术可以提升企业的效率。互联网集中了大量数字技术资源和服务,通过大幅提高应用效率而产生经济价值。互联网服务直接引起计算服务、信息服务的集中,并进一步促进了各类服务资源的集中,使得集中式、开放型服务平台有了很大发展空间。基于互联网的共享服务云平台不仅使中小企业能够以很低的成本享受先进的信息技术应用和服务,也能使大企业的技术装备得到充分的应用,从而提高产品利用率。数字化信息和知识是遵循边际效益递增的工具,通过增大使用规模实现效益累积增值。数字化信息和知识具有可共享、重复使用、低成本复制等特点,对其使用和改进越多,创造的价值越大。根据研究显示,以"数据驱动型决策"模式运营的企业,通过形成自动化数据链,推动生产制造各环节高效协同,大大降低了智能制造系统的复杂性和不确定性,其生产力普遍可以提高 5%～10%。

世界经济论坛指出,数字经济是"第四次工业革命"框架中不可缺少的一部分。"数字化"不仅仅是技术,它还是一种思维方式以及新型商业模式和消费模式的源泉,为企业进行组织、生产、贸易和创新提供了新的途径,驱动企业生产方式、组织架构和商业模式发生深刻变革。工业经济下,企业能力体现在规模上,公司越大能做的事情就越多,劳动力越多,公司就越有可能生产更多的产品,在更大的范围内分发销售,以及对业务合作伙伴和用户发挥更大的影响力。然而,数字经济时代,对于企业来讲,规模已不再是优势所在,更重要的是思维方式的转型、甚至颠覆,以及在多大程度上利用数字化工具来放大员工的能力,并善于从"数字化"角度来分析和挖掘企业发展的新模式、新价值、新商机,来驱动效率提升、产品增值、流程再造、生态构建等。

5.1.2　中国制造业的数字化进展

数字化制造是以信息和知识的数字化为基础,以现代信息网络为主要载体,运用数字化、智能化、网络化技术来提升产品设计、制造和营销效率的全新制造方式,包括数字化设计、数字化工艺、数字化加工、数字化装配、数字化管理等。随着 5G、云计算、物联网、大数据、人工智能等新技术的兴起,数据资源日益成为关键的生产要素,数字化制造也成为推动制造业发展质量变革、效率变革、动力变革的重要力量。

从历史及发展趋势上看,企业信息化进程大概可以分为以下几个阶段:

第一阶段:业务操作电子化。电子化是指将企业日常手工事务性繁重的工作转变为机器的工作以提高个体工作效率的过程。该阶段为信息技术单项应用和企业上网前的准备阶段。主要表现在计算机在办公、财务、人事和部分生产经营环节等方面的单项应用,如财务电算化、生产制造自动化和 CAD/CAM、MIS 等信息技术的初步应用等。

第二阶段:业务流程信息化。信息化即通过企业的管理重组和管理创新,结合 IT 优势将业务流程固化。该阶段是企业信息化、尤其是网络化建设与应用的导入阶段。在各类企业扩大计算机应用和推动企业上网,建立电子邮箱,鼓励企业利用信息网络技术开展经营活动和改进管理。广泛开展流程梳理和信息化建设,如 ERP、MES、SCM 等系统。这个阶段重点关注整个组织的流程和提升组织的效率。

第三阶段:业务和管理的数字化。是应用数字技术,整合企业的采购、生产、营销、财务与人力资源等信息,做好计划、协调、监督和控制等各个环节的工作,打破"信息孤岛"现象,系统形成价值链并按照"链"的特征实施企业的业务流程。对环境的变化做出灵活的反应,业务流程持续改善,全面提升执行力,获得持久的竞争力。它是现代数字技术与企业管理相结合的产物。

第四阶段:业务决策智慧化。智慧化是指在企业的已有知识的基础之上,能够智能创造、挖掘新知识,用于企业业务决策、企业日常管理等,形成自组织、自学习、自进化的企业管理体制。该阶段中,人工智能、专家系统的先进的思想将应用在企业管理领域中。

我国发展数字化制造具备一系列有利条件,体量巨大的国内市场、快速发展的新型基础设施、不断完善的政策体系等,都为我国发展数字化制造提供了得天独厚的有利条件。

首先,体量巨大的制造业规模为数字化制造发展提供了广阔的舞台。自 2010 年以来,我国制造业总体规模已持续多年保持世界第一,我国成为全球制造业门类最全的国家。但是,目前我国制造业的数字化改造应用还处于起步阶段。截至 2018 年底,我国制造企业生产设备数字化率为 45.9%,数字化设备联网率为 39.4%,都比较低。未来,无论是传统产业的改造升级,还是新兴产业的培育发展,都将对数字化制造形成巨大的市场需求。

其次,快速发展的新型基础设施为数字化制造发展提供了强大支撑。推动 5G、人工智能、工业互联网等新型基础设施和制造业相结合,打造联通全国制造业的人、物、信息交流网络,可以有效降低发展数字化制造的成本,这是发展数字化制造的重要基础设施保障。近年来,我国新型基础设施发展迅速。截至 2019 年底,我国有移动电话基站 841 万个,光缆线路总长度达 4750 万千米,固定互联网宽带接入用户达 4.49 亿户,4G 用户总数达到 12.8 亿户,制造业数字化发展的基础保障能力越来越强。

再次,不断完善的政策体系为数字化制造的发展提供了有力保障。近年来,我国出台了《促进大数据发展行动纲要》《关于积极推进"互联网+"行动的指导意见》《关于深化制造业与互联网融合发展的指导意见》等一系列战略规划和政策措施,在技术研发、成果应用、重点领域突破、国际交流合作、组织保障等诸多方面都给出了制度安排,发展数字化制造的政策保障越来越有力。

5.2　数字化制造过程概述

5.2.1　研发环节的数字化管理

由于计算机的发展以及计算机图形学与机械设计技术的结合，产生了以数据库为核心，以交互式图形系统为手段，以工程分析计算为主体的计算机辅助设计(CAD)系统。将 CAD 的产品设计信息转换成为产品的制造、工艺规则等信息，使加工机械按照预定的工序和工步组合和排序，选择刀具、夹具、量具，确定切削余量，并计算每个工序的机动时间和辅助时间，这个就是计算机辅助工艺规划(CAPP)。其包括制造、检测、装配等方面的所有规划，以及面向产品设计、制造、工艺、管理、成本核算等所有的信息数字化。将它们转换为计算机所理解、并被制造过程的全阶段所共享的数据，就形成了所谓 CAD/CAPP/CAM 的一体化，从而使 CAD 上升到一个新的层次。

由于网络技术和信息技术的发展，正在深入开展的研究对多媒体可视化环境技术、产品数据管理系统、异地协同设计以及跨平台、跨区域、同步和异步信息交流与共享，多企业、多团队、多人、多应用之间群体协作与智能设计，并进入实用阶段，这就形成了所谓以设计为中心的数字化制造。

现在最常用的就是 PLM 或 PDM 这两个系统，这两个系统和前面的 ERP，以及后面的 MES 系统都有数据交换的接口，而研发过程中的图纸与工艺的规范电子档和相关的审核流程就决定了信息化的模式以及深度，其实对于任何企业来说，这个环节的信息化是非常有必要的。因为研发环节的信息化不仅意味着企业技术的沉淀与积累，更意味着更高的设计效率和设计准确度，它可以实现设计周期和设计成本的双重下降。

5.2.2　制造过程的数字化技术

数字化生产的内涵就是制造领域的数字化，它是制造技术、计算机技术、网络技术与管理科学的交叉、融和、发展与应用的结果，也是制造企业、制造系统与生产过程、生产系统不断实现数字化的必然趋势。

数字化生产是指在数字化技术和制造技术融合的背景下，并在虚拟现实、计算机网络、快速原型、数据库和多媒体等支撑技术的支持下，根据用户的需求，迅速收集资源信息，对产品信息、工艺信息和资源信息进行分析、规划和重组，实现对产品设计和功能的仿真以及原型制造。进而快速生产出达到用户要求性能的产品整个制造全过程。

我们通常用一个制造过程执行系统 MES 来处理这个过程的信息化，MES 的最大作用就是让企业的整个生产过程透明化，让生产计划、生产进度、生产瓶颈、生产产能、生产冗余、生产成本、生产设备等所有环节都能以数据和图表的形式实时的呈现在企业管理者的眼中，这是企业提升生产效率,降低管理成本的一大利器,虽然很多实施了 MES 系统的企业并没有得到预期的结构,但最根本的原因还是对 MES 系统执行的问题,例如,生产过程数据的采集与应用等。

通过实施 MES 系统,可以覆盖生产业务的计划下达、车间作业、设备管理、质量管理等业务,实现这些业务的透明化、标准化、有序化。以车间作业为例,通过 MES 系统首先可以在开工前实现人、机、料、法、环等资源的齐套检查,资源缺失及时预警;其次在加工过程中,MES 提供作业指导书或作业图纸的实时查看,以及物料防错、工艺防错、过程防错、防呆等功能,并通过与安灯系统的集成,使生产异常能够及时处置,保证生产过程的平顺化和标准化;最后在加工完工后,MES 自动进行完工统计,提供 SPC 分析、OEE 分析、在制品分析等,并通过数据不断优化过程中的问题。

5.2.3 仓储管理的数字化运行

这个过程的信息化处理很多企业也是用 ERP 来监管的,当然也和上面介绍的制造系统一样,都存在不好用的情况,究其原因还是因为太过于通用化的软件开发。当然也有请信息化公司按企业的需求来做的,因为除了对应的仓库管理,很多企业还浸入了物流管理这个流程,这也是很多企业做得更贴心和细节的方面,需要在细节上下功夫。

通过企业内部物料需求计划(MRP)的建立与实现,根据不断变化的市场信息、用户订货和预测,从全局和长远的利益出发,通过决策模型,评价企业的生产和经营状况,预测企业的未来和运行状况,决定投资策略和生产任务安排,这就形成了制造业生产系统的最高层次管理信息系统(MIS)。为了支持制造企业经营生产过程能随市场需求快速的重构和集成,出现了能覆盖整个企业从产品的市场需求、研究开发、产品设计、工程制造、销售、服务、维护等生命周期中信息的产品数据管理系统(PDM)。

当前,随着企业需求规划(ERP)这一建立在信息技术基础上的现代化管理平台的广泛应用,它集中信息技术与先进管理思想于一身,使企业经营管理活动中的物流、信息流、资金流、工作流加以集成和综合,形成了以 ERP 为中心的 MRP/PDM/MIS/ERP 等技术集成的所谓以管理为中心的数字化制造。

5.2.4 销售订单的数字化处理

在销售的过程中会产生大量的数据,包括客户数据、产品数据、业务数据以及行为数据等,如果企业对这些数据加以充分利用,会对销售产生非常大的助力,并进而指导企业生产等环节。但是长久以来,很多企业的销售数据不仅存在真实性、完整性、时效性等问题,也缺乏深入的分析和挖掘。

传统的企业管理客户的方式,多是把信息记在本子上或者通过 Excel 表格进行管理,客户信息尤其是销售人员与客户的互动过程很难做到及时更新,企业无法实现对客户信息的精细管理。

例如,某大型食品公司在全国拥有数万家销售终端,由于售点种类多、数量庞大、地域分散,而且信息多掌握在经销商手里,导致客户档案信息冗杂、不完善,不同类型销售终端的准确数量是多少、在区域市场的分布情况如何、销售额是多少,公司都没有准确的了解。

借助 EPR 系统后,当一个订单回来,甚至在谈判的过程中,订单的信息就已经开始数字化和信息化了,很多公司会将这一块集成在 ERP 中,因为后续的入库冲账会做得更加得高效率和准确。

通过 ERP,企业能够实现对终端数据的全方面管理,不仅终端的详细信息(例如地理位置、类型和级别、负责人信息等),销售人员与终端的每一次沟通过程以及终端的所有销售数据(包括订单、库存、销量等)都能在系统里沉淀下来,通过对这些数据的分析,企业能够对终端形成全面的了解,进而给予相应的资源支持。

不仅如此,通过对流失客户的数据分析,企业能够知道客户是在哪个环节流失的,为什么客户咨询了产品却没有深入了解,是因为产品不符合需求,还是因为价格太高,或者是因为业务人员不够专业。企业可以梳理流失的客户信息,进行跟踪、回访和分析,得出流失的原因并尽可能地进行挽回。而对于老客户,企业可以与其保持互动,并根据其购买行为推断出其下一次购买时间,达成二次销售。

5.2.5　信息的数字化采集方式

信息的数字采集方式通常可分为自动采集模式和人工采集模式,虽然智能工厂和无人工厂是未来的发展趋势,但是真正无人级别的工厂是不现实的,至少在可以预见的时间内是难以实现的。人工采集模式,即基于人工的采集模式,例如针对销售计算的 PC 端人工录入,这个过程是无法替代的,尽管很多流程可以通过计算机系统实施,但是数据的采集和审批一定是需要人工介入的,否则这个数据无来源。

自动化识别技术也允许通过二维码和条形码来实现对生产环节中的数据采集,前提是相应的数据已经在系统里面定义完毕,而后再通过人工对二维码或条形码的扫描来做数据的积累与改写,从而达到实时更新生产数据的目的,这仍然是需要人工高度参与的过程。数据和信息不是凭空而来的,一定是有其来源的,而人工的采集方式依然是非常大和可靠的来源,后续的数据存储、数据应用和数据呈现我们都可以通过软件来处理,但是采集过程却在很多环节都不能"假手于机器人"去处理,目前的技术还没有智能到这种程度。

自动化采集模式,在我们需要的很多数据中,确实有一部分是可以通过现代化技术来实现的,例如 RFID 射频识别技术,它可以在一定程度上代替上面介绍的人工扫描的二维码和条形码的采集功能。但是其应用的范围还是存在一定的限制,尤其是在离散型的制造企业中,因为工人的工作岗位交错相叠的情况太多,RFID 射频识别技术还是会存在感应错乱的概率,所以很多生产过程的信息系统如 MES 系统等都在采用二维码来做信息采集方式。我们也希望随着技术的进步能够出现更多的数据和信息采集方式,让数据和信息的采集变得更智能、更便捷、更高效、更精准。另一个自动化数据采集的大头来自于数控化和自动化的高端设备,例如,数控加工中心、机械手、PLC 可编程控制器等,这些工业设备因为都带有数据采集和传输功能,所以他们可以自己将企业需求和定义的数据实时地传输到信息化系统上,并实现数据的存储、使用和呈现等功能。例如,最近很火爆的设备运维信息系统,它可以实时地采集设备的运行状态数据，以实现对设备运行状态的监控和评估，从而更好保证设备的运行。

5.3 制造系统的数字化管理系统

5.3.1 产品数据信息管理

产品数据信息管理（production data management，PDM）作为产品创新数字化的重要概念，顾名思义，关注点在于产品数据的信息管理，并且在传统的理解中，更确切的是指产品研发过程的数据管理，即 engineering process management。内容一般会包括如下常规部分：

1. 文档管理

文档是产品数据中不可缺少的部分，如各类行业设计标准及规范、产品的市场需求、产品研发过程产生的需求分析、详细设计等技术文件，甚至包括这些文档的模板，都需要进行良好的管理和标准化。当然，为了更顺畅进行文档的内容更改记录和结果管理，往往需要在此环节涉及 PDM 系统与 Office 办公工具软件的集成。

2. 图纸管理

图纸是产品设计的重要结果数据文件，是 PDM 关注的核心，而在 PDM 逐渐成熟的过程中的早期，国内市场上大量存在的是图文档管理系统。直到现在，很多国产 PDM 系统依然以图文档管理作为核心功能。

3. CAD 集成

产品在我们的生活中无处不在，用于进行产品设计的工具软件也种类繁多，为了更好地进行图纸管理，将图纸信息（甚至包括图面信息的提取）如何顺畅地从 CAD 环境传递到 PDM 系统并保持同步性和关联性，则带来了 CAD 集成这样一个重要的实施部分。常见的 CAD 软件如 AutoCAD、基于 AutoCAD 的二次开发软件、NX、Pro/E 以及 Protel、Cadence 等。

4. 可视化管理

由于图文档均被纳入到 PDM 的管理数据，然而由于相应的图文档编辑软件种类极为繁多，PDM 中的使用者（包括各级领导）面临大量不同格式的图文档浏览需要，如果人人都安装各种编辑软件是不可想象的。提供统一的公共的可视化管理成为必需。

5. 物料管理与产品结构管理

在 PDM 系统中仅仅有图文档的管理是远远不够的。按照 PDM 的传统理念，是以产品结构为中心组织各类数据，产品结构由各种类型的物料所构成，也成为每份图文档文件所依附的节点。物料管理作为一个独立的话题，还面对很多内容，如物料的编码系统，物料的创建申请，物料的可用状态的变化等。

6. 产品配置管理

越来越多的产品需要在标准配置或功能基础上，为客户进行不同程度的个性化定制，这带来了设计环节思路上的重要变化，即产品配置管理。可以为客户提供大量的丰富的可选功能部件，满足不同的客户需求。如针对功能的标准型、高级型、豪华型，如针对不同地区的型号，针对不同性别年龄的型号等很多角度的产品设计资料的配置。

7. 工作流管理

正如上面所提及的，不论是图纸还是文档、物料以及产品结构，都需要从草稿状态到最终发布生效（甚至是多次的阶段性发布生效），相应的大量签审过程都属于工作流管理的范畴。可以这样讲，工作流驱动机制使得 PDM 能够管理数据状态的不断变化。

8. 其余基础部分（组织管理、权限管理等）

理所当然的，为了能够在 PDM 中创建和访问数据，相应地要管理必要的人员组织以及权限等基础性架，以上提及的是 PDM 的常规涉及范围，而 PLM 则代表了更全面的视角。

5.3.2　产品生命周期管理

产品生命周期管理（product lifecycle management，PLM），是继 CAD/CAM 之后发展起来的新一代产品创新和协同管理解决方案，针对性地解决从产品概念的提出到产品退出市场这一过程中对产品信息的管理。

PLM 系统帮助企业建立统一的产品研发设计、工艺协同及研发项目管控平台，提高研发效率，提升产品质量。在此基础上，逐渐进行业务扩展，实现跨前期规划、研发设计生产制造、维护维修的产品全生命周期管理。

PLM 系统主要应用于制造业，尤其是产品结构复杂、设计周期长、设计工作量大、按订单设计的企业。对于企业提高研发效率，实现研发过程的协同工作，缩短产品开发周期，降低产品成本起到了重要作用。

PLM 是伴随着 PDM 的不断实施而发展出来的概念，关注点在于产品的生命周期。产品生命周期是一个非常宽广的概念，也为 PLM 的行业带来了更多的业务机会。

PLM 的观点认为，一个标准完整的产品生命周期应该起源于需求。这种需求可能来自于市场的调查、分析或者反馈，也可能来自于企业自身不断创新推出新产品引领市场的需要。由于成本原因、技术风险原因或者市场条件变化等原因，最终有多少需求能够真正反映到企业的新产品中是一个值得探讨和管理的话题。因此在 PLM 系统中第一个关注的就是需求管理，跟踪有多少需求是最终有效的，以及这些需求的实现结果，并为后续新品的开发积累基础。

当相应的需求不断细化后，接下来会展开概念设计的工作，此阶段产生大量的技术尝试方案和原型系统以支持可行性论证等工作，虽然此时并非正式的产品研发，但作为企业的宝贵知识资产必须进行合理的管理和总结分析。

当企业真正确定了产品将采用的技术方案后，则进入了生产工程环节，即以往 PDM 的管理范畴，在此不再赘述。

从工作环节划分上，在完成产品的基本设计后，为了支持后续的生产，还必须要经过工艺设计。在不同产品类型和生产类型的企业中,工艺可能是指设计工艺,也可能是指生产工艺。这部分工作涉及了工艺路线、工艺规程、工艺卡片等,也就是以往在中国广泛存在的CAPP 系统的范畴。在 PLM 的大概念下,将工艺环节纳入并作为一个不可缺少的实施环节。

产品经过工艺设计后,会安排小批量的试制或者试验,试验数据也将对产品量产或交付上市前的完善产生重要参考支持,即 TDM(test data management)所关注的业务环节。

产品最终交付给客户后,通常还需要进行售后维护,那么该何时定期维护、如何管理和跟踪产品的实际状态以决定预防性维修,如何制定产品出现问题后的维护策略(如就地维护还是返厂维护等),则是一个目前新兴的重要业务领域,即 MRO,同时 MRO 的大量信息也需要来自于最初的设计部门的产品设计资料以及产品出库和交付过程的大量记录信息。

最终随着市场的发展和更新换代的需要,一些型号的产品不再安排生产和售后维护从而真正地退出市场,意味着这类产品生命周期的结束。

这样的一个完整过程是产品生命周期理念的精髓和管理价值所在,同时在此过程中,必须解决项目管理视角的数据组织、质量管理体系的建设、与周边 ERP 系统以及 MES 系统的信息交互,各种类型 BOM(bill of material)物料清单数据的转换交付文档的动态内容出版解决方案,以及需要集成更多种类的工具软件(CAE/CAM)等大量细节问题。

5.3.3　制造执行系统

制造执行系统(manufacturing execution system,MES)是面向车间生产的管理系统。MESA 对 MES 的定义为:在产品从工单发出到成品完工的过程中,制造执行系统起到传递信息以优化生产活动的作用。在生产过程中,借助实时精确的信息、MES 引导、发起、响应、报告生产活动,做出快速的响应以应对变化,减少无附加价值的生产活动,提高操作及流程的效率。MES 提升投资回报、净利润水平、改善现金流和库存周转速度、保证按时出货。MES 保证了整个企业内部及供应商间生产活动关键任务信息的双向流动。

MESA 提出了 MES 的功能组件和集成模型,定义了 11 个模块,包括资源管理、工序管理、单元管理、生产跟踪、性能分析、文档管理、人力资源管理、设备维护管理、过程管理、质量管理和数据采集。

MES 是位于上层计划管理系统与底层工业控制之间、面向车间层的管理信息系统。它为操作人员、管理人员提供计划的执行、跟踪以及所有资源(人、设备、物料、客户需求等)的当前状态信息。

(1) 两种主流的协议标准

① MESA 标准,这也是业界使用最广泛的标准。MESA 的全称是 Manufacturing Enterprise Solution Association International。像西门子、罗克韦尔等知名 MES 厂商,都是该协会的核心成员及赞助商。MESA 是从功能层面去定义 MES 的,早在 1997 年就提出了11 大核心功能的 MES 模型的定义,又称 MESA-11 模型。

② ISA-95(the international standard for the integration of enterprise and control systems),即企业系统与控制系统集成国际标准,由仪表、系统和自动化协会（ISA）在 1995 年投票通过,简称 S95。

当然除了上述两大标准之外,也存在一些非主流的标准,比如:VDI 5600,是德国人给出的 MES 标准,大致没有超出上述两大标准的特别之处。Namur,一个由流程行业的自动化技术终端用户自发定义的标准,从未被大范围公共使用。

（2）MES 功能涉及的六个方面

① 质量管理:及时提供产品和制造工序测量尺寸分析以保证产品质量控制,并辨别需要引起关注的问题。它可推荐一些矫正问题的措施,也可以包括 SPC/SQC 跟踪、离线检测操作以及在实验室信息管理系统（LIMS）中分析。

② 过程管理:监视生产过程,自动纠偏或为操作者提供决策支持以纠正和改善在制活动。它可包括报警管理。可能通过数据采集/获取提供智能设备与 MES 的接口（NIST 认为过程管理活动已在分派与质量管理中描述;MESA 将其单列,是因为该活动可能由一个单独的系统来执行）。

③ 维护管理:跟踪和指导设备及工具的维护活动以保证这些资源在制造进程中的可获性,保证周期性或预防性维护调度,以及对应急问题的反应（报警）,并维护事件或问题的历史信息以支持故障诊断。

④ 产品跟踪和谱系:提供所有时期工作及其处置的可视性。其状态信息可包括谁在进行该工作;供应者提供的零件、物料、批量、序列号;任何警告、返工或与产品相关的其他例外信息。其在线跟踪功能也创建一个历史纪录,该记录给予零件和每个末端产品使用的可跟踪性。

⑤ 性能分析:提供实际制造操作活动的最新报告,以及与历史纪录和预期经营结果的比较。运行性能结果包括对诸如资源利用率、资源可获取性、产品单位周期、与排程表的一致性、与标准的一致性等指标的度量。

⑥ 物料管理:管理物料（原料、零件、工具）及可消耗品的移动、缓冲与储存。这些移动可能直接支持过程操作或其他功能,如设备维护或组装调整（该功能为 NIST 所追加,它认为上述物料管理活动与资源分配和跟踪功能的关系并不明确）。

（3）MES 的业务价值

① 优化企业生产制造管理模式,强化过程管理和控制,均衡企业资源的利用率,优化产能,提高运作效率,达到精细化管理目的。

② 加强各生产部门的协同办公能力,提高工作效率、降低生产成本。

③ 提高生产数据统计分析的及时性、准确性,避免人为干扰,促使企业管理标准化。

④ 为企业的产品、中间产品、原材料等质量检验提供有效、规范的管理支持。

⑤ 实时掌控计划、调度、质量、工艺、装置运行等信息情况,使各相关部门及时发现问题和解决问题。提高制造系统对变化的响应能力以及客户服务水平;最终可利用 MES 系统建立起规范的生产管理信息平台,使企业内部现场控制层与管理层之间的信息互联互通,以此提高企业核心竞争力。

5.3.4　企业资源计划

企业资源计划（ERP）是指组织用于管理日常业务活动的一套软件,这些活动包括会计、采购、项目管理、风险管理和合规性、供应链运营等。完整的 ERP 套件还包括企业绩效管理软件,用于帮助企业针对财务结果制订计划和编制预算,以及预测和报告财务结果。

这些 ERP 系统将大量业务流程联系在一起,实现了各业务流程之间的数据流动。通过从多个来源收集组织的共享事务数据,ERP 系统可以整合信息源,以消除数据重复并确保数据的完整性。

如今,各个行业中各种规模的企业都需要使用 ERP 管理系统来管理业务,ERP 是企业不可或缺的一部分(图 5.1)。

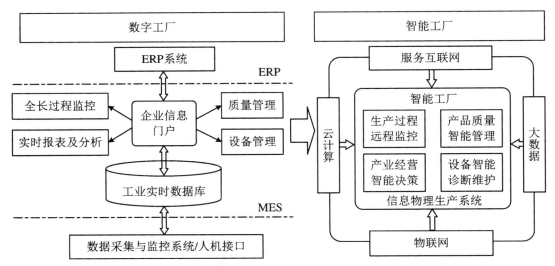

图 5.1 从数字工厂到智能工厂

ERP 这一概念在 20 世纪 90 年代被提出来。在此之前,最先出现的是定货点法,从物料需求控制,寻找优化库存的方法;20 世纪 50 年代的管理信息系统(management information system,MIS),主要是为了记录数以便于查询、汇总,随着企业的不断高速发展 MIS 已经渐渐不能满足需求;20 世纪 60 年代,为了减少仓库库存,优化库存提出物资需求计划(material requirement planning,MRP);20 世纪 80 年代,提出物资需求计划二阶段(manufacture resource planning,MRP Ⅱ),基于 MRP 增加了生产加工、财务等方面的能力;20 世纪 90 年代计算机信息管理系统技术更加成熟,系统增加资源调拨财务预测等成为企业进行生产管理及决策的平台工具。没有 ERP 的时候,如果客户打来了电话表示对库存当前数据有疑问,要求核查数据,业务人员只能拿着合同到处跑,必须将采购部、生产部、销售部调查个遍才能发现问题,搜集数据,解决问题,效率低下。有了 ERP 后,所有的流程、文档、事务都可以在线上,取代了之前的线下文档,可以直接调取 ERP 系统中的库存数据与客户及时核对。公司 ERP 系统贯穿整个业务流程,业务人员再也不用东跑西跑,手机或电脑上就能与各部门数据互联互通。

ERP 是先进的现代企业管理模式,主要实施对象是企业,目的是将企业的各个方面的资源(包括销、财、供、物、产等因素)合理配置,以使之充分发挥效能,使企业在激烈的市场竞争中全方位地发挥能量,从而取得最佳的经济效益。ERP 是面向工作流的强调对企业管理的事前控制能力,把财务、制造管理、销售管理、物流管理、库存管理、采购管理和人力资源等方面的作业,看作是一个动态的、可事前控制的有机整体。ERP 系统充分贯彻了供应链的管理思想,将用户的需求和企业内部的制造需求以及外部供应商的制造资源构造一起,提炼出一套可以完全按照客户需求制造的管理思想。

虽然同样作为综合管理型数字化系统,但 ERP 与 MES 存在明显的区别。

1. 管理目标不同

ERP 的重点在于财务,也就是从财务的角度出发来对企业的资源进行计划,相关的模块也是以财务为核心展开,最终的管理数据集中到财务报表上。MES 的重点在于制造,也就是以产品质量、准时交货、设备利用、流程控制等作为管理的目标。因为不同的企业管理重点不同,在选择信息系统的组成时,重点也不同。集团公司、商业企业、物流企业等更着重于 ERP 管理,而制造企业更需要 MES 管理。

2. 管理范围不同

ERP 的管理范围较大,涉及采购、财务、销售、生产订单管理、发运管理、成品仓储计划控制等计划层面,主要对企业资源进行有效共享与利用,使企业资源在购、存、产、销、人、财、物等各个方面能够得到合理地配置与利用,但是不够详细具体。MES 管理比 ERP 细致,主要涉及车间的工单派发、制程防错、产品谱系、SPC 质量分析、设备数据分析、制程追溯等执行层面,能更细致到每个制造工序,对每个工序进行任务的下达、执行的控制和数据采集、现场调度。

3. 管理功能不同

除了财务管理、人力资源管理、客户关系管理等功能,ERP 在制造管理方面的功能主要是编制生产计划,收集生产数据。而 MES 除了细化生产计划和收集生产数据外,还有批次级的生产控制和调度的管理功能,例如:批次级的工艺流程变更,对制造设备、人员和物料的验证控制,批次分拆、合并,批次的生产订单变更等现场调度功能。

简单地说,ERP 告诉你客户需要生产多少个瓶子,哪天下单,哪天要货,而 MES 负责监控和管理生产这些瓶子的每一个步骤和工序如何实现。

习题与思考

(1) 数字化在制造产业有什么作用呢?

(2) 简述数字化对于研发环节、制造过程、创储管理、销售订单、信息采集的应用。

(3) 产品数据信息管理包括哪些部分?

(4) 如何实现产品生命周期管理?

(5) MES 功能包括哪些方面?

(6) 简述 ERP 与 MES 的区别。

第6章 智能制造系统:网络化

6.1 网络化制造

6.1.1 网络化制造概论

当前,我国在推进产业结构优化升级中,提出要用高新技术和先进技术改造提升传统产业,有选择地加快信息技术、先进制造技术等高新技术产业发展,形成我国高新技术产业的群体优势和局部强势。以信息化带动工业化,发挥后发优势,实现社会生产力的跨越式发展。这是关系我国现代化建设全局的战略举措。

在全球经济一体化和市场竞争国际化的趋势下,为适应我国加入 WTO 后的发展要求,网络化制造呈现出广阔的市场前景,给我国发展网络化制造带来了新的机遇和挑战。当今世界,科技进步突飞猛进,特别是信息技术和网络技术发展迅速,对于制造领域产生了深刻的影响。这必须引起我们的高度关注,深入进行发展我国网络化制造对策研究,大力推进制造业信息化和网络化,参与制造业国际竞争。

在高新技术被广泛应用于制造业的同时,一度被视为"夕阳产业"的传统制造业的作用和地位又重新引起了人们的重视。网络化制造是近年来产生的利用信息技术和网络技术进行产品制造的崭新模式,是对现有制造业进行资产和结构重组的一种有益尝试,是实现社会资源充分、合理利用的重要途径。它为我国制造业的发展提供了新的思路,对加速我国工业现代化具有深远的战略意义。要充分认识我国发展网络化制造的重要性、必要性和紧迫性。深入分析国内外网络化制造发展现状与发展趋势,从我国国情出发,探索发展网络化制造的战略目标、思路和重点发展的行业,推动我国向网络化制造方向发展。

随着越来越多的国家接受自由市场思想,全球自由贸易体制的逐步建立和完善,世界大市场的逐步形成以及全球交通运输系统和通信网络的建立,国际的经济贸易交往与合作变得更加频繁和紧密化,竞争也愈来愈激烈。这使得制造产业、制造技术和产品逐步走向国际化,导致了制造业在全球范围内重新进行分布和组合。世界制造业正面临着一个快速多变、稳定性差和难以预测的国际化市场,制造业所处环境已经发生了重大变化(表6.1)。竞争的加剧将促使竞争对手利用一切可以利用的制造资源,主动积极地寻求市场机遇,快速灵敏地响应和适应客户多样化的消费需求。这种国际化的市场竞争促进了整个制造业的变革和发展。

表 6.1　制造业所处环境的变化

传统经济时代	经济全球化时代
市场相对稳定	市场快速多变、稳定性差、难以预测
用户对产品要求物美价廉,满足基本生活需求即可	用户要求产品能够具备个性化、多样化的特征以满足多层次的需求
用户的选择范围局限在较小地域	用户的选择范围扩展到了整个世界
生产的目标是低成本高质	生产的目标是以满足用户为宗旨,快速交货
主要采用标准化系列化的生产方式	主要采用单件、小批量、多品种的生产方式
技术与资源相对集中握在企业自己手中	技术与资源相对分散、分布全球
依靠企业自身能力组织生产	强企业间协作共同完成复杂任务
衡量企业竞争实力的要素是敏捷度和市场响应速度	衡量企业竞争实力的要素是产品的性价比度

网络化制造是崭新的制造模式,所谓网络化制造是指通过采用先进的网络技术、制造技术及其他相关技术,构建面向企业特定需求的基于网络的制造系统,并在系统的支持下,突破空间对企业生产经营范围和方式的约束,开展覆盖产品整个生命周期全部或部分环节的企业业务活动(如产品设计、制造、销售、采购、管理等),实现企业间的协同和各种社会资源的共享与集成,高速度、高质量、低成本地为市场提供所需的产品和服务。

1. 网络化制造的定义

科技部关于"网络化制造"的定义为:按照敏捷制造的思想,采用网络技术,建立灵活有效、互惠互利的动态企业联盟,有效地实现研究、设计、生产和销售各种资源的重组,从而提高企业的市场快速反应和竞争能力的新模式。面对市场需求与机遇,利用计算机网络,灵活而快速地组织社会制造资源,将分散在各地的生产设备资源、智力资源和技术资源,按资源优势互补的原则,迅速地整合成一种跨地域的、靠网络联系的、统一指挥的制造、运营实体——网络联盟以实现网络化制造。

网络化制造是一种由多种、异构、分布式的制造资源,以一定互联方式,利用计算机网络所组成的,开放式的、多平台的、相互协作的、能及时灵活地响应客户需求变化的制造模式。其基本目标是将现有的各种在地理位置上或逻辑上分布的制造企业连接到计算机网络中去,以提高各企业间的信息交流与合作能力,进而实现制造资源的共享,为寻求市场机遇,及时、快速地响应和适应市场需求变化,赢得竞争优势,求得生存发展奠定坚实的基础,从而也为真正实现制造企业研究与开发、生产、营销、组织管理及服务的全球化开辟了道路。

网络化制造以敏捷化、分散化、动态化、协作化、集成化、数字化和网络化为基本特征。其中,敏捷化是快速响应市场变化和用户需求的前提,主要表现在组织结构上的迅速重组、性能上的快速响应、过程中的并行化以及分布式的决策。这就必然要求网络化制造采用分散化、动态化和协作化的运作形式来组织生产。而集成化、数字化和网络化作为网络化制造的存在基础和实现手段,保证了该模式从理论向实际应用的顺利转变。

(1)敏捷化是网络化制造的核心思想之一。生产制造系统在现今发展阶段面临的最大挑战是：市场环境的快速变化带来的不确定性；技术的迅速发展带来的设备和知识的更新速度加快：市场由卖方转为买方，市场正逐步走向全球化，产品特征由单一、标准化转变为顾客化、个性化，产品的寿命周期明显缩短，制造企业之间尽管不再是单纯的你死我活的竞争，但竞争的激烈程度有增无减。所有这一切都要求制造业具有快速响应外部环境变化的能力，即敏捷化的能力。

（2）网络化制造的分散化具体体现在两个方面：其一是资源分散化，包括制造硬件资源（如设备、料、人和知识等）分在不同的组织内、不同的地域内、不同的文化条件下等；其二是指制造系统中生产经营管理决策的分散化。

（3）网络化制造联盟是针对市场需求和机遇，面向特定产品而组建的。市场和产品是网络化制造联盟存在的先决条件，根据市场和产品的动态变化，网络化制造联盟随之发生动态变化，市场和产品机遇不存在时，网络化制造联盟解散，根据新的市场和产品机遇重新组建新的联盟。

（4）资源的充分利用体现在形成产品的价值链中的每一环节。产品从设计、零部件制造、总装，直到产品销售、售后服务，都需要网络联盟合作伙伴之间的紧密配合。这种协作化是一个快速响应市场，完成共同战略目标的优化过程。

（5）由于资源和决策的分散性特征，要充分发挥资源的效率，制造系统中各种分散的资源就必须能够实现实时集成，分散资源的高效集成是网络化制造的目标之一。

（6）借助信息技术，网络化制造能够实现真正完全无图纸的虚拟设计、数字化和虚拟化制造，帮助企业形成信息化的组织构架，实现企业内部、企业与外界的信息流、物流和资金流的顺畅传递，从而保证了产品设计与制造周期的缩短，降低成本，提高工作效率。

（7）现代通信技术的发展促进了网络联盟的形成。由于制造资源和市场的分散，实现快速重组必须建立在网络化的基础之上。因此，组建高效的网络联盟需要将电子网络作为支撑环境，并充分应用现代化通信技术与信息技术。

2．网络化制造关键技术与主要构建内容

网络化制造的关键技术包括三部分内容：面向网络化制造的先进设计和制造技术；面向网络化制造的信息技术；面向网络化制造的管理技术。目前，有关网络化制造的研究主要集中在以下6个方面的内容：网络化设计系统、网络化制造系统、制造信息资源管理系统、应用支撑系统、动态联盟管理系统和电子商务保证系统。

网络化制造分为狭义网络化制造和广义网络化制造，也可分为部分网络化制造和完全网络化制造。部分网络化制造是指产品部分设计、制造过程是通过网络实现的。例如单一实现网上招标、合作伙伴的选择、个性化产品定制、异地网上协同设计、异地加工、远程质量监控和网上电子汇对结算等功能。完全网络化制造是指产品设计、制造过程大部分或全部通过网络实现的，是上述单一功能的部分和全部综合，是未来网络化制造的发展方向。其主要内容应包括以下几个部分：

（1）网络联盟智能决策系统。

（2）个性化产品定制系统。

（3）异地网上协同设计加工。

（4）远程质量监控。

（5）网上电子汇对结算。

网络化制造系统是指企业在网络化制造模式的指导思想、相关理论和方法的指导下，在网络化制造集成平台和软件工具的支持下，结合企业具体的业务需求，设计实施的基于网络的制造系统。网络化制造系统的体系结构是描述网络化制造系统的一组模型的集合，这些模型描述了网络化制造系统的功能结构、特性和运行方式。网络化制造系统结构的优化有利于更加深入地分析和描述网络化制造系统的本质特征，并基于所建立的系统模型进行网络化制造系统的设计实施、系统改进和优化运行。通过对当前制造业发展现状的分析，可知现代制造企业的组织状态包括以下几种：独立企业、企业集团、制造行业、制造区域和动态联盟等。针对不同组织状态常见的网络化制造系统模式有以下五种：面向独立企业、面向企业集团、面向制造行业、面向制造区域和面向动态联盟的网络化制造系统。

网络化制造技术由如下技术群组成：基于网络的制造系统管理和营销技术群、基于网络的产品设计与开发技术群和基于网络的制造过程技术群。

网络化制造技术通常由下列几个功能模块组成：基于网络的分布式 CAD 系统、基于网络的工艺设计系统和开放结构控制的加工中心。

网络化制造系统关键技术主要有网络化制造通信技术（JAVA、COM、COM＋、DCOM、CORBA、EJB 和 Web Service、XML、IEGS、STEP）、优化管理技术、安全技术、有效集成与协同等。清华大学范玉顺将网络化制造涉及的技术分为总体技术、基础技术、集成技术与应用实施技术。

网络化制造涉及的关键技术分类，以及每个技术大类的含义与主要内容如下：

（1）总体技术

总体技术主要是指从系统的角度研究网络化制造系统的结构、组织与运行等方面的技术，包括网络化制造的模式、网络化制造系统的体系结构、网络化制造系统的构建与组织实施方法、网络化制造系统的运行管理、产品全生命周期管理和协同产品商务技术等。

（2）基础技术

基础技术是指网络化制造中应用的共性与基础性技术，这些技术不完全是网络化制造所特有的技术，包括网络化制造的基础理论与方法、网络化制造系统的协议与规范技术、网络化制造系统的标准化技术、产品建模和企业建模技术、工作流技术、多代理系统技术、虚拟企业与动态联盟技术和知识管理与知识集成技术等。

（3）集成技术

集成技术主要是指网络化制造系统设计、开发与实施中需要的系统集成与使能技术，包括设计制造资源库与知识库开发技术、企业应用集成技术、ASP 服务平台技术、集成平台与集成框架技术、电子商务与 EDI 技术、Web Service 技术，以及 COM＋、CORBA、J2EE 技术、XML、PDML 技术、信息智能搜索技术等。

（4）应用实施技术

应用实施技术是支持网络化制造系统应用的技术，包括网络化制造实施途径、资源共享与优化配置技术、区域动态联盟与企业协同技术、资源（设备）封装与接口技术、数据中心与数据管理（安全）技术和网络安全技术。

6.1.2 信息与制造融合技术

1. 信息与制造融合概述

新一代信息技术与制造业深度融合是指以云计算、大数据、物联网、人工智能、5G、数字孪生等新一代信息技术作为支撑基础,数字资源成为核心生产要素,制造业生产方式从数字化、网络化到智能化,相应的企业形态向扁平化、平台化、自组织、无边界方向转变。随着传统制造业充分认识到数字技术是一种能够促进要素生产率提升的通用目的的技术,并将其上升到影响产业形态和要素体系的层面,国内外学者们也越来越多地关注到新一代信息技术与制造业融合的相关问题。

当前,新一代信息技术与先进制造技术深度融合形成的智能制造技术,特别是新一代人工智能技术与先进制造技术,深度融合所形成的新一代智能制造技术,成为了第四次工业革命的核心技术和核心驱动力。多视角多源信息融合与协同状态感知技术为 6 个面向 2035 的智能制造关键技术清单中的一个,其技术范畴与内涵所描述的内容与边界有如下特征:现有流程工业状态感知技术是将过程传感器数据、视频、音频和图像等状态数据分别进行处理,无法有效融合。本项技术针对流程工业生产过程环境恶劣、机理复杂、数据量庞大、数据类型复杂等特点,将采用大数据与人工智能方法,实时感知各类过程状态数据(传感器数据、视频、音频等)和运行工况数据,进行分析处理,自适应调整感知策略和优化工况参数的检测质量,并可以对实时工况感知数据进行智能识别,实现产品产量、质量、能耗、排放等目标与生产全流程各工序相关机理知识、经验知识和数据知识的协同关联、深度融合。

图 6.1 为工业互联网制造融合技术体系示例,其中工业互联网作为一级技术,网络智能化技术、网络连接技术、网络安全技术、网络标识解析技术等作为二级技术,新一代光通信、网络安全认证加密技术、标识编码技术、工业网络智能管理系统等作为三级技术。基于智能制造技术态势扫描的结果,总结出若干关键技术条目,形成初始信息与制造融合技术清单。

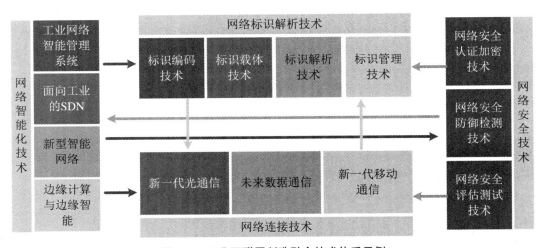

图 6.1 工业互联网制造融合技术体系示例

2. 信息与制造融合技术

(1) 智能传感器技术

智能传感器技术的发展方向包含多源传感器融合技术与仿生传感器技术等。多源传感器融合技术是指利用不同的时间和空间的多传感器信息资源，对按时序获得的观测信息在一定的准则下加以自动分析、综合、支配和使用，获得被测对象的一致性解释与描述，以完成所需的决策和任务，使系统获得比其各组成部分更优越的性能。其主要研究内容包括数据关联、多传感器 ID/轨迹估计、采集管理等。仿生传感器是采用固定化的细胞、酶或者其他生物活性物质与换能器相配合组成的新型传感器，是生物医学和电子学、工程学相互渗透而发展起来的一种新型感知技术。

(2) 智能数控加工技术与装备

智能数控加工技术包括人、计算机、机器一体化融合理论与技术；多源信息的感知理论与技术；热变形溯源、温度场理论以及传感器布点和补偿技术；几何误差建模与补偿技术；振动建模与抑制技术；刀具加工模型与加工状态感知技术；在机质量检测方法技术；基于数控系统的工件加工进度提取技术；故障在线识别理论与技术；加工过程能量流模型与能效检测技术；智能决策理论与技术；智能执行理论与技术；智能维护理论与技术；智能机床综合能力评价理论与技术等。智能数控加工装备，如智能数控加工中心、智能机床等，在数字化控制技术的基础上增强了加工状态的感知能力，通过网络化技术实现设备间互联互通，并应用大数据及人工智能技术，具有自感知、自分析、自适应、自维护、自学习等能力，能够实现加工优化、实时补偿、智能测量、远程监控和诊断等功能。

(3) 智能制造标准体系

智能制造标准的对象是信息技术与制造技术融合所需要的标准。标准体系的研究包括对标准体系架构的研究，明确标准体系的范围和描述维度。根据架构，展开为标准体系结构，明确标准体系中的标准分类、层次结构和标准的主要研制方向。智能工厂的标准体系建设，包括基础、安全、管理、检测评价和可靠性等基础共性标准和智能装备、智能工厂、智能服务、工业软件和大数据以及工业互联网等关键技术标准，如制造流程标准、数据标准、通信协议与标准、技术应用标准。

(4) 数字孪生技术

数字孪生在数字化的环境下，将人机物等物理实体映射形成信息虚体。它通过对来自物理实体的实时数据，"理解"对应的物理实体的变化并对变化做出响应。借助信息空间对数据综合分析处理的能力，应对外部复杂环境的变化，进行有效决策，并作用到物理实体。在这一过程中，物理实体与信息虚体之间交互联动、虚实映射，通过数据融合分析、决策迭代优化等手段共同作用，实现制造活动的持续优化，为生产制造活动提供新的时空维度。

(5) 设备健康评估和故障预示技术

设备健康评估和故障预示通过故障机理分析与损伤演化建模，以及衰退分析和预测等技术，建立基于失效机理的全寿命设计、预测性维护的理论模型。以设备运行数据、数据挖掘、特征学习、信息共享、安全与隐私保护等技术为基础，融合设备原理、专家知识和数据模型，对装备基本零部件早期微弱故障或者极其微弱异常信息，进行强相关故障特征有效分离、早期微弱故障特征增强与提取、多维空间特征映射与提取，从而有效识别早期微弱故障与复合故障，推动远程监测、诊断、健康管理与预测维护等领域的技术进步,提供设备维护的预测性建议。

（6）知识工程和工业知识软件化

工业技术软件化是工业技术中的经验与知识的显性化、模型化、数字化、系统化和智能化的过程,既是利用软件技术实现工业技术知识沉淀、转化与应用的技术和方法、也是在工业各领域促进机器自动使用知识、人类高效使用知识的技术和方法。工业技术软件化包含平台技术和关联的各种工业 APP,它的成熟度反映了一个国家工业化和信息化融合的深度和水平。可以被软件化的工业技术对象包括工业产品、形成工业产品的过程、对经验的抽象结果、过程中包含的各种独立算法工具与知识,甚至是多个工业 APP 的组合。工业技术软件化本质上是知识工程的方法与技术。

（7）边缘智能技术

边缘智能是边缘计算发展的更高阶段,通过边缘计算与人工智能相结合,让每个边缘计算的节点都具有深度计算和智能决策的能力,并与产业应用深度结合。边缘智能是在靠近物或数据源头一侧设置的开放平台,将网络通信、高性能计算、大容量数据存储和应用核心能力融为一体,就近提供最近端服务,产生更快的网络服务响应,并能满足实时性、安全与隐私保护等方面的要求。该平台还能够充分利用边缘侧的海量现场数据与终端计算能力,配合工业云中心大规模仿真解算能力,高效实现工业应用中仿真数据融合分析、虚实交互反馈与决策迭代优化。利用人工智能技术与边缘计算的结合,提供面向智能数据感知、语义标记、基于工业运行机理的实时处理的边缘智能是未来发展重点方向。主要聚焦边缘计算与边缘智能的相关支撑技术,包括两大类,一类是应用于边缘计算与边缘智能的软件、平台、系统层面的新型信息技术;另一类是支持移动通信的网络层面的新型通信技术。

（8）网络安全技术

网络安全技术是工业互联网的重要技术,包含防止消息被篡改、删除、重放和伪造,使发送的消息具有被验证的能力,使接收者或第三者能够识别和确认消息的真伪的技术,以及通过伪装信息使非法接入者无法了解信息真正含义的技术。通过对收集到的数据进行处理来判断网络的安全状况,反映网络和信息系统的安全变化趋势,提前做好网络安全防护工作,降低网络安全事件所带来的潜在损失。根据系统安全情况和可能面临的攻击,进行网络元素的动态重构和变迁,以攻为守,通过主动探测网络安全态势和攻击态势,预测攻击形态,在不断的自学习过程中提高目标系统的防御水平。

（9）人-信息-物理系统

智能制造系统是由人、信息系统和物理系统有机组成的智能系统,即人-信息-物理系统（HCPS）,其中物理系统是制造活动的执行者和完成者。信息系统是制造活动信息流的核心,帮助人类对物理系统进行感知、认知、分析决策与控制,使物理系统尽可能以最优的方式运行。人始终是 HCPS 的主宰,人是物理系统和信息系统的创造者,也是物理系统和信息系统的使用者和管理者。HCPS 突出人在智能系统中的中心地位,更加强调智能系统中人的智慧与机器智能各自优势的融合与协同。

在当前的全球经济变革中,新一代信息技术与制造业融合,可加快制造业数字化、网络化、智能化发展,孕育新业态、新模式和新动能。5G、大数据、人工智能等新一代信息技术是激发制造模式、生产组织方式及产业形态深刻变革的重要技术,也是制造业实现高效率与高精度发展的核心。新一代信息技术与制造业融合有助于激发潜力,构建中高端供给体系,推动制造由价值链低端向高附加值延伸;促进全社会资源要素的泛在连接与优化配置,构建柔性、灵活、稳定的产业链、供应链,支撑构建新发展格局。

6.1.3　工业物联网与网络化制造典型案例

1. 电子设备制造业

电子设备制造业自动化水平高,数字化、网络化基础好,产品迭代速度快,存在降低劳动力成本、减少物料库存、严控产品质量、快速响应客户差异化要求等迫切需求,发展智能化制造、个性化定制、精益化管理等模式潜力大。

华为、海尔、格力、中兴等利用 5G 技术积极实践柔性生产制造、现场辅助装配、机器视觉质检、厂区智能物流等典型应用场景,显著提高了生产制造效率、降低了生产成本、提升了系统柔性,为电子设备制造行业实现数字化转型进行了有益探索。

案例 1:华为与中国移动合作,在广东省松山湖工厂利用 5G 技术实现了柔性生产制造场景的应用。华为松山湖工厂原有手机生产车间需要布线 9 万米,每条生产线平均拥有 186 台设备,生产线每半年随新手机机型的更新需要进行升级和调整,物料变更、工序增减等要求车间所有网线重新布放,每次调整需要停工 2 周,以每 28 秒一部手机计算,一天停工影响产值达 1000 多万。通过 5G 与工业互联网的融合应用,华为松山湖工厂把生产线现有的108 台贴片机、回流炉、点胶机通过 5G 网络实现无线化连接,完成"剪辫子"改造,每次生产线调整时间从 2 周缩短为 2 天。同时,在手机组装过程中的点隔热胶、打螺钉、手机贴膜、打包封箱等工位部署视觉检测相机,通过 5G 网络连接,把图片或视频发送到部署在 MEC 上的(人工智能)AI 模块中进行训练,一方面多线共享样本后缩短了模型训练周期,另一方面实现了从"多步一检"到"一步一检"模式改变,及时发现了产品质量问题。

案例 2:海尔与中国移动合作,在山东省青岛市利用 5G 技术实现了精密工业装备的现场辅助装配场景的应用。青岛海尔家电工厂结合海尔卡奥斯工业互联网平台,打造基于 5G＋MEC 的互联工厂,开展了基于 AR 眼镜的 5G 远程辅助装配,工人通过佩戴 AR 眼镜采集关键工业装备的现场视频,同时从后台系统调取产品安装指导推送到 AR 眼镜上,实现了一边查阅操作指导一边装配的目的。当工人发现无法自行解决问题时,还可以通过 5G 网络联系远程专家,实现实时远程指导。另外,通过将算力部署在 MEC 侧,降低了 AR 眼镜算力要求与眼镜重量,实现数据的本地计算,保障视频数据不出园区,一方面解决了以往 Wi-Fi 连接产生的信号不稳定、晕眩感和 AR 眼镜偏重的困扰;另一方面也节省了维修时间和成本。

案例 3:格力与中国联通合作,在广东省利用 5G 技术部署了机器视觉质检场景的应用。在格力电器的总装车间,联通以一套独立 MEC 为格力打造了工业虚拟专网,实现生产控制网与生产管理网融合,在模拟场景中基于样本训练建立数据模型,在需要自动检测的工位上安装 5G 高清摄像头,与自动化生产线同频联调,在实际生产中利用 5G 网络将待检内容自动拍照,照片视频流上传至部署在 MEC 平台的机器视觉质检应用,运用图形处理单元(GPU)大算力资源与数据模型做实时比对分析检查,实现设备自动识别,检测结果以毫秒级时延返回现场端,自动化生产线与质检系统关联做出不良品分离操作。5G 虚拟专网、MEC

平台与检测系统深度融合，为机器视觉质检应用的数据传输和信息处理提供了强大保障。目前格力已在其总部总装生产线的空调外观包装、压缩机线序、空调自动电气安全测试等环节中部署了 5G 机器视觉质检应用，单车间机器视觉每年可为企业节约人工成本 160 万元。

案例 4：中兴与中国电信合作，在江苏省利用 5G 技术实现了厂区智能物流场景的应用。中兴在南京滨江 5G 智能制造基地，建设 5G 网络，自研集成 5G 模组的 AGV 载重平台，在下沉至园区的 MEC 端部署 AGV 调度管理系统，与企业既有的数字化生产和物流管理系统业务融合，实现近 40 台 AGV 的自动化调度，以及多车联动、调度指令、实时位置、任务完成等信息的稳定可靠下达。同时，利用 5G 网络的大上行改造，在部分 AGV 上使用了基于 MEC 视频云化的 AI 障碍物分析技术，实现智慧避障，在控制 AGV 硬件成本的前提下弹性扩展了 AGV 的功能。通过 5G 厂区智能物流应用，中兴南京滨江工厂一方面解决了既有 Wi-Fi 连接信号不稳定问题，使得热点切换区域掉线率降低 80% 以上；另一方面实现了制造基地物料周转的完全无人化，厂区内货物周转效率提升 15%。

2．装备制造业

装备制造业涉及航空制造、船舶制造、汽车制造与工程机械制造等重要领域。其产品结构高度复杂、产品体形偏大，具有技术要求高、生产安全标准严格、资本投入大、劳动力密集等行业特点，对成品件、结构件、化工材料、工艺辅料和标准件等百万量级生产资源的协同设计和泛在感知需求较高。同时，面临"用工荒、高成本"的困境，需要更加精密的装配加工能力以及质量检测手段支撑企业长期发展，发展数字化研发、网络化协同、智能化制造、精益化管理等模式潜力大。

中国商飞、上海外高桥造船有限公司、三一重工、福田汽车等应用 5G 技术积极探索协同研发设计、设备协同作业、现场辅助装配、机器视觉质检、厂区智能物流等典型应用，取得明显成效，为装备制造行业的高速发展注入新动力。

案例 1：中国商飞与中国联通合作，在上海浦东新区开展了"5G + 工业互联网赋能大飞机智能制造"项目建设。搭建了 5 座宏基站和 150 余套室分小站，实现了协同研发设计与现场辅助装配场景的应用。在协同研发设计方面，商飞基于 5G 网络服务，通过 AR/VR 数据实时上传，支持产品研发实验阶段的跨地区实时在线协同与远程诊断，有效提升了研发设计环节的协同问题定位和快速研发迭代能力，压缩研发实验成本达到 30%。通过 AR/VR 提供的可视化、云化数据共享能力，整合研发资源，借助设计软件实现多地远程协同设计和改装，有效解决研发过程中问题处理节奏慢、跨地域联合研发信息共享不及时的问题，充分提高了企业的研发效率、破除了信息壁垒，缩短了 20% 的设计周期。在现场辅助装配方面，商飞在装配车间中存在大量飞机线缆连接器装配工作的工位，通过引入 5G + AR 辅助装配系统，工人利用 AR 虚拟信息实现虚实叠加，根据显示的指导画面完成装配操作。通过 5G 高速率和低时延特性，让工人准确、快速地对线缆连接器进行查找和装配，并保障数据的有效性，解决了传统人工作业效率低、容易出错等问题，显著提高了装配效率达 30%，每工位所需装配人员由两人减少为一人。

案例 2：上海外高桥造船有限公司与中国联通合作，在上海市开展"5G + 工业互联网"在船舶行业的落地应用。搭建 5G 专网，融合 MEC 技术，实现了基于 5G 的机器视觉检测场景的应用。使用工业相机 + 靶点的测量模式进行大型钢结构精度测量，通过 5G 专网及边缘云，实时回传、解算现场拍摄图片,生成点位文件。基于 5G 的视觉精度测量替换了传统的全站仪离线测量方式,将测量时间从原来的 3～4 小时,缩短至 30 分钟内,测量效率提升了 400%。

案例 3:三一重工与中国电信、华为合作,在北京市三一南口产业园开展了 5G 工业互联专网项目建设。5G 技术与机械制造生产工艺流程深度结合,实现了设备协同作业场景的应用。通过 5G 技术搭建车间自组网,基于大带宽低时延的 5G 网络传输了 AGV 的 3D 图像和状态信息,利用 5G MEC 平台和 GPU 算力集成能力,降低了 AGV 单机功能复杂度和成本,采用视觉导航替代传统激光导航,有效实现多台 AGV 协同控制,提高了 AGV 的智能化能力和标准化水平,提升了生产调度效率,节约成本 80% 以上。

案例 4:福田汽车与中国联通合作,在山东省潍坊诸城打造超级卡车工厂基地。利用 5G 网络,实现了厂区智能物流场景的应用。在入厂车辆调度环节,开发集虚拟电子围栏、车辆自动识别、车辆探测等多种技术于一体的入厂协同系统,利用 5G 技术将厂区车辆泊位状态等信息实时传递到各种智能显示终端及信息系统,在物流收货时保管员扫描司机应用程序(APP)上的电子发运单二维码,通过 5G 网络实现无纸化收货。

3. 钢铁行业

钢铁行业主要包括铁前、炼钢、铸钢、轧钢、仓储物流等环节。钢铁行业生产流程长、生产工艺复杂,当前主要面临设备维护效率低、生产过程不透明、下游需求碎片化、绿色生产压力大等痛点,发展智能化制造、精益化管理等模式潜力大。

华菱湘钢、鞍钢、宝钢、马钢等应用 5G 技术积极探索远程设备操控、机器视觉质检、设备故障诊断、生产现场监测等典型应用场景,覆盖钢铁生产全流程,取得了提质降本增效、绿色发展的显著效果,推动了产业升级及行业转型。

案例 1:华菱湘钢与中国移动合作,在湖南省依托 5G 技术实现天车、加渣机械臂的远程设备操控场景的应用。天车的操控通常需要两人协同操作,作业效率低,工作环境差。通过天车远程操控,利用 5G 超大上行与下载速率,为操作员提供第一视角的高清视频,操作人员可在远程操控室实时操控天车卸车、吊运装槽、配合检修等作业,保障远程操控的精准度和实时性,两人协同变为一人操控一台或多台天车。另外,加渣机械臂和控制系统可以通过 5G 网络互通,利用 5G 手机远程一键启动,自动运行,降低工人在高温锅炉旁作业风险,提升作业安全性。疫情期间通过 5G + AR 远程辅助的应用,助力完成了 90% 生产线装配,车间生产总效率提升了 20%。

案例 2:鞍钢与中国移动合作,在辽宁省开展了"基于 5G 的机器视觉带钢表面检测平台研发与应用"项目建设,实现了机器视觉质检与生产现场监测场景的应用。在机器视觉质检方面,通过部署工业相机拍摄高清图片、采集质检数据,利用 5G 网络将采集到的冷轧现场 4K/8K 等高清图像数据回传至操作室平台,通过平台的视觉 AI 分析能力对图像进行处理分析,完成带钢表面缺陷的实时检测;同时,带钢轧制速度极高,通过带钢表面的反光斑马条纹反馈带钢的平整度,用于带钢生产质量的实时检测,为张力辊等调节提供依据。方案部署完成后,带钢常规缺陷检出率达 95% 以上,在线综合缺陷分类率超过 90%,提高成材率的同时减少了带钢缺陷造成的断带和伤辊换辊停机时间。在生产现场监测方面,炼铁厂皮带通廊粉尘大、光线昏暗、过道狭窄,人员作业危险性高,存在严重安全隐患。通过在皮带通廊部署 4K 高清摄像监控系统,覆盖皮带通廊出入口与皮带作业重点区域,利用 5G 网络实时回传人员目标及动作、环境、原料、皮带检测等信息至云平台,实现人员作业安全检测、作业调度信息化、施工作业的安全管理及环境中可能出现的跑气、冒水、漏液等情况检测,保障现场工作人员的安全。通过现场采集的图片分析,检测准确率达 99.99% 以上。同时对摄像头进行单独分析,判断摄像头是否存在大量粉尘覆盖,及时进行镜头清理,每年可节省皮带维修费约 100 万元。

案例 3:宝钢与中国联通合作,在广东省湛江市开展“流程行业 5G + 工业互联网高质量网络和公共服务平台”项目建设。利用 5G 技术实现了连铸辊、风机等设备故障诊断场景的应用。采集连铸辊编码、位置、所处区段受到的热冲击温度、所处区段的夹紧力与铸坯重力的合力等数据,通过 5G 网络实时传输至设备故障诊断等相关系统,采用人工智能和大数据技术对不同区段的连铸辊的寿命进行预测,减少了现场布线的工作量,提高了寿命预测的准确率。同时,采集风机振动、电流、电压、温度、风量等运行数据,通过 5G 网络实时传输至设备故障诊断等相关系统,实现生产作业过程中风机设备运行情况的在线监控,提前预警设备故障,通过对风机设备的在线监控,员工点检负荷率明显下降,点检效率提升 81%。

案例 4:马钢与中国联通合作,在安徽省依托 5G 技术实现了生产现场监测场景的应用。在生产现场部署 4K 高清摄像监控系统,通过 5G 网络实时将生产现场人员着装和行为动作等高清视频回传至后台系统,系统结合深度 AI 学习视觉技术,识别生产现场人员未佩戴安全帽、现场操作行为不规范等问题,进行抓拍记录、实时告警,实现对人员生产行为智能监管。解决了人工监管客观性不足、成本高等问题,预防不规范行为导致的各类安全事故,避免事故造成重大人身伤害、设备损失。

4. 采矿行业

安全生产是采矿行业的红线。在露天矿环境中,矿山石坠落易引起开采人员伤亡,多层重叠采空区常出现塌方、滑坡、瓦斯爆炸、冲击地压等事故风险。在井工矿环境中,存在高温、高湿、粉尘等恶劣的工作环境,工人长时间高强度井下作业对健康造成较大威胁,发展智能化制造、网络化协同、精益化管理等模式潜力大。

新元煤矿、千业水泥、庞庞塔煤矿、鲍店煤矿等利用 5G 技术积极实践远程设备操控、设备协同作业、无人智能巡检、生产现场监测等典型应用场景,成效显著。

案例 1:新元煤矿与中国移动合作,在山西省开通 5G 煤矿井下网络,建成井下“超千兆上行”煤矿 5G 专用网络。实现了远程设备操控场景的应用,取得 5G 网络设备隔爆认证。5G 技术实现了对掘进机、挖煤机、液压支架等综采设备的实时远程操控,实现了对爆破全过程的高清监测与控制,解决了传统人工作业操作危险系数大、劳动强度高的问题,改善了一线工人的工作环境,大幅降低了安全风险,显著提升了采掘效率。利用 5G 技术实现综采面无人操作,解决了井下设备运行过程中线缆维护量大、信号经常缺失等问题,有效降低了危险作业区域安全事故发生率。

案例 2:千业水泥与中国移动合作,在河南省焦作市开展“千业 5G 矿山绿色智能及矿产资源综合利用”项目建设。实现了设备协同作业场景的应用。项目搭建 5G 网络,融合北斗高精度定位、车联网技术、纯电矿卡能量回收技术,实现了无人矿车的自动驾驶和协同编队、作业区域内车辆的集群调度,实现了 1 人操控多台设备、运输车完全无人化操作,有效解决了矿区安全驾驶问题,设备作业效率提升了 10% 以上。

案例 3:庞庞塔煤矿与中国联通合作,在山西省开展“5G + 智能矿山”项目建设,实现了无人智能巡检场景的应用。项目在井下变电硐室和水泵房的排水、供电等设备远程集中监控的基础上,增加安装 5G 模组的巡检机器人,通过 5G 网络进行硐室 4K 高清视频回传、机器人监测数据回传和机器人实时控制,5G 技术支撑实现运输机、皮带等设备的无人巡检,降低了运输环节的人工成本,提高了巡检效率,实现了井下固定岗位无人值守和无人巡检,减少了井下作业人员,提升了作业安全性。

案例 4:鲍店煤矿与中国联通合作,在山东省济南市开展"矿用高可靠 5G 专网系统及应用"项目建设,实现了生产现场监测场景的应用。项目研发建设矿用高可靠 5G 专网系统及应用,针对极端严苛的煤矿生产控制场景,通过 5G + 机器人、5G + 视觉识别等手段对设备状态、气体浓度、综合环境进行实时监测,实时回传至调度指挥中心,提升了危险环境下的安全生产管理能力,提高了安全生产的预测效率和管理水平。

5. 电力行业

电力行业主要涉及发电、输电、变电、配电、用电五个环节,存在安全管理困难大、环保要求高、信息孤岛、设备实时监管难、精细化管理难等痛点,面临向"清洁、低碳、高效、安全、智能"的转型挑战,发展智能化制造、精益化管理等模式潜力大。

中核集团、国家电网、南方电网等利用 5G 技术,在发电环节的现场实践辅助装配、输电环节的无人智能巡检、配电环节的设备故障诊断、用电环节的生产现场监测等典型应用场景,取得了明显成效。

案例 1:中核集团与中国移动合作,在福建省福清开展 5G + 核电项目建设,实现了现场辅助装配场景的应用。在"华龙一号"六号机组的装配建设现场,通过 5G 专网 + AR 等技术,工人佩戴 AR 眼镜在专家远程指导下成功装配设备组件,解决了因疫情等因素导致专家无法到现场等问题,有力推动了专家资源共享和辅助装配效率的提升。

案例 2:国家电网与中国电信合作,在山东省青岛市开展"5G + 北斗智能巡检无人机"项目建设,实现了无人智能巡检场景的应用。项目新建 5G 独立组网(SA)网络,完成了 5GSA 专网的图传模块的研发,引入北斗服务,实现无人机巡检数据安全、实时、可靠回传。解决了传统输变线路巡检耗时长、耗人多、工作环境恶劣的问题,改善了一线工人的工作环境,大幅降低了安全风险。同时,采用图像智能识别技术,实现了无人机自主巡检、图像实时传输、缺陷智能识别、辅助决策输出等功能,解决了无人机巡检操作难、回传难、分析难的问题,大尺寸缺陷识别准确率达 99%、小尺寸识别准确率达 40%,工作效率提升了百倍以上。

案例 3:南方电网与中国移动合作,在广东省广州市开展了"5G + 智能电网"项目建设,实现了设备故障诊断场景的应用。在配网差动保护应用中,利用电力专用 5G 用户前置设备(CPE)进行高精度网络授时,通过 5G 网络低时延特性,采集配电网电流相量数据,传输至配电自动化主站,及时掌握线路情况,并进行在线监测和诊断,发现故障区段后,依靠配电自动化主站进行故障隔离和供电恢复,解决了传统配电自动化故障发现时间长、故障隔离区域大的问题,将故障隔离时间大幅缩短,最大程度减少了故障停电范围和时间。

案例 4:国网北京市电力公司与中国联通、中国电科院合作,在北京市开展了"5G 虚拟测量平台"项目建设,实现了生产现场监测场景的应用。用电环节通过 5G 虚拟测量平台,以 12.8K 的采样率,对电能质量进行监测。利用 5G 大带宽、低时延技术特点,将仪表的分析部分云化部署,前端只保留采集装置,解决了传统采集装置功能复杂、成本高的问题,将仪表设备成本降低了 90%。有效解决了电力运行监测成本行业性难题,有力推动了电能质量监测的规模部署。项目已在服贸会、石景山、延庆冬奥测试赛中广泛应用。

6.1.4　网络化制造关键技术——布式增强网络

第四次工业革命使得网络系统与人工智能助力制造业向分布式转型。从 18 世纪第一次工业革命开始,历次产业领域变革都伴随着生产过程更加集中、高效、批量化。而进入 21 世纪,制造业对于灵活性、敏捷性、个性化的需求日益增加。伴随着网络物理操作系统和人工智能技术的发展,大规模分布式制造成为可能。

分销和民主化(distribution and democratization)代表了两个互补的范式,在制造业中正受到越来越多的关注。分布式制造(distributed manufacturing,DM)允许在地理上分散生产,具有小规模生产并接近终端用户的特点。结合了这些范例的大规模分布式制造(massively distributed manufacturing,MDM)是由位于任何地方的、庞大人员网络按需执行所产生的。大规模分布式制造承诺不依靠集中式工厂的大规模生产,而是提高制造对紧急生产需求(例如新冠疫情这样的紧急情况)、促进大规模定制和具有成本效益的小批量生产、有偿雇佣许多未经正规培训的公民从事制造业(例如零工经济(gig economy)),并通过在其使用地点附近生产物品来减少制造业的环境足迹。第四次工业革命将在通过网络物理操作系统(cyber-physical operating systems,CPOS)启用大规模分布式制造方面,发挥重要作用。

从 18 世纪的第一次工业革命起,制造主要通过集中化工厂的批量生产来进行,而集中化工厂通常远离最终用户。批量生产可以标准化生产大量产品、生产率高且成本低廉。然而,面对迫切的需求或意外中断交易,它缺乏灵活性、敏捷性和弹性,并且不能轻易为消费者提供少量的个性化产品(集中化只适用于大量定制)。集中化生产环境足迹广阔,主要是因为它经常需要将原材料和制成品进行长距离运输。

在过去的十年中,作为大规模生产的替代或补充范例,对分布式和民主化制造业的兴趣和活动不断增长。联合国国际开发组织、世界经济论坛和其他主要机构强调 DM 对制造业的未来至关重要。诸如 3D Hubs、3Diligent、Fast Radius 和 Xometry 等从事 DM 的公司已经萌芽。例如,Xometry 使它的客户具有能够访问遍布全球的 5000 多个精心策划的合作伙伴(通常是中小型企业)的网络的制造能力。关于民主化,也许最引人注目的例子是台式 3D 打印机的激增,目前这些打印机的平均零售价约为 1000 美元,这在大多数人的承受范围之内。2019 年,全球售出了超过 700000 台台式 3D 打印机。现在,这些打印机可以在家庭、办公室、学校、制造商场所、公共图书馆和其他设施中找到,人们无须大量的技术培训就可以将它们用于原型设计、小型或微型制造。

但是,分布式制造和民主化制造仍然离大规模分布式制造的目标相去甚远,在大规模分布式制造中,产品是由庞大、多样且地理分散但协调一致的个人和组织网络制造的,这些网络具有敏捷性和灵活性,但是接近批量生产的质量、生产率和成本效益。例如,像 Xometry 需要吸引全球数百万用户参与微观制造,这与 Uber 和 Lyft 这样的公司通过运输所取得的成就类似。在个人防护设备(personal protective equipment,PPE)供不应求的情况下,在 COVID-19 大流行初期,大规模分布式制造的潜力就很明显。批量生产的速度太慢,无法应对 PPE 的突然需求,包括对诸如面罩之类的简单但至关重要的塑料产品的需求。在全球范围内,成千上万(甚至数百万)的人(其中许多人没有制造这些产品的经验)将自己组织成小的网络以产生数百万的、使用台式 3D 打印机和其他小型制造设备的防护罩和其他 PPE。这项工作暴露了大规模分布式制造在标准化生产要求,保证质量和可靠性以及获得可以与批量生产相媲美的高生产效率方面的主要挑战。

机械化、电气化、装配线和数字计算驱动的第一次、第二次和第三次工业革命为第四次工业革命(或工业 4.0)铺平了道路。例如,Xometry 利用云计算和机器学习来为其即时报价引擎提供支持,从而使客户能够在几秒钟内收到价格、预期的交货时间和可制造性反馈。同样,3Diligent 使用云计算使网络中的制造商能够跨车间路由作业并跟踪质量。

随着工业 4.0 的进步,制造机器(包括低成本 3D 打印机)逐渐配备传感器和云连接。这些传感器生成的大量数据被用于机器学习算法中,以提供预测和纠正措施。正在开发基于云的高级控制器以改进机械的质量和生产率。这些技术和自动化方面的进步可以融合为大规模分布式制造的基于云的网络物理操作系统。

网络物理操作系统的一个灵感是在分布式计算中使用的中央协调器,用于在分布式计算机网络上自动执行大型计算任务的分配和执行。中央协调员启用了 Folding at Home,这是一个分布式计算集群,它利用超过 100000 个每台子计算机的闲置容量来运行模拟,帮助科学家了解蛋白质如何折叠。同样地,网络物理操作系统将智能、高效、安全地协调由云连接、自治且地理位置分散的制造资源的大型网络。它将为与之相连的资源最佳地分配制造作业,并利用分布式和民主化的交付系统(例如共享车辆和无人机)来进行物流(图 6.2),并

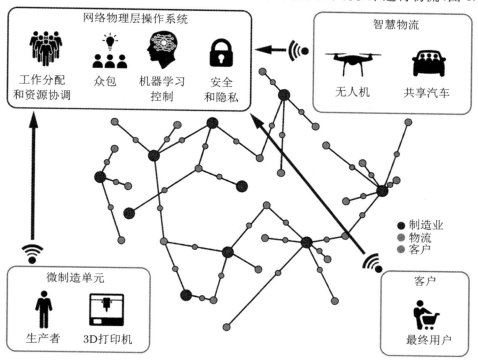

图 6.2 连接生产者和消费者的网络系统

将机器学习应用于从传感器收集的数据,以提供帮助确保并提高质量并优化运营。此外,网络物理操作系统将通过众包创意来利用人类的天赋,以提高制造商网络之间的制造操作性,并采取网络安全措施来保护知识产权和参与者的隐私。因此,网络物理操作系统将允许大型、自治、异构且地理位置分散的制造商网络协作,以敏捷和灵活的方式快速响应生产需求和中断,同时确保大规模分布式制造的高质量、高生产率和成本效益。

大规模分布式制造使用网络物理操作系统和人工智能工具将消费者与生产者联系起来并进行协调。微型制造单元中的生产者可以使用 3D 打印来制造定制产品。无人机和乘车共享服务等智能物流可以实现实物产品交付。

6.2 智能制造网络化协同

6.2.1 网络化协同概论

国务院发布的《关于积极推进"互联网+"行动的指导意见》中指出,"互联网+"协同制造是重点行动之一,旨在推动互联网与制造业融合,提升制造业数字化、网络化、智能化水平,加强产业链协作,发展基于互联网的协同制造新模式。在重点领域推进智能制造、大规模个性化定制、网络化协同制造和服务型制造,打造一批网络化协同制造公共服务平台,加快形成制造业网络化产业生态体系。

《关于积极推进"互联网+"行动的指导意见》中对"互联网+"协同制造做了 4 方面描述:一是大力发展智能制造;二是发展大规模个性化定制;三是提升网络化协同制造水平;四是加速制造业服务化转型。从中可以看出,"互联网+"协同制造模式下,制造业企业将不再自上而下地集中控制生产,不再从事单独的设计与研发环节,或者单独的生产与制造环节,或者单独的营销与服务环节。而是从顾客需求开始,到接受产品订单、寻求合作生产、采购原材料或零部件、共同进行产品设计、生产组装,整个环节都通过互联网连接起来并进行实时通信,从而确保最终产品满足大规模客户的个性化定制需求。

协同制造也贯穿于工业 4.0 之中。作为制造业大国,德国 2013 年开始实施一项名为工业 4.0 的国家战略,希望在工业 4.0 中的各个环节应用互联网技术,通过制造过程与业务管理系统的深度集成,将实现对生产要素的高度灵活配置,实现智能制造,达到大规模定制生产的目的。那么,这种深度集成,实际上与"互联网+"协同制造异曲同工。纵览中德不同的制造业发展战略,我们也能感知到制造业共同的脉搏跳动——"智能制造+网络协同"已经成为事实上的未来制造模式,而未来的制造企业也势必将从单纯制造向"制造+服务"转型升级。

纵向集成:企业内的协同制造。对于一个制造业企业来说,其内部的信息是以制造为核心的,包括生产管理、物流管理、质量管理、设备管理、人员及工时管理等和生产相关的各个要素。传统的制造管理是以单个车间/工厂为管理单位,管理的重点是生产,管理的范围是制造业内部。

但是，随着信息技术的进步，很多制造型企业在发展的不同时期，根据管理不同时期的需求，不断开发不同的系统，并在企业内部逐步使用，如库存管理系统、生产管理系统、质量管理系统、产品生命周期管理系统、供应量管理系统等。不同的系统用来实现不同的功能，有些系统采用自主开发或由不同供应商的系统组成。随着企业的发展，要求不同的生产元素管理之间的协同性，以避免制造过程中的信息孤岛，因此对各个系统之间的接口和兼容性的需求越来越高，即各个系统之间的内部协同越来越重要。

例如，对于采用两套各自独立的系统来管理生产和库存的情况，生产实施之前，生产管理系统需要掌控某项生产计划的实施以及物料资源的供应，而如果库存管理系统和生产管理系统相对独立，就无法实现协同，生产所需要的物料信息就不能反馈给库存系统，库存系统也不能得到生产所需要物料的需求信息。在生产完成之后，生产系统汇总生产结果与实际的物料使用信息，但是由于生产管理系统与库存管理系统采用的是不同的独立系统，库存管理系统并不能实时得到物料使用信息，致使实际库存情况和系统的结果不能保持一致。为了弥补信息的断层，不得不从库存管理系统和生产管理系统之间进行数据信息的手工导入和导出，经常进行周期性的人工盘点，才能做到使用情况与库存信息的匹配。

随着对于制造的敏捷性及精益制造的要求不断提高，靠人工导入、导出信息已经不能满足制造业信息化的需求，这就要求在不同系统之间进行网络协同，做到实时的信息传递与共享。工业 4.0 的纵向集成主要体现在工厂内的科学管理上，从侧重于产品的设计和制造过程，走到了产品全生命周期的集成过程，建立有效的纵向的生产体系。

横向集成：企业间的协同制造。未来制造业中，每个企业是独立运作的模式，每个企业都有独立运行的生产管理系统，或者采用一套生产管理系统来管理所有工厂的操作。但是，随着企业的发展，企业设置有不同的生产基地及多个工厂，工厂之间往往需要互相调度，合理地利用人力、设备、物料等资源。企业中每个工厂之间的信息的流量越来越多，实时性的要求就越来越高，同时每个工厂的数据量和执行速度的要求也越来越高。这就要求不同工厂之间能够做到网络协同，确保实时的信息传递与共享。

同时，在全球化与互联网时代，协同不仅仅是组织内部的协作，而且往往要涉及产业链上、下游组织之间的协作。一方面，通过网络协同，消费者和制造业企业共同进行产品设计与研发，满足个性化定制需求；另一方面，通过网络协同，配置原材料、资本、设备等生产资源，组织动态的生产制造，缩短产品研发周期，满足差异化市场需求。

工业 4.0 中的横向集成代表生产系统的结合，这是一个全产业链的集成。以往的工厂生产中，产品或零部件生产只是一个独立过程，之间没有任何联系，没有进一步的逻辑控制。外部的网络协同制造使得一个工厂根据自己的生产能力和生产档期，只生产某一个产品的一部分，外部的物流、外部工厂的生产包括销售等能够将整个的全产业链联系起来，这样一来，就实现了价值链上的横向产业融合。

端到端集成：互联网让工艺流程并行化。端到端集成是指贯穿整个价值链的工程化信息系统集成，以保障大规模个性化定制的实施。端到端集成以价值链为导向，实现端到端的生产流程，实现信息世界和物理世界的有效整合。

无界限、全民化、信息化、传播速度快是互联网的特征。工业 4.0 中的各个环节通过应用互联网技术,将数字信息与物理现实社会之间的联系可视化,将生产工艺与管理流程全面融合,实现"互联网＋"协同制造。

端到端集成就是充分利用了互联网的特性,从工艺流程角度来审视智能制造,主要体现在并行制造上。这样一来,可以一边设计研发、一边采购原材料零部件、一边组织生产制造、一边开展市场营销,从而降低了运营成本,提升了生产效率,缩短了产品生产周期,也减少了能源使用。

可以说,互联网影响了人类社会,并对社会发展起了很大的推动作用,是如今社会面临的各种变革的最大根源。"互联网＋"协同制造将通过互联网技术手段让制造业价值链上的各个环节更加紧密联系、高效协作,使得个性化产品能够以高效率的批量化方式生产,实现所谓的"大规模定制"。

6.2.2 "互联网＋"协同制造模式

1. 协同制造模式

协同制造(collaborative production commerce),是 21 世纪的现代制造模式。它也是敏捷制造、协同商务、智能制造、云制造的核心内容。协同制造充分利用以互联网技术为特征的网络技术、信息技术,协同制造将串行工作变为并行工程,实现供应链内及跨供应链间的企业产品设计、制造、管理和商务等合作的生产模式,最终通过改变业务经营模式与方式达到资源最充分利用的目的。

协同制造是基于敏捷制造、虚拟制造、网络制造、全球制造的生产模式,它打破时间、空间的约束,通过互联网络,使整个供应链上的企业和合作伙伴共享客户、设计、生产经营信息。从传统的串行工作方式,转变成并行工作方式,从而最大限度地缩短新品上市的时间,缩短生产周期,快速响应客户需求,提高设计、生产的柔性。通过面向工艺的设计、面向生产的设计、面向成本的设计、供应商参与设计,大大提高产品设计水平和可制造性以及成本的可控性。有利于降低生产经营成本,提高质量,提高客户满意度。

2. 协同制造的价值

协同制造的价值体现在如下几个方面:

(1) 降低企业的原料或物料的库存成本,基于销售订单拉动从最终产品到各个部件的生产成为可能。

(2) 可以有效地在企业内各个工厂、仓库之间调配物料、人员及生产等,提高订单交付周期,更灵活地实现整个企业的制造敏捷性。

(3) 实现对于整个企业的各个工厂的物流可见性、生产可见性、计划可见性等,更好地监视和控制企业的制造过程。

(4) 实现企业的流程管理,通过设计、配置、测试、使用、改善等整个制造流程的集中管理,大大节约了实施成本和流程维护和改善的成本。

(5) 实现企业系统维护资源的减少。

协同制造层次分为制造业内部各个部门或系统的协同、企业内各个工厂之间的协同制造和基于供应链的协同制造三个层次。

部分以订单驱动的生产模式的企业,对于制造的敏捷性及精益制造的要求高,生产成本控制也越来越严格,靠人工传递信息已经不能满足信息的需求,这就要求在不同系统之间进行集成,做到相互信息的传递。由于采用的是不同供应商的系统,在集成上面往往投入的成本比实施新的系统会更高。但是更重要的问题是,随着企业发展的需要,在不同系统之间要求传递的信息也会产生变化,而且对信息变化的实时性要求更高,生产实时的信息驱动在不同系统之间的业务运作的执行,往往是通过传统的集成方式,如事务处理模式驱动的信息传输方式、EDI、邮件等。

协同制造模式,将简化企业内的信息传输模式,将企业内各个部门与工厂之间的信息流有机地结合起来,将从手工的信息传递和统计转换到基于事件驱动的协同制造管理信息流程中,企业不同工厂将不再是一个独立的控制环,而是企业内完整的控制环。

对于按单制造(MTO Ⅱ)企业而言,信息传递得准确及时不仅有助于提升协同生产,优化生产调度计划,更有利于资金的周转,整合库存,减少呆滞物料、提升物料周转率,对于生产准备各方面的完备性有着积极的意义,这对于按单制造(MTO Ⅱ)企业的"咽喉要害"——交货期管理也有着正向的反馈。

网络化协同模式是一个集成了工程、生产制造、供应链和企业管理的先进制造系统。网络化协同模式可以把分散在不同地区的生产设备资源、智力资源和各种核心能力通过平台的方式集聚,是一种高质量、低成本的先进制造方式。

3. 网络化协同模式的典型案例

(1) CMSS 云制造支持系统

网络化协同模式的典型代表是航天科工旗下航天云网的云制造支持系统(cloud manufacturing support system,CMSS)。CMSS 主要包括:

① 工业品营销与采购全流程服务支持系统。

② 制造能力与生产性服务外协与协外全流程服务支持系统。

③ 企业间协同制造全流程支持系统。

④ 项目级和企业级智能制造全流程支持系统,可以满足各类企业深度参与云制造产业集群生态建设的现实需求。

CMSS 是企业云端的工作环境,面向企业不同角色提供互联企业层、企业层、产线层及设备层 4 个层次的工业应用软件,这也是为什么说它是网络协同模式的原因。

CMSS 整体的体系架构如图 6.3 所示。底层是产品全生命周期的模块覆盖,包括智慧研发、精益生产、智能服务和智能管控。为了实现这些功能,构建了设备层、产线层、企业层和互联企业层 4 个层次的不同功能的工业应用软件。通过这些工业应用集成,形成了云端应用工作室、云端业务工作室、企业驾驶舱(即管控看板)、企业决策(即智慧决策)等云端应用平台和软件。最后这些应用和软件服务于工程业务人员、协作配套人员、经营管理者和企业的决策者。

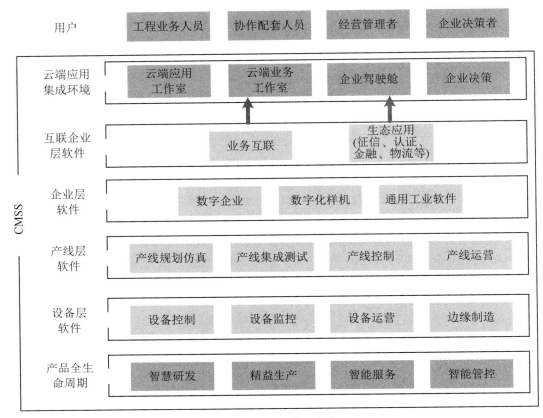

图 6.3 CMSS 体系架构

(2) 航天云网工业互联网平台

航天云网主营是一个云制造的平台,如图 6.4 所示。为了打造方便共享的 CMSS 体系,需要开发稳定的平台架构支撑。航天云网采用 INDICS + CMSS 的平台架构。INDICS 平台层包括 IS(infrastructure as a service)、DS(data as a service)、PS(platform as a service)三层,向下提供设备,产品及服务的接入能力,向上提供开发工具、微服务和工业机理模型等能力,助力自有开发团队与第三方开发者能够快速地开发和部署,共同打造 CMSS 云端工作环境。

IS 层:通过接口获取来自 IoT 等硬件的数据,提供云储存资源。

DS 层:数据存储和计算,提供云计算功能。

PS 层:提供应用平台服务,供开发者进行开发等。

航天云网江西公司通过"公有云 + 私有云"混合的方式,帮助三鑫医疗实现了企业数据从客户订货系统到企业资源管理计划(enterprise resource planning administration,ERP)再到制造执行系统(manufacturing execution system,MES)的双向贯穿,以及全流程数字化管控,极大增强了企业智能化管理水平,促使企业整体经营管理效率提高了 20%以上。

重庆宏扬电力器材有限责任公司,通过引进智慧管控系统,为企业节约了成本,提升了生产效率。通过这套智慧管控系统,企业生产效率提升了 30%,预计 2020 年可节约成本

270 万元。

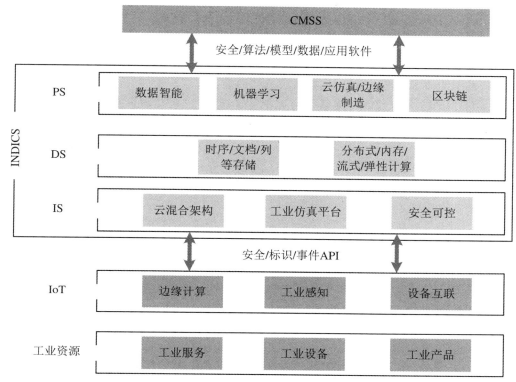

图 6.4 航天云网工业互联网平台架构

6.2.3 网络化制造系统的智能协同控制技术

随着信息技术的快速发展，各行各业的技术实现升级，极大地提高了生产力。在过去的几十年里，协同控制作为应用最为广泛的一种控制方式，随着产业的升级在各行各业飞速发展，同时也随着技术的不断升级，深度融合人工智能技术，迎来了智能协同控制的时代。无论是机器人协作、无人机编队、船舶导航等，还是自动驾驶车辆、智能物流等场景，智能协同控制技术都发挥了重要的作用。

分布式智能控制技术是人工智能和分布式计算结合的技术，主要应用于较大规模的区域、多异构平台协作作业、多个智能机器(高可靠性智能机器)协同工作的场景。该技术研究不同智能体之间的行为协调和工作任务协同，同时每个智能体具有其本身的目标和意愿。通过分布式人工智能，将复杂系统的多目标求解问题逐层划分为复杂程度相对较低的子问题，再由不同智能体经过沟通协作和自主决策完成，能克服单个智能机器资源和能力缺乏以及功能单一等局限性。当前该技术需要重点突破云计算环境下的集群机器分布式控制架构，在此基础上，还需深入研究边缘控制器的实时资源调度与控制一体化方法，面向任务的语义编程及自动生成机制，面向快速高精协作的多智能机器系统的观测模型，以及多智能机器的任务分配、协同机制和分布式控制等。

1. 协同控制定义

"协同系统(cooperative system)"被定义为多个动态实体,它们共享信息或任务,以实现一个共同的(可能不止一个)目标。常见的协同控制系统包括机器人系统、无人机编队、网络通信、交通系统等。协同的关键是沟通,通常表现为主动传递信息和被动观察,而协同的决策过程(控制)通常被认为是分布式或分散的。协同控制是指通过合作和协调的方式,对多个独立的智能体或系统进行控制,以实现整体性能优化。

在协同控制中,各个智能体或系统通过相互交流信息、共享知识和协同动作,以最佳的方式共同解决问题。协同控制(cooperative control)算法是一种多个动态实体或多个子系统进行协同工作的控制策略。它旨在实现系统各个动态实体或子系统之间的合作与协同,从而达到整体性能的优化或实现特定目标。术语"实体"通常与能够进行物理运动的交通工具(如机器人、汽车、船舶、飞机等)联系在一起,但是其定义实际上可以扩展表现出时间依赖行为的任何实体概念。在协同控制算法中,各个动态实体或子系统之间通过信息交互、协调和合作来共同完成任务,实现它们之间的协同决策和行动,从而有效地解决多个动态实体或子系统之间的冲突、资源分配、路径规划、任务分配等问题,提高整体系统的效率、鲁棒性和适应性。

协同控制概念的发展可以追溯到控制理论和工程领域的早期研究,随着时间的推移,它逐渐演变和扩展为一个广泛的概念。以下是协同控制概念发展的主要里程碑:

(1) 分布式控制

早期的协同控制概念主要集中在分布式控制理论的研究中。分布式控制是指将系统控制任务分解为多个子任务,并将其分配给不同的控制器或智能体进行处理。这种方法通过将控制任务分布到多个独立的控制器上,以实现整体控制目标。

在分布式控制的基础上,协同控制理论逐渐建立起来。协同控制理论关注多个控制器或智能体之间的协同工作和合作,通过相互交流信息、共享知识和资源来实现整体性能的优化。

(2) 多智能体系统

随着智能系统与技术的发展,协同控制从最初的单体协同发展到多体协同,此后,随着多智能体系统的兴起,协同控制概念开始与多智能体系统的研究相结合。多智能体系统是指由多个相互作用的智能体组成的系统,它们可以通过协同控制实现合作、竞争和协调等行为。

(3) 自适应协同控制

自适应协同控制是指智能体通过感知和学习来适应环境和其他智能体的行为,并实时调整控制策略以实现优化的协同效果。自适应协同控制利用反馈机制和自适应算法,使得智能体能够根据环境的变化和系统的需求进行自主调整。

(4) 混合协同控制

混合协同控制是指将不同的控制方法和技术结合起来,以实现更复杂和高效的协同控制。这包括将传统的控制方法与人工智能、机器学习、优化算法等技术相结合,以处理复杂的多智能体系统和实现更高级的协同行为。

总结起来,协同控制概念的发展经历了从分布式控制到协同控制理论的建立,再到多智能体系统和自适应、混合协同控制的引入。多智能体系统的协同控制是协同控制发展过程的重要节点,自多智能体系统诞生以来,智能协同控制技术便在多智能体的基础上蓬勃发展起来。随着技术的不断进步和领域的发展,智能协同控制的概念将继续演变和丰富,并为实现复杂任务的多智能体系统提供更好的解决方案。

智能协同控制是一种通过多个智能体或系统之间的协作与协调,实现对特定任务或系统的控制和管理的方法。它涉及将多个智能体的能力和知识集成在一起,以实现更高级别的控制和决策,应用于各种领域,例如工业自动化、交通管理、机器人技术等。在这些领域中,多个智能体(可以是机器人、传感器、控制系统等)通常需要协同工作,以完成复杂的任务或实现特定的目标。智能协同控制的关键是实现智能体之间的有效通信和协作。这可以通过使用各种通信协议、共享信息和知识、协同决策等方式来实现。智能协同控制可以借助机器学习和人工智能技术,使智能体能够学习和适应不同的环境和任务,并根据需要进行自主决策。智能协同控制的优势在于能够提高系统的效率和性能,并且可以应对复杂和动态的环境。通过协同工作,多个智能体可以共同解决问题,提供更加灵活和智能的解决方案。然而,智能协同控制也面临一些挑战。例如,智能体之间的通信和协作可能会受到噪声、延迟或故障的影响。此外,智能体之间的目标可能存在冲突,需要进行冲突解决和协商。解决这些挑战需要设计合适的协同算法和机制,以确保系统的稳定性和可靠性。

总结起来,智能协同控制可以应用于各种领域,并提供高效、灵活和智能的解决方案。然而,为了充分发挥智能协同控制的优势,需要解决通信、协作和冲突解决等方面的挑战。

2. 智能协同控制的典型特征和分类

智能协同控制能够有效地解决多个智能体或子系统之间的冲突、资源分配、路径规划、任务分配等问题,提高整体系统的效率、鲁棒性和适应性。智能协同控制的实现需要智能体之间具有通信和决策的能力。

协同控制主要涉及三个部分:智能体动力学、智能体间相互作用、协同控制规律。协同控制的主要特点是具有多个智能体、异构性和非确定性等:

(1) 多智能体性

智能协同控制通常涉及多个智能体或系统的协同工作。这些智能体可以是机器人、无人机、传感器网络、自动驾驶车辆等。它们可以相互交流信息、共享知识和资源,并通过合作和协调实现共同目标。

(2) 通信和协调

智能协同控制需要智能体之间进行有效的通信和协调。智能体通过传递信息、共享感知数据和规划动作来相互交流,并协调各自的行动,以达到整体性能的优化。

(3) 分布式决策

智能协同控制中的每个智能体通常具有一定的决策能力,可以根据自身的感知和知识做出决策。这些智能体根据协同目标和环境情况,通过分布式的决策过程来确定自己的行动策略。

(4) 合作与竞争

智能协同控制中的智能体既需要合作又需要竞争。它们需要在协同工作中相互支持和协助,但有时也需要在资源有限或目标冲突的情况下进行竞争和协商。

（5）自适应性和鲁棒性

智能协同控制需要智能体具有一定的自适应性和鲁棒性,能够适应环境的变化和不确定性。智能体需要根据感知和反馈信息,实时调整自己的决策和行动,以应对各种复杂和动态的情况。

智能协同控制可以按照不同的分类标准进行分类。以下是几种常见的分类方法:

（1）基于控制结构和决策方式的分类

① 集中式协同控制。集中式协同控制指在一个系统中,由一个或多个中央控制节点对其他节点进行管理和控制。中央控制节点负责收集节点信息、制定决策并下发指令,其他节点则根据中央控制节点的指令执行任务。这种控制方式通常用于需要集中决策和协调的任务中,中央控制节点具有较高的决策能力和控制权。

② 分布式协同控制。分布式协同控制指通过分布在不同地点的多个节点之间相互协作,共同实现任务或目标。在这种控制方式下,各个节点可以通过交换信息和共享数据来协调彼此的行动,以便达到整体优化或协同效应。

③ 混合式协同控制。混合式协同控制结合了泛在分布式协同控制和局部集中式协同控制的特点。在这种控制方式下,系统中的节点既可以相互协作,又可以依赖中央控制节点进行整体协调。中央控制节点可以指导节点之间的通信和协作,同时也可以根据节点的反馈信息进行决策和调整。混合式协同控制通常能够兼顾分布式系统的灵活性和集中式系统的整体优化能力。

（2）基于协同方式和交互方式的分类

① 合作式协同控制。在合作式协同控制中,智能体之间通过相互协作和合作来达到共同的目标。智能体之间可以交换信息、共享资源,并通过协同行动来实现整体优化。合作式协同控制强调团队合作和资源共享,以实现协同效应。

② 竞争式协同控制。在竞争式协同控制中,智能体之间存在竞争关系,它们通过相互竞争来实现整体性能的提升。智能体之间可能通过竞争资源、竞争任务或竞争奖励来激发协同行为。竞争式协同控制强调智能体之间的竞争与合作的平衡,以实现整体优化。

③ 独立式协同控制。在独立式协同控制中,每个智能体都具有一定的自主决策能力和行动执行能力。虽然智能体之间不直接合作或竞争,但它们通过相互影响和调节来实现整体目标。独立式协同控制强调每个智能体的个体决策和行动对整体性能的影响。

④ 混合式协同控制。混合式协同控制结合了不同协同方式的特点。在混合式协同控制中,智能体之间可以进行合作、竞争或独立决策,根据具体情况选择最优的协同方式。混合式协同控制能够充分利用不同协同方式的优势,以实现系统的整体优化和协调。

这些分类方法只是对智能协同控制进行了一种常见的分类方式,实际上,这些类别并不是完全独立的,通常智能协同控制系统可能会综合运用上述多种方式来实现复杂的控制任务。根据具体应用领域和需求,还可以有其他方式对智能协同控制进行分类。

3. 协同控制算法

协同控制算法是一种在多个智能体或多个子系统之间进行协同工作的控制策略。它旨在实现系统中各个智能体或子系统之间的合作和协同,以达到整体性能的优化或其他特定目标。在协同控制算法中,各个智能体或子系统之间通过信息交互、协调和合作来共同完成任务。算法根据系统的需求和目标,利用传感器信息和相互之间的通信,实现智能体之间的协同决策和行动。协同控制算法可以应用于各种领域,包括机器人系统、无人机编队、网络通信、交通系统等。它能够有效地解决多个智能体或子系统之间的冲突、资源分配、路径规划、任务分配等问题,提高整体系统的效率、鲁棒性和适应性。常见的协同控制算法包括集中式和分布式控制、协同过滤、博弈论、机器学习和优化算法等。这些算法通过建立合适的模型和决策规则,使智能体或子系统能够相互感知、相互协调,并根据系统的需求进行决策和动作的调整。总的来说,协同控制算法是一种能够实现多个智能体或子系统之间合作与协调的控制策略,通过信息交互和协同决策,优化系统性能和实现特定目标。

（1）集中式控制算法

多智能体集中式控制算法是一种常用的协作和协调方法,它通过中央控制器来协调智能体之间的行动,以实现系统的整体目标。顾名思义,集中式算法本质上可以看作是集中式控制:仅有一个控制中心,有一个或多个执行器。系统的规模比较小时,集中式控制方案是一种高效的解决方式。通常应用在于环境变动较小,目标已明确且主体机器人功能突出的特殊情景,比如:疫情期间利用无人机和智能小车往小区派送物资等。

如图 6.5 所示,该算法中有一个协调者,不管何时某个进程需要加入临界区,它都要给协调者发出一条请求消息,表示它希望加入下一个临界区域。若当前尚无其他进程在该临界区,协调者将发出许可进入的应答消息。

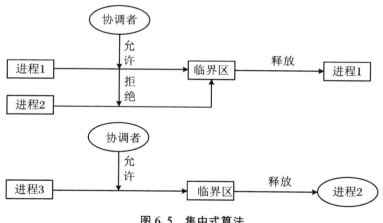

图 6.5　集中式算法

算法的优缺点。优点:如果没有进程,会处于永远待机状态(不会出现饿死的情况),易于实现,因为每次通过一个临界区域仅需要 3 个消息(请求、允许和释放);不但可以用来管理临界区域,还能够进行更一般的资源分配。

缺点:如果协调者是一个单独的故障节点,一旦它崩溃了,整个网络系统也可能崩溃。在通常情形下,一旦进程在发出请求之后被阻止了,则请求者将无法分辨"拒绝进入"和协调者操作系统已经崩溃这两种状况,因此在上述的两种状况下均不会有消息返回。另外,在体量很大的操作系统中,对于一个协调者会形成性能的瓶颈。

（2）分布式控制算法

分布式控制算法是指将系统的控制任务分散到多个节点上执行,通过节点之间的通信和协作达到整体控制的目的。与传统的集中式算法相比,分布式控制算法具有更高的可靠性、可扩展性和适应性。

　　如图 6.6 所示,以无人驾驶飞行器群为例,UVA1 的无人机指挥官,在整个无人机编队中起着指导与管理的重要作用,指导整个队伍沿着既定轨道航行,从而获得预期的目标定位,并与地面中心进行实时通信。UVA2、UVA3 作为跟随机与地面站保持联系,不断接受无人指挥中心的指挥,且 2、3 之间进行实时通信,达到分布式控制目的。

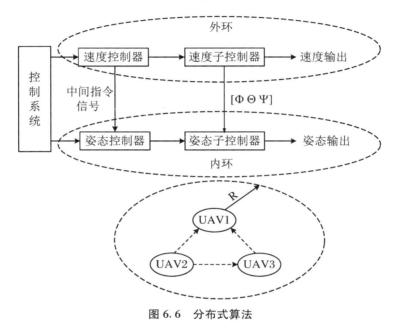

图 6.6　分布式算法

　　分布式控制算法按网络结构可分为基于星形网络结构、基于环形网络结构、基于树形网络结构和基于网格网络结构。

　　基于任务类型可分为分布式协同任务、分布式竞争任务和分布式优化任务。

　　分布式控制算法的实现方式有基于传统控制算法的分布式、基于协同控制算法的分布式和基于自治智能体的分布式实现。

　　常见的分布式控制算法有分布式模型预测控制(DMPC)、分布式最优化控制(DOC)、分布式强化学习(DRL)和分布式事件触发控制(DETC)。

　　算法的优点:可靠性高、可扩展性好、适应性强。缺点:通信开销大、算法复杂度高、系统部署难度大。

　　(3)协同过滤

　　协同过滤(collaborative filtering)推荐算法是最经典、最常用的推荐算法。所谓协同过滤,基本思想是根据用户之前的喜好以及其他兴趣相近的用户的选择来给用户推荐物品(基于对用户历史行为数据的挖掘发现用户的喜好偏向,并预测用户可能喜好的产品进行推荐),一般是仅仅基于用户的行为数据(评价、购买、下载等),而不依赖于项的任何附加信息(物品自身特征)或者用户的任何附加信息(年龄、性别等)。目前应用比较广泛的协同过滤算法是基于邻域的方法。

协同过滤主要有两种算法。基于用户的协同过滤算法(User CF)：推荐和用户兴趣相似的其他用户喜欢的产品；基于物品的协同过滤算法(Item CF)：给用户推荐和他之前喜欢的物品相似的物品。

协同过滤算法有算法原理简单、思想朴素、算法易于分布式实现、可以处理海量数据集、算法易于工程化实现、能够为用户推荐出多样性和新颖性的物品、协同过滤算法只需要用户的行为信息且不依赖用户及标的物的其他信息等优点。缺点有冷启动问题、稀疏性问题等。

6.2.4　网络化协同制造与智能工厂

流程制造智能工厂可以利用智能控制方法实现智能自主控制，能完成工艺参数选择、自学习、智能过程制造、运行控制、自优化校正、人机协同增强智能、群体集成智能、自愈控制、协同控制、智能集成控制、智能协同优化控制、分布式协同控制、知识型工作自动化、生产线一键控制等任务。以优化运行指标为目标，自适应决策控制系统的设定值，实现运行指标的优化控制、自主控制。能及时预测与诊断异常工况，当异常工况出现时，通过自愈控制，排除异常工况，实现安全优化运行；将机理模型与数据模型深度融合，建立有效的动态智能模型，实现生产装置的动态自主学习与基于数据驱动的自主控制。实现全流程质量管理和数据自由流通。重点满足钢铁、石化、选矿、有色等流程智能工厂的技术和系统需求。流程制造智能工厂的行业目标是到 2025 年左右，建立智能自主控制系统来实现智能感知生产条件变化，到 2035 年左右，建立制造全流程智能协同优化控制系统，搭建智能优化决策系统。

在新一轮科技革命和产业变革中，制造业要想获得可持续发展的竞争优势，必须迈向智能制造，依靠信息物理融合系统，实现协同设计、协同供应链、协同生产、协同服务和企业电子商务。企业应该置身于全球供应链的生态系统之中，应用互联网实现互联网＋智能工厂。

为了应对新一轮科技革命和产业变革，我国相继出台了一系列规划——《中国制造2025》、互联网＋行动计划、大众创业万众创新、大数据应用等。这些规划都有一个共同的指向——制造业要走向智能化、数字化、网络化、绿色化，企业要迈向智能工厂。

制造业走向智能工厂这是中国经济转型升级的必然，是社会经济发展的必然，是科学技术发展的必然，是企业获取可持续发展竞争优势的必然。

信息技术特别是信息通信技术的发展，深刻地改变了人们的生产方式、生活方式、社会形态。互联网、物联网的广泛应用，使得信息物理系统 CPS 应运而生，它将物理世界与信息世界融合在一起，掀起了新一轮的工业革命。如今，智能手机、智能可穿戴设备、智能汽车、智能家居、智慧城市……像飓风一样席卷全球，发展智能制造是技术发展的必然。

随着世界人口老龄化进程的加快，劳动力短缺现象从发达国家向发展中国家、再向欠发达国家蔓延。随着中国农业现代化、城镇化进程的加快，广大农村受教育水平的提高，从事简单劳动和重体力劳动的人越来越少，招工难将成为常态。发展智能制造是社会经济发展的必然。

企业的竞争是人才、技术、成本的竞争。当同行在智能工厂里，以高效率、高柔性的装备，以精益的管理，快速响应客户个性化的需求，提供贴心周到的服务、低成本的产品的时候，传统的企业将面临生存危机。企业为了获取可持续发展的竞争优势必须建造智能工厂。

1. 离散制造业智能工厂总体框架

一个离散制造业的智能工厂的总体框架,是在信息物理融合系统的支持下,由智能设计、智能产品、智能经营、智能制造、智能服务、智能决策 6 个部分组成。通过企业信息门户实现与供应商、客户、合作伙伴的横向集成,以及企业内部的纵向集成。要做到这些集成,首先要有一系列标准的支持和信息安全的保障(图 6.7)。

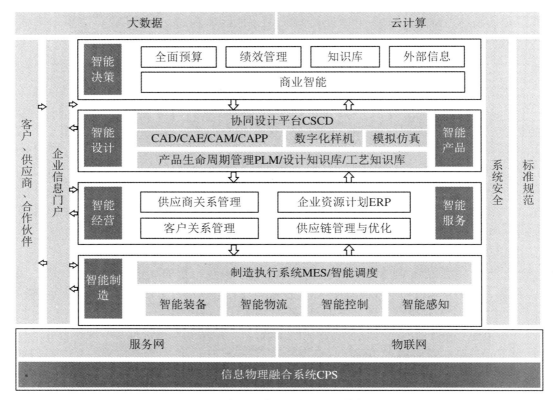

图 6.7　离散制造业智能工厂总体框架

2015 年 7 月 1 日,《国务院关于积极推进"互联网+"行动的指导意见》中提出了"互联网+"的目标:

第一,到 2018 年,互联网与经济社会各领域的融合发展进一步深化,基于互联网的新业态成为新的经济增长动力,互联网支撑大众创业、万众创新的作用进一步增强,互联网成为提供公共服务的重要手段,网络经济与实体经济协同互动的发展格局基本形成。

第二,到 2025 年,网络化、智能化、服务化、协同化的"互联网+"产业生态体系基本完善,"互联网+"新经济形态初步形成,"互联网+"成为经济社会创新发展的重要驱动力量。

《国务院关于积极推进"互联网+"行动的指导意见》提出了"互联网+"的十一项重点行动:"互联网+"创业创新、"互联网+"协同制造、"互联网+"现代农业、"互联网+"智慧能源、"互联网+"普惠金融、"互联网+"益民服务、"互联网+"高效物流、"互联网+"电子商务、"互联网+"便捷交通、"互联网+"绿色生态、"互联网+"人工智能。

"互联网+"行动计划包括社会经济各个领域,与智能工厂最紧密的是"互联网+"协同制造、"互联网＋"电子商务和"互联网＋"人工智能。该行动计划提出,推动互联网与制造业融合,提升制造业数字化、网络化、智能化水平,加强产业链协作,发展基于互联网的协同制造新模式。在重点领域推进智能制造、大规模个性化定制、网络化协同制造和服务型制造,打造一批网络化协同制造公共服务平台,加快形成制造业网络化产业生态体系。这些都为制造业未来发展指明了方向。我们可以从信息物理融合系统 CPS、协同设计、协同供应链、协同生产、企业电子商务、协同服务等诸方面进行分析。

2. 互联网＋协同制造

今天的世界是协同、创新、智能的时代。充分利用互联网技术实现与外部世界的协同创新是增强企业竞争能力的重要手段。协同制造就是充分利用以互联网技术为特征的网络技术、信息技术,实现供应链内及跨供应链间的企业产品设计、制造、管理和商务等的合作,最终通过改变业务经营模式与方式达到资源最充分利用的目的。它强调企业间的协同。协同制造是基于敏捷制造、虚拟制造、网络制造、全球制造的生产模式,它打破时间、空间的约束,通过互联网络,使整个供应链上的企业和合作伙伴共享客户、设计、生产经营信息。从传统的串行工作方式,转变成并行工作方式,从而最大限度缩短新品上市时间,缩短生产周期,快速响应客户需求,提高设计、生产的柔性。通过面向工艺的设计、面向生产的设计、面向成本的设计、供应商参与设计,大大提高产品设计水平和可制造性、成本的可控性。它有利于降低生产经营成本,提高质量,提高客户满意度。协同制造的总体框架,是在协同平台的支持下,实现协同设计、协同供应链、协同生产、协同服务(图 6.8)。

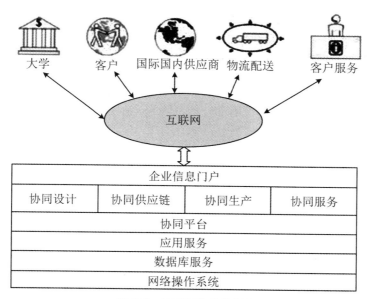

图 6.8　协同制造总体框架

协同制造将传统的客户需求、初步设计、详细设计、工艺设计、工装设计、生产准备、生产制造、销售、售后服务这种串行工作方式在一系列信息系统的支持下,变成一个同心圆。让任何客户需求的变动、设计变更、工艺变更,迅速在供应链上做出快速响应(图 6.9)。要实现企业间的协同,离不开信息物理融合系统。

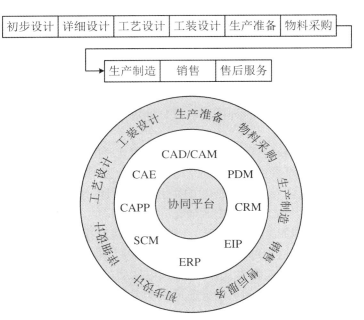

图 6.9　协同制造将串行工作方式改变为并行工作方式

信息物理融合系统是智能工厂万物互联的基础。通过物联网、服务网将制造业企业设施、设备、组织、人互通互联,集计算机、通信系统、感知系统为一体,实现对物理世界安全、可靠、实时、协同感知和控制。对物理世界实现"感""联""知""控"。CPS 由感知层、网络层、认知层和控制层组成。其特征呈现为环境感知性、自愈性、异构性、开放性、可控性、移动性、融合性和安全性。

3. 协同设计

随着产品智能化的发展,产品集机、电、液、声、光、各种传感器、嵌入式系统、网络通信、接口⋯⋯非常复杂,依靠少数人进行设计已经不现实。这就需要集中社会资源进行协同设计。协同设计是指利用计算机技术、多媒体技术和网络技术,支持工作群体成员在共享环境下的协同工作、交互协商、分工合作,共同完成某些任务。它支持多个时间上分离、空间上分布,而工作又相互依赖的协作成员的协同工作。实现协同设计需要计算机支持的协同工作平台(computer supported cooperative works,CSCW),支持动态企业联盟内分布于不同地域的多功能项目组成员开展基于网络的协同工作,用于选择、评估、发送与接收产品数据,分析技术方案,快捷地完成设计并投入生产。它要解决协调机制的问题,建立冲突消解机制、通信机制、数据管理、系统的柔性和开放性。例如,中烟机械集团公司在技术系统内打破企业法人界限,将上海烟机技术中心、常德烟机、许昌烟机、秦皇岛烟机、上海烟机 5 个跨地域的部门建立分布式协同设计平台,开展大型成套设备的设计。

4. 协同供应链

复杂制造业产业链长,制造工艺复杂,供应商和协作单位多,需要通过互联网络创建协同化的环境,即建立供应链网络,在此网络中,供应商、制造商、分销商和客户可动态地共享客户需求、产品设计、工艺文件、供应链计划、库存等信息。任何客户的需求、变动、设计的更改,在整个供应链的网络中快速传播,及时响应。避免了传统管理中的"鞭子效应"(图 6.10)。

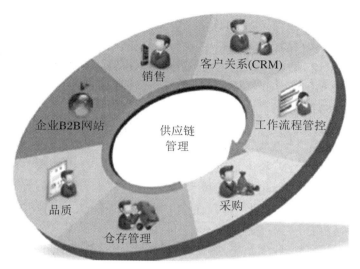

图 6.10   协同供应链管理

最典型的协同供应链管理是汽车制造业,随着人们对汽车产品个性化需求的增加,如何将国内外众多的供应商、协作配套厂商、分销商、最终用户在一个供应链平台上共享客户需求信息,是协同供应链管理的重要课题。通过供应链计划,可以将客户的个性化需求精准地发布到整个供应链上,以快速响应客户需求,最大限度降低库存,准时供货。

5. 协同生产和服务

一些复杂的产品往往由多家工厂协同制造,最终交付同类产品。这些工厂之间需要生产计划协同、供应协同、同步生产,按质、按量、按时提交零部件和产品。图 6.11 是协同生产

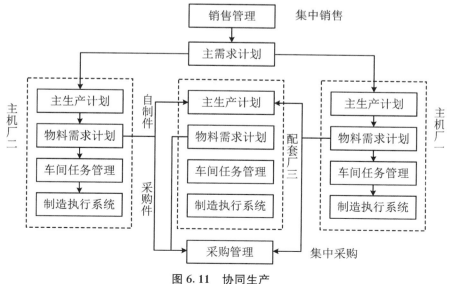

图 6.11   协同生产

的实例。

在传统电子商务基础上,发展行业电子商务,建设以主制造商为核心的供应链电子商务体系,实施网上招投标、网上采购、网上支付、物流和质量跟踪,实施 B2B、O2O 的销售模式。通过大数据分析用户的习惯、喜好等显性需求,以及与客户的身份、时空、工作生活状态关联的隐性需求,分析不同客户的偏好、习惯,主动为用户提供精准销售和服务。

在 CPS 的支持下,着眼于产品全生命周期,从用户需求、设计制造、卖方信贷、产品租赁、售后服务、备品备件、直至回收再利用全过程进行管理和服务。在产品智能化的基础上,实现产品运行状态的在线数据采集,通过物联网进行数据传输,结合产品运维知识库,进行在线诊断、分析和服务。提高客户服务的满意度,为客户和企业本身创造新的价值,实现传统制造向制造服务转型。

国内中联重科、三一重工、徐工集团、陕西鼓风机都已通过物联网实现客户产品的远程监控和维护。如中联重科已通过物联网技术、北斗导航技术、云计算、大数据分析构建了基于物联网的智能云服务平台,实现了远程在线工况检测、运行信息自动采集与存储、故障预警、作业状况分析等功能。

在新一轮科技革命和产业变革中,制造业要想获得可持续发展的竞争优势,必须迈向智能制造,拥抱互联网。依靠信息物理融合系统,实现协同设计、协同供应链、协同生产、协同服务、企业电子商务。将企业置身于全球供应链的生态系统之中,提高供应链的竞争能力,这是企业发展的必由之路。

6.3 智能制造网络信息安全

6.3.1 智能制造网络信息安全概论

1. 智能制造信息安全现状

随着"中国制造2025"全面推进工业数字化、网络化、智能化,智能制造领域面临严峻的信息安全威胁。一方面,工业控制系统存在一定的漏洞和安全隐患。操作系统长期未升级、缺乏基本安全设置;生产系统与公用网络存在接口,相关安全机制存在严重安全隐患:野外设备普遍缺乏物理安全防护,远程无线通信系统缺乏接入认证和通信保密防护。另一方面,智能制造网络安全感知、防护体系几乎空白。工业控制系统遭到攻击,不仅可能引发故障停机,还会导致安全事故发生,甚至影响正常公共服务,给社会带来不可估量的损失,而且工业控制系统承载着事关企业生产、社会经济乃至国家安全的重要工业数据,一旦被窃取、篡改或流动至境外,将对国家安全造成严重威胁。近几年的安全事件屡有发生,呈现出高级持续性威胁(advanced persistent threat,APT)攻击趋势,如表6.2所示。

表6.2　近年来智能制造信息安全事件

时间	事　　　　件
2010 年	震网事件,伊朗布什尔核电站遭受震网病毒攻击,导致核电站延期运行,损失难以估量
2012 年	伊朗石油部和国家石油公司内部电脑网络遭病毒攻击
2015 年	乌克兰的电力工业遭受到 BlackEnergy 恶意软件的攻击,导致伊万诺-弗兰科夫斯克地区大面积停电
2016 年	德国 Gundremmingen 核电站计算机系统发现恶意程序
2017 年	"永恒之蓝""WannaCry"勒索病毒全球暴发
2018 年	台积电 WannaCry 变种病毒,造成三大产线停摆三天。造成 18 亿元损失
2019 年	3 月,委内瑞拉的全国范围断电事件 6 月,飞机零部件供应商 ASCO 遭遇勒索病毒 10 月,美国太阳能发电的 sPower 可再生能源发电厂受到网络攻击;印度 kudankulam 核电站遭受到 Dtrack 恶意软件攻击
2020 年	2 月,美国天然气管道商遭攻击,被迫关闭压缩设施 4 月,葡萄牙跨国能源公司 EDP 遭到勒索软件攻击,被勒索近 1000 万美元 7 月,国外网络安全公司研究人员在 Treck Inc. 开发的 TCP/IP 软件库中发现了 19 个 0day 漏洞,其中包含多个远程代码执行漏洞,统称为"Ripple20"。攻击者可以利用这些漏洞在无须用户交互的情况下,实现对目标设备的完全控制,该漏洞波及家用/消费设备、医疗保健、数据中心、电信、能源、交通运输以及许多其他关键基础框架 9 月,顶象洞见安全实验室发现西门子多款工业交换机存在高危漏洞。利用这些高危漏洞,攻击者能够远程窃取网络传输的工业控制指令、账户密码等敏感信息,并可以直接对联网工业控制设备下达停止、销毁、开启、关闭等各种指令

国家互联网应急中心监测发现,2020 年上半年,我国暴露在互联网上的工业设备达4630 台,具体设备类型包括可编程逻辑控制器、串口服务器智能楼宇类设备、通信适配器、工业交换机、工业摄像头、数据采集监控服务等,其中可编程逻辑控制器、串口服务器、智能楼宇类设备占比排名前三位,分别是 56.2%、24.6% 和 11.6%。暴露在互联网的工业控制系统一旦被攻击,将严重威胁生产系统的安全监测。发现的重点行业联网监控管理系统类型包括企业经营管理、企业生产管理、政府监管、行业云平台等,其中企业经营管理、企业生产管理占比分别是 40%、34%。我国大型工业云平台持续遭受来自境外的网络攻击,平均攻击次数为 114 次/日。攻击类型包括 Web 应用攻击、命令注入攻击、漏洞利用攻击、拒绝服务、Web 漏洞利用等,其中 Web 应用攻击、命令注入攻击、漏洞利用攻击占比最高,分别是25.4%、22.2%、16.4%。2020 年上半年我国工业控制系统产品漏洞共计 323 个,其中高中危漏洞占比达 94.7%。漏洞影响的产品广泛应用于制造业、能源、水务信息技术、化工、交通运输、商业设施、农业、水利工程等行业,其中制造业、能源、水务行业产品漏洞分别是 102个、98 个、64 个。另外漏洞涉及的产品供应商主要包括 ABB、万可、西门子、研华、施耐德、摩莎、三菱、海为、亚控、永宏,其中 ABB、万可、西门子供应商产品漏洞分别是 38 个、34 个、

30个。

2. 智能制造面临的信息安全威胁

"中国制造2025"的推进与实施将出现区别于已有互联网商业模式所呈现的网络安全威胁,主要表现在:

（1）颠覆了已有的互联网商业模式,网络安全威胁严重影响物质形态和特性的异化

当互联网技术融入智能制造便可实现产品的数据化、智能化,实现远程操控、实时感应。运用大数据和云计算建立统一的智能管理服务平台,各生产设备可以自发地实现信息交换、自动控制和自主决策,以及产品的实时监控与预警、维护,提高稳定性和各环节整体协作效率。可见,在智能制造中网络安全威胁不但可能会侵入产品"创意—设计—生产—消费—服务"的各环节,还将影响和改变产品的物理特性与物理形态,并且网络信息威胁的侵入将使之异化,形成智能制造中的网络安全威胁新特征。

（2）智能制造中信息物理系统成为网络安全威胁的核心目标

由于CPS中物理部件处于开放的环境中,其信息隐藏的程度受限,CPS中的设备极易暴露位置信息与时间信息,容易造成潜在的信息被物理攻击。而当前的推理技术与数据挖掘技术也难以保障CPS中海量数据的隐私与安全,CPS如何应对网络安全威胁成为研究热点。例如,由于处于开放环境,网络间通信的延迟、抖动以及计算任务运行时的调度算法,都将影响CPS的效率与性能。另外,CPS的运行牵涉时间攸关的计算任务与安全攸关的控制任务,如何在保证实时约束下实现控制性能最优,成为CPS运行中对抗网络威胁的难点。

（3）开放环境中智能制造存在受到攻击的风险

在当前的框架下,存在利用物理空间的部件对信息空间进行攻击的危险。例如,可利用电磁干扰影响与破坏智能制造系统与环节中计算部件的运行,也可以利用信息空间的部件对物理空间进行攻击。大规模信息攻击可以引发大规模精确的物理攻击,其破坏力远远大于目前的计算机与网络攻击。继"震网"和"棱镜门"事件之后,网络基础设施遭遇全球性高危漏洞侵扰,"心脏流血"漏洞威胁我国境内约3.3万网站服务器,"Bash"漏洞影响范围遍及全球约5亿台服务器及其他网络设备,基础通信网络和金融、工业控制等重要信息系统安全面临严峻挑战。所以,智能制造将面临更为严峻的网络安全考验。

（4）智能制造安全标准缺失的挑战

仅仅实现装备的高度自动化、数字化、智能化,其实并不能完全保障智能制造发挥作用,还需MES（制造执行管理系统）、ERP（企业资源计划）和工业控制等软件的集成应用,确保生产作业计划的准确性和企业资源的优化配置。不仅要有一流的硬件设施,还需要提供一流的软件和服务。然而,上述的所有智能系统都需要统一完善的智能制造安全标准作为重要基础。目前,参照国际标准化组织和国际电工协会联合制定的IEC 62264标准,结合我国制造业发展实际情况制定的智能制造标准化体系,我国智能制造安全标准制定工作正在进行,其中包括工业大数据工业互联网标准、信息安全标准等。截至2020年12月,共有19项与智能制造信息安全相关的国家标准已发布。

3. 智能制造信息安全发展趋势

党中央、国务院高度重视信息安全问题。习近平总书记多次就网络安全和信息化工作作出重要指示,强调"安全是发展的前提,发展是安全的保障,安全和发展要同步推进。"《中

国制造 2025》提出要"加强智能制造工业控制系统网络安全保障能力建设,健全综合保障体系";《国务院关于深化制造业与互联网融合发展的指导意见》将"提高工业信息系统安全水平"作为主要任务之一;2017 年 6 月 1 日实施的《中华人民共和国网络安全法》也要求对包括工业控制系统在内的"可能严重危害国家安全、国计民生、公共利益的关键信息基础设施"实行重点保护。2017 年 11 月,国务院印发了《国务院关于深化"互联网+先进制造业"发展工业互联网的指导意见》,提出"建立工业互联网安全保障体系、提升安全保障能力"的发展目标。部署"强化安全保障"的重点工程,为工业互联网安全保障工作制定了时间表和路线图。

2017 年 12 月 29 日,工信部发布了《工业控制系统信息安全行动计划(2018—2020 年)》(以下简称《行动计划》),引发各界广泛关注。《行动计划》从安全管理水平、态势感知能力、安全防护能力、应急处置能力、产品发展能力等方面对工业控制系统信息安全作出具体行动计划。《行动计划》指出重点提升工业控制系统信息安全态势感知、安全防护和应急处置能力,促进产业创新发展,建立多级联防联动工作机制,为制造强国和网络强国战略建设奠定坚实基础。确保信息安全与信息化建设同步规划、同步建设、同步运行。确立企业工业控制系统信息安全主体责任地位,强化责任意识,把工业控制系统信息安全作为工业生产安全的重要组成部分,将安全要求纳入企业生产、经营、管理各环节。建成全国工业控制系统信息安全在线监测网络、应急资源库、仿真测试平台、信息共享平台、信息通报平台("一网一库三平台"),态势感知、安全防护、应急处置能力显著提升。

"一网"是指全国工业控制系统信息安全在线监测网络。支持国家工业信息安全发展研究中心牵头,联合地方、行业等技术机构,建设以国家工业控制系统信息安全在线监测平台为中心,纵向连接省级分中心,横向覆盖重点工业行业的多级监测网络,实现对全国重要工业控制系统运行状态、风险隐患的实时感知、精准研判和科学决策。

"一库"是指工业控制系统信息安全应急资源库。按照《国家网络安全事件应急预案》总体要求,支持国家工业信息安全发展研究中心建设应急资源库,汇聚漏洞、风险、解决方案、预案等信息,实现辅助决策、预案演练等功能。在突发工业信息安全事件时,支撑行业主管部门协调技术专家和专业队伍对事件开展分析研判并调动相关应急资源及时有效地开展处置工作。

"三平台"是指工业控制系统信息安全仿真测试平台、信息共享平台和信息通报平台。建设工业控制系统信息安全仿真测试平台,以化工生产、管道输送、污水处理、智能制造等真实工业控制场景为基础,模拟业务流程还原真实现场,满足培训、测试、验证、试验等多元化需求。充分利用云计算、大数据等技术手段,建设国家工业控制系统信息安全信息共享平台,建立共享清单,明确共享内容,推动形成政府引导、企业主体、社会参与、利益共享的工作机制。支持建设工业控制系统信息安全信息通报预警平台,及时发布风险预警信息,跟踪风险防范工作进展,形成快速高效、各方联动的信息通报预警体系。

从安全演进路径来看,工业信息安全已成为国家安全体系的有机组成部分;从全球范围来看,工业信息安全形势日趋严峻;从国家需求来看,各国加紧工业信息安全领域布局;从我国现状来看,工业信息安全风险逐步威胁到经济社会健康发展。

工业信息安全发展面临意识、环境、体系三个方面的挑战:工业信息安全意识不足、工业信息安全发展环境不成熟和工业信息安全体系建设尚在起步阶段。因此必须进一步提高认识、加快机制建设、推动体系建立、提升技术实力、促进产业发展、强化"国家队"能力建设。

6.3.2　智能制造网络信息安全技术

智能制造基于新一代信息技术，贯穿设计、生产、管理、服务等制造活动各个环节，它是工业化信息化深度融合的产物，其重要特性体现在数字化、网络化和智能化。

从国家政策上看，为巩固在全球制造业中的地位、抢占制造业发展的先机，世界主要制造强国都在积极发展智能制造，制定智能制造国家战略，如德国提出工业4.0，美国积极布局工业互联网，日本也发布了新机器人战略和互联工业。可以说，智能制造已成为全球制造业发展的大趋势。在此背景下，我国先后提出"中国制造2025""新型基础设施建设"等国家战略，也是将智能制造作为实现产业升级的关键举措。

从支撑技术上看，以云计算、物联网、大数据、5G、人工智能等为代表的新一代信息技术正逐步走向实用化，为智能制造奠定了技术基础。智能制造的本质是让彼此关联的生产数据发挥大脑价值，实现下游推动上游的柔性生产链条。通过数字孪生，实现了产品模型数字化和生产流程数字化，通过"一网到底"和泛在互联，实现设备与设备之间、设备与人之间的信息互通和交互，打破现有生产业务流程与过程控制流程相脱节的局面，消除生产制造环节中的"信息孤岛"，单纯的产品模式也演变为"产品＋持续服务"模式。通过"智慧智能"，将人工智能融入产品全生命周期，实现智能管理、生产自组织、智能化服务等。可以说，在消费互联网中获得重大成功的新一代信息技术将有望在产业互联网发挥变革性作用。

从应用场景上看，智能制造涉及领域很广，狭义上主要指包括数控机床、机器人等在内的智能制造装备、智能工厂等，广义上可扩充到包括车联网、智能家居这类智能产品及远程服务紧密耦合的创新模式。

1. 智能制造面临的网络安全风险

在智能制造吸引关注的同时，也应当重视其面临的网络安全风险。分析风险就需要分析其面临的威胁，以及自身存在的脆弱性。

（1）从威胁视角看智能制造面临的突出威胁

首先，当前网络对抗背景决定了智能制造面临的对手将是组织级甚至国家级的。目前国际上网络对抗愈演愈烈，网络高级持续威胁（APT）成为常态，攻击者已从单个黑客上升到组织甚至国家。破坏伊朗核电站的"震网病毒"，导致乌克兰大面积停电的"黑色能量"攻击，影响全球的"永恒之蓝"勒索病毒，以及每年层出不穷的APT攻击，无一不体现出网络攻击背后的组织化、体系化，具有浓厚的国家对抗色彩。

其次，智能制造自身运行模式势必会成为网络渗透的新目标、攻防对抗的新战场。以智能工厂为例，智能工厂需要数据/信息交换从底层现场层向上贯穿至执行层甚至计划层网络，使得工厂/车间能够实时监视现场的生产状况与设备信息，并根据获取的信息来优化生产调度与资源配置。借助于这种"一网到底"，智能工厂打通了设计、生产到销售等各个环节，并在此基础上实现了资源整合优化。类似地，在智能家电、智能汽车等场景下，千家万户的家电家居设备、公路上高速行驶的网联汽车都通过5G等技术连接云平台，实现了设备与设备、设备与平台的信息共享和远程控制。不幸的是，这种互联、互通无疑也为网络攻击提供了便利。无论是作为大国重器的先进制造，还是千家万户的智能产品，一旦遭受网络攻击都将产生重大影响。

最后，攻击手段的自动化、智能化、隐蔽化加剧了安全威胁。当前网络攻击工具已经上升到军火武器级别。例如，2017 年维基解密曝光了美国 CIA 网络武器库 VAULT7，涉及其在全球部署的数十个网络武器，披露文档多达 8000 余份，描述了每一项工具的实现功能、存在不足及下一步工作，工具开发的组织性、计划性非常强。近年来发生了多起 APT 组织工具和代码泄露事件，进一步催生了网络攻击武器的使用泛化、网络军火的民用化。

（2）从脆弱性看智能制造网络安全的先天不足

一直以来，网络安全并不是工业制造的关注目标，现有工业系统几乎没有任何安全措施。尽管部分系统考虑了功能安全，但其更关注系统自身的、偶然的威胁，避免因硬件失效、系统故障等因素导致爆炸等生产事故。并且功能安全没有考虑人，尤其是具有恶意企图的人故意利用系统脆弱性所进行的行为。这与网络安全有着明显区别，因为攻防对抗性是网络安全的最突出特点。

智能制造脆弱性表现在以下方面：

首先，在系统层面上，无论是网络结构还是主机设备都存在脆弱性。例如，现有工厂中的现场设备层、监视控制层、制造执行层等各层之间普遍缺少必要的隔离防护措施，同一层之间未划分安全域；系统缺少病毒防护，工业主机几乎未安装补丁，未启用安全配置策略；网络通信未加密，容易发生劫持、篡改和窃听等中间人攻击；工业云平台存在虚拟化漏洞；工业 App 缺少保护，容易被反编译和逆向破解。

其次，在感知层面上，智能制造离不开海量的传感节点，这些节点往往位于野外或无人看守的地方，设备分散、繁多，部署环境不可控，数据真实可信难保证。固件中固化存储密码、密钥等敏感信息，或保留调试命令接口，导致设备远程被控制。设备的升级过程和安全状态难以管理。

最后，在数据层面上，数据驱动是智能制造的重要特征，在感知、计算和服务过程中都会产生大量的数据信息，这些工业数据在传输和存储过程中可能会被窃听、篡改、删除、注入、重放等。所以为实现智能制造安全，智能制造网络安全需要重点解决一些关键问题。

2. 协同功能安全和网络安全，实现 IT 与 OT 的融合

功能安全和网络安全的两个方面通常被孤立地考虑，并且彼此独立。在组织上，职责任务也往往分配到企业不同部门。但是在未来这两个方面需要同时实现，究其原因在于智能制造的数字化和网络化将消除二者的分界线，即实现信息技术（IT）和运营技术（OT）的融合。这种融合是全方位的融合，覆盖组织、管理、技术和人员等各方面。

首先，需要在组织上明确企业的网络安全管理与生产运行管理的责任边界与协同机制。尽管目前普遍做法是业务信息层由信息安全管理部门负责，现场设备层和监视控制层由生产运行管理部门负责。但随着泛在互联和"一网到底"的发展，随着工业设备上云，这种层次界限将变得很模糊，也必将带来管理的混乱。如何在组织上进行协同将成为重点问题。

其次，企业往往具有较成熟的生产运行管理机制，如何在现有机制基础上，对照借鉴现有网络安全管理标准规范，查漏补缺，兼顾功能安全和网络安全。

再次,要以业务系统功能安全的可用性为目标和约束,研究网络安全技术,通过迭代优化设计,消除冲突,实现二者融合,降低因融合带来的安全风险。

最后,由于生产运行管理与网络安全管理的知识背景存在巨大差异,需要加强意识培训,建立共同语言。

3. 智能制造内生安全关键技术

尽管现有很多成熟的安全技术和产品,但智能制造中存在较大独特性,导致了这些技术很难直接应用。从系统特点看,信息系统追求高吞吐量,实时性要求较低,更偏重机密性和完整性。而制造系统恰恰相反,实时性高,可靠性强,优先确保可用性和完整性,机密性要求不高。这种截然相反的安全需求导致需要研究适合其特点的网络安全技术,建立内生安全体系。

（1）高实时、轻量级密码算法

密码是网络安全的核心。尽管一些智能制造装备相比传统硬件形态,集成了嵌入式操作系统、控制系统等应用功能单元,但资源总量和处理熟度有限,直接引入成熟的密码技术会影响工业网络中控制数据交换的实时性,甚至严重干扰系统的稳定性。只有实时性高、硬件性能要求低的轻量级密码算法,才能够广泛用于制造系统,实现数据的机密性、完整性以及接入设备的身份鉴别。

（2）工业私有协议逆向解析与深度检测

与互联网协议公开不同,工业通信协议数量众多,覆盖现场总线（如 Profibus、CC-Link 等）、工业以太网（如 Profinet、Ethernet/IP、IEC61850 等）不同类型,且大部分为私有协议,这就给应用层过滤及安全检测带来障碍。一是需要对工业通信协议进行逆向解析,识别工控应用层数据格式（如指令、参数等）及通信过程;二是在深度解析基础上,理解通信语义,实现工业应用层过滤与检测。

（3）安全可靠无扰式防护

智能制造软件硬件之间耦合非常紧密,对其进行漏洞扫描、系统升级很容易影响系统,导致生产中断,或因生产设备工艺不匹配而导致装置损毁,这就要求采取的安全防护措施不能影响系统正常运行。但是现有安全措施很难做到这一点。例如,主机病毒防护软件会经常更新,甚至存在误杀情况;系统升级补丁时会重启,甚至出现蓝屏情况;对目标系统进行远程扫描时,在一定程度上会影响网络带宽或者目标系统性能。除此之外,现有安全防护措施通常适用于 Windows、Linux 等通用系统,很难用于基于嵌入式系统的制造设备中。因此这些常见的安全措施都需要进行革新以适应智能制造环境。

（4）集运行监控与威胁感知于一体的统一监测

当前即使部署在工厂车间这种具有明确物理边界的工业系统,也几乎没有采取任何网络监控措施,更别说部署在野外无人值守的传感设备。系统是否正常运行,流量是否处于平稳水平,是否存在攻击行为均一无所知,需要实现统一监测。一是感知攻击威胁并及时告警;二是管理接入设备,实现资产管控;三是监测关键设备的运行状态,形成健康监控。通过统一监测既满足生产运行管控需要,也实现了网络安全监控目标。

（5）逻辑组态代码静态检测

软件代码漏洞是网络安全频发的主要根源,并且常常很难发现。一种有效方式是采用源代码静态检测技术,通过扫描源代码来发现是否存在缺陷特征。源代码检测主要针对 C/C++、JAVA、JSP 等各类常见编程语言和脚本,而在控制器上运行的逻辑组态程序通常采用梯形图、指令表语言、结构化文本语言等,因此现有源代码检测工具不能用于逻辑代码的缺陷检测。

（6）结合高可靠性的网络安全新设计

为了提高可靠性、减少因硬件随机故障导致的错误,一些实时控制系统采用了冗余容错等技术。通过对控制系统的输入输出、处理器、总线系统等模块进行多重化冗余,处理器相互独立并同时执行相同的控制程序,针对现场采集的同一点数据分别给出输出结果,经表决后作为系统最终输出从而驱动现场设备。在此过程中,只要同一环节不同时出现多个冗余模块错误,系统就能屏蔽故障模块错误,保证最终正确结果。该技术在提高可靠性的同时,也在一定程度上也提高了网络安全保障能力。例如,如果攻击行为只影响到少数的输入点位信息,通过多路决策就能自动清除错误数据。基于这种高可靠性设计,可进一步结合网络安全特征,通过动态重构、随机多样化、异构冗余、逻辑组态工程编译时/运行时保护等技术,提高关键智能制造设备的"先天免疫"能力。

智能制造是新一代信息技术与制造业相结合的产物,是消费互联网迈向产业互联网的重要契机,在促进产业升级变革的同时也必然与消费互联网面临同样的安全风险,甚至由于其物理特性,这种风险将会产生更严重的后果。在智能制造起步阶段就做好总体安全设计,将网络安全与功能安全进行统一谋划,真正实现"安全和发展是一体之两翼、驱动之双轮",才能确保智能制造健康发展,成为国之重器。

4. 工业互联网安全防护技术

随着近年来技术的发展,工业互联网的应用越来越广泛。工业互联网是十分重要的,其关系到国家关键信息基础设施,关系着国计民生。工业互联网的连接也就意味着网络安全与工业安全风险交织,如果不能很好地应对风险,网络安全风险就会危及工业领域,造成经济损失,甚至会影响国家总体安全。

为了有效应对风险,需要不断提升安全技术加强防御能力。根据要防护的工业互联网对象不同,如设备、网络、应用、数据等,应采取相应的技术措施。由此可以将目前的工业互联网安全技术大体分为安全防护技术、安全评测技术、安全监测技术这三种。

首先,工业互联网安全防护技术（图 6.12）是对工业互联网各层级部署边界控制、身份鉴别与访问控制等的技术措施,是工业互联网安全技术的核心。此前,在安全防护理念上,主要是以被动防御为主,近年来,主动防御的理念逐渐成为主流。与防火墙、防毒墙、传统入侵检测技术等被动防御技术相比,主动防御技术在目前应用更为广泛,其能够在入侵行为对信息系统发生影响之前,及时精准预警,实时构建弹性防御体系,避免、转移、降低信息系统面临的风险。主动防御技术主要有数据加密、访问控制、蜜罐技术、新型入侵检测技术等。在工业互联网中,也可采取以白名单技术为主、黑名单技术为辅的安全防护机制,这样就能提高对风险防护的效率。

其次,工业互联网安全评测技术是采取技术手段对工业互联网各层级的安全防护对象进行测试和评价,了解其安全状态,从而增强防护能力,主要包括漏洞扫描、漏洞挖掘、渗透测试等技术。在工业互联网中,需采用 IT 和 OT 融合环境下的漏洞挖掘思维,运用多种深度融合的漏洞挖掘技术。而渗透测试技术也需要根据安全防护需求及工业互联网安全防护对象的特点,通过模拟来自网络外部的恶意攻击者常用的攻击手段和方法,检测并评估工业互联网的网络系统安全性。

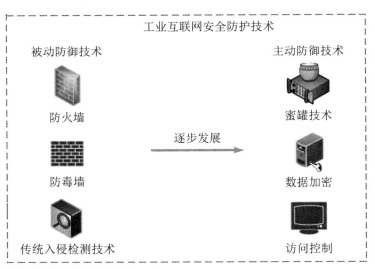

图 6.12　工业互联网安全防护技术发展趋势

最后,工业互联网安全监测技术就是通过技术手段实现对各层级的安全威胁的发现识别、理解分析、响应处置,主要包括安全监测审计、安全态势感知等关键技术。当前主要使用的态势感知技术在网络空间搜索引擎的基础上,添加工业控制系统及设备的资产特征,利用软件代码的形式模拟常见的工业控制系统服务或工控专用协议(如 Modbus、S7、FINS 等),对网络层和应用层的协议(如工控专用协议、通用协议等)进行解析与还原工作,完成工控设备资产检测、工控漏洞及安全事件识别等安全监测工作,从而实现对设备的安全防护。与之前相比,当前的安全监测技术在向更为智能的方向发展。随着近些年大数据分析等新兴技术的发展,安全技术与之融合不断加深,极大地促进了安全监测技术的发展,提高了效率,其中威胁情报共享等就是主要应用技术,它能够从已知威胁推演未知威胁,实现对安全威胁事件的预测和判断。

如图 6.13 所示,根据工业互联网各层要防护的对象,采取上述对应的防护技术、评测技术和监测技术。在实际应用中,安全评测技术可以周期性进行,对工业互联网安全防护对象及时评估其安全性,有利于及时制定防御策略。当有攻击者入侵时,采用安全防护技术对其攻击行为进行防御,并可采用动态防御的措施加强防御能力,即结合被动防御技术和主动防御技术,更加灵活地应对攻击。同时,及时记录攻击者的数据信息,动态调整黑名单和白名单,提高防御效率,再结合安全监测技术,加强对安全威胁的发现识别、理解分析、响应处置能力。

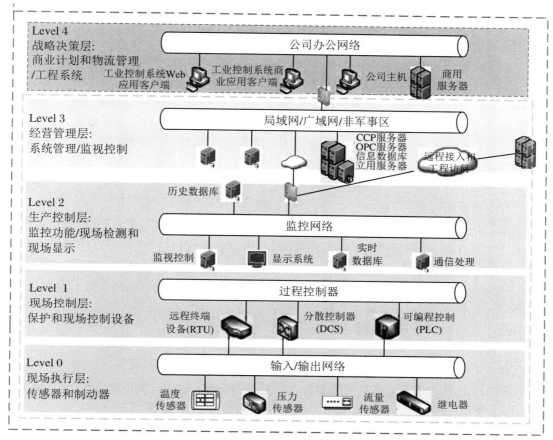

图 6.13　工业互联网防护架构图

6.3.3　智能制造工控网络安全防护体系

随着国家战略部署高效推进,工业信息安全应用已成为其重要支撑,构建面向智能工厂工业网络安全防护体系已迫在眉睫。针对典型业务场景,围绕制造流程,进行分层级安全防护,形成全覆盖的工控安全防护网,完成多手段工控安全直接防护,同时结合大数据分析,动态分析网络安全态势,做好安全预警,实现间接防护,最终建成自感知、自调整工业网络安全防护体系,促进智能制造产业可靠发展。

工业 4.0 正影响着全球制造业发展模式,带来竞争新格局。随着产业发展以及工业化与信息化的深度融合,智能制造发展也存在一些制约因素,例如信息化程度的提升面临着设备、数据、控制、网络、应用等方面的安全挑战。同时,工业控制系统的软硬件核心设备安全可靠水平低下,安全防护能力体系尚待完善等,将对智能制造工控网络安全提出更高的要求。面对智能工厂应用环境,参照工业网络安全合规标准和国内外的最佳实践,通过常态化的工业网络安全评估,分析安全状况和防护水平,找到与合规基准的差距,构建工控网络安全防护体系,有针对性地采取安全防护措施,提升智能工厂网络安全防护能力,促进我国智能制造产业发展。

1．智能制造领域工控网络安全风险分析

随着智能制造信息化程度的提高，网络安全风险越来越大，在数据、设备、控制、应用等方面存在安全隐患，宏观层面存在几个方面问题：一是在应用平台中存在共享资源、非授权访问；二是传统静态防护策略和安全域划分方法不能满足工业企业网络复杂多变、灵活组网的需求；三是传统工业环境下工业企业内部平台、工业通信协议、工业设备和系统在设计之初并未过多地考虑安全问题；四是虽然我国工业设备安全可靠，但仍处于较低水平，智能制造设备安全形势严峻；五是智能制造数据种类和保护需求多样，设备间数据交互频繁，且缺乏统一监管，数据存在被窃取或滥用的风险。

具体风险隐患表现在以下几个方面：

（1）设备应用方面

智能制造配套装备有别于传统制造装备，不仅在物理特性上做了安全处理，同时由于集成了嵌入式操作系统、控制系统等应用功能单元，容易受到网络攻击，部分操作系统可能存在漏洞，也会导致被植入木马病毒，带来不可估量的影响。在 DCS、PLC 等工业控制设备上，安全防护能力也存在较大不足，较多应用场景中，互联网络和物联网络未进行隔离处理，物联网络可信程度不高，网络威胁可从工厂外直接进入到工厂内，且部分认证和授权的管控安全功能不完善或被舍弃等情况也存在。

（2）通信网络方面

智能工厂网络 IP 化和无线化应用较为普及，带来安全隐患日益增大。IP 化方面，由于针对 TCP/IP 协议攻击和破坏的方法多样及成熟，可直接对智能工厂网络产生威胁；无线化方面，由于智能工厂部分前端终端及应用装备配备无线功能，工厂现场有较为复杂的无线传感网络，这对工厂现场 AGV 小车、数控设备、配件组装系统、仓储物流单元等应用带来了较大的安全隐患，容易受到非法入侵、非法控制、信息泄露、错误操作等威胁。

（3）管理软件数据应用方面

智能制造服务化的延伸，将生产制造执行系统、生产资源管理系统、产品全生命周期管理系统与车间的生产制造装备进行集成，形成辅助管理、数据报表、现场管理、远程支持等功能，并搭建全集成自动化软件平台，将这些功能进行深度集成，实现机械和电气的横向集成，传动、控制到制造执行系统的纵向集成。由于管理应用及数据应用覆盖整个制造生命周期，对工控网络安全提出了更高要求。应用软件将持续受到病毒、木马等威胁，如上位机漏洞等。从数据应用来说，数据体量大、维度多、结构复杂使数据防护难度增大，容易造成生产数据泄露、篡改等。

综上所述，根据智能制造业务流程特点，在设备应用、通信网络、管理软件和数据应用方面都存在一定的安全风险，需要从整体上考虑，建立一套适应智能制造领域新特点的工控网络安全防护体系。

2．智能制造领域工控网络安全体系框架

智能工厂作为智能制造典型应用，将以它为例，研究智能制造工控网络安全防护体系，主要从直接防护和间接防护两个角度分析。直接防护将结合等保 2.0 合规性要求、制造全生命周期覆盖、风险防护历史经验等方面，搭建体系化防护框架，重点解决设备应用、通信网

络应用、管理软件及数据应用几方面问题。同时，由于智能工厂组网灵活，工业数据量大且动态变化复杂，还要辅以其他防护手段，做到间接防护，实现动态化的防护策略，构建基于安全数据的安全综合管控平台，进行大数据分析，达到整体安全态势监测与变化分析，做到及时预警和防护协同，提高智能工厂工业控制网络安全水平。智能制造工控网络安全框架如图 6.14 所示。

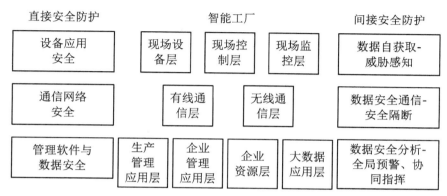

图 6.14　智能制造工控网络安全框架

（1）直接安全防护

智能工厂工控网络直接安全防护将从设备层、通信层、应用层各层边界安防进行重点防护，其安全防护体系架构如图 6.15 所示。

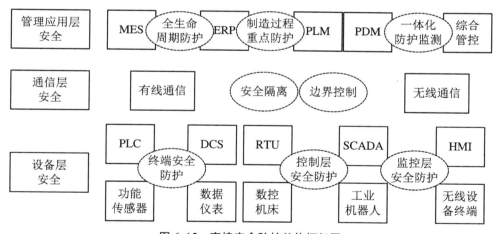

图 6.15　直接安全防护总体框架图

（2）设备层安全

面向设备层，将通过身份认证、权限管理、访问控制来对现场设备层、控制层、监控层进行安全防护。构建一套设备层安全防护体系，首先完成数据审计，数据完整性审计贯穿现场控制层和现场操作层，用以保证传输过程、执行过程真实可靠。然后针对终端安全，部署基于白名单安全管控的上位机、工程师站、服务器等，以及部署全覆盖安全 PLC 等，做到对工业数据监测和防护；同时，采用安全检测评估经验和成熟技术对工控设备进行定期的安全检查,查找、修补漏洞,结合智能安全防护终端,实现智能化的串口、网口数据审查,阻止非法数据传输;对于终端,通过建立完善的终端安全防护体系,包含防病毒、身份鉴别、标准化管控、日志审计,确保操作系统的安全性,防止工控系统外部和内部的非法操作,做到监测预警,主动防御。该防护体系的构建包含了身份验证、病毒监测防护、日志审计、智能化管控等具体应用,保障了操作系统、工控系统的整体性安全。能够实现主动防御,提高工控网络设备的安全,设备层安全体系架构如图 6.16 所示。

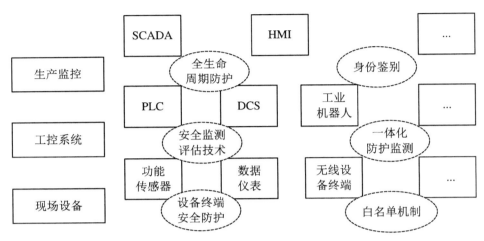

图 6.16　设备层安全体系框架图

(3) 通信网络层安全

智能工厂通信网络层安全将从网络边界安全防护考虑,根据不同层级及业务需求划分安全域。针对安全域,部署工控网络检测、隔离、防护系统,具体可用工业防火墙进行逻辑隔离,对数据进行合法合规审查,以此降低误操作、病毒攻击等威胁行为;可用工控安全监控审计系统进行网络节点审查,实现对工业控制系统以及与其他信息应用系统间的传输数据监测,完成网络攻击行为实时监控与检测分析,达到设备应用安全中工控层与设备层交互业务的审计和预警。在无线应用防护层面,部署实时监测控制器,做到对抗无线干扰、控制合法连接、精确定位攻击源,同时加强密码管理,降低信息窃取风险。通信网络层安全框架如图 6.17 所示。

(4) 数据应用层安全

数据应用主要集中在管理应用软件方面,管理应用软件开发存在开放、通用等特征,容易产生安全漏洞,存在一定的安全隐患。针对此情况,首先完成标准化规范相关工作,制定应用标准、应用开发环境等;然后对工业应用数据进行安全分析,做到对工业软件漏洞实时监测,及时做好补丁漏洞修复、病毒清理等;同时为提高数据本身安全性,做好应用数据(特别是生产数据、操作指令、设备运行数据等)及时存储备份工作;对于数据报文中的控制系统所涉参数及操作指令做好认证和相关通信加密工作;最后,加强数据安全分析工作,合理利用实时监控数据,做好运维工作,提高智能工厂工业控制网络安全性能。数据应用层安全框图如图 6.18 所示。

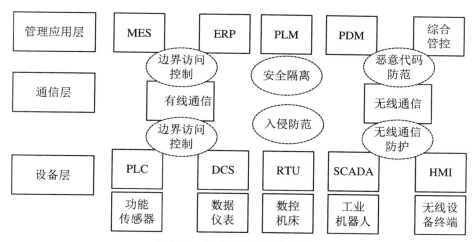

图 6.17　通信网络层安全框架图

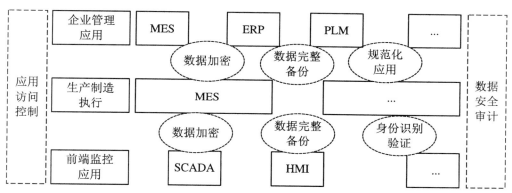

图 6.18　数据应用层安全框架图

（5）间接安全防护

直接安全防护已从智能制造不同层级部署了工控安全防护系统,贯彻了生产制造全生命周期,在此基础上,最大效能地对工业数据进行安全分析,打破传统的重点依托物理防护方式,做到提前预警、及时防护,需要通过统一安全综合管控平台来实现间接安全防护,进而更全面地提升智能制造工业控制网络安全。该平台的建立,旨在网络安全威胁发生时提前感知,形成应对策略,并实现与工控安全设备联动,建立动态调整机制,进而保障智能工厂制造过程稳定进行。

具体应用来说,该综合管控平台首先完成设备、工控系统、功能传感器等数据采集与实时监控,其次结合大数据分析方法,对数据安全进行隐患排查,及时做好源头追溯和主动防御,提高系统整体安全性能,保障工控网络可靠运行。

在攻击路径大数据应用分析方面,黑客在选择病毒攻击时,会有选择地确定主要攻击路线,针对此类情况,查找历史数据及案例库,运用人工神经网络算法,构建路径选择与攻击目标数学模型,确定大概率攻击路径,根据分析结果,做出有效防护,避免后续破坏行为,进而影响工控网络安全;同时,加强路径攻击监测,提供合理有效的监测数据用于路线评估,进而提高后台自优化能力,通过动态调测测量提升网络系统安全等级,实现最佳管控。

在控制源检测大数据应用方面,通过大数据分析,找出入侵源与控制主机的关系,确定数据采集环节风险隐患,搭建在线网络安全评估系统,及时做好病毒入侵预防工作;同时,采用多种监测方式进行工控系统安全控制监测,应用数据分析结果,完善前期安全风险评估系统,避免系统内部病毒入侵带来的安全事故,加强控制源监测,并通过攻击模拟,增加工控安全应对策略数据库内容,提高在线安全评估系统防御的准确性,进而更好地保障整个工控系统安全稳定运行。

通过大数据分析挖掘等相关技术的应用,该综合管控平台实现工控网络安全态势分析、全局预警及辅助决策,逐步达到智能工厂工控网络自感知、自分析、自决策、自干预。间接安全防护体系框架如图 6.19 所示。

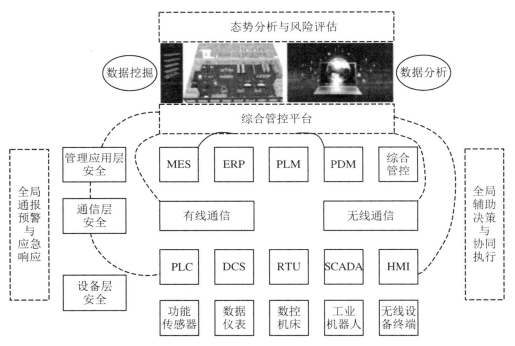

图 6.19　间接安全防护体系框架图

3. 直间接全方位工控网络安全防护

在工业智能化发展过程中,工业信息安全体系防护能力已经成为国家发展战略的重要支撑。本书提出的直间接全方位工控网络安全防护体系不仅构建了智能制造领域基础安全防护体系,还通过间接防护的方式,实现了整体态势感知与及时响应,做到了及时预警和自执行等功能,这将给智能工厂企业提供一个更加可靠的网络环境,也将推进企业智能制造良性发展,提高生产制造效率,促进行业可持续发展。

智能制造工控网络安全作为制造企业提质增效的辅助手段,越来越得到重视,本节结合智能制造工程实际需求及长远规划,提出了一种直间接全方位工控网络安全防护框架体系,保障智能工厂网络信息安全。后期工作将针对各防护手段进行进一步研究,提高安全防护技术水平,进一步完善安全框架体系,提高智能制造领域工业控制网络安全整体技术水平。

6.3.4　智能制造系统网络信息安全的典型案例

自 2010 年震网（Stuxnet）病毒暴发后，国家非常重视国家基础设施的信息安全问题。此后在 2012 年 6 月，国务院发布《国务院关于大力推进信息化发展和切实保障信息安全的若干意见》（国发［2012］23 号）中明确要求："保障工业控制系统安全。加强核设施、航空航天、先进制造、石油石化、油气管网、电力系统、交通运输、水利枢纽、城市设施等重要领域工业控制系统，以及物联网应用、数字城市建设中的安全防护和管理，定期开展安全检查和风险评估。重点对可能危及生命和公共财产安全的工业控制系统加强监管。"

本节介绍为某企业智能工厂提供的信息安全解决方案。工业控制系统拥有提高效率、节能降耗、节省人力成本、促进产业升级的明显效果。通过建立全面的工业控制系统信息安全保障体系，达到保障工业控制信息安全运行、工厂安全生产的目的，并由此减少企业的信息安全事件，保障商业秘密不外泄。

在 2015 年 12 月，工信部印发《2015 年工业行业网络安全检查试点工作方案的通知》。在反复检查调研后，了解到先进制造、轨道交通、电力、石油石化等各行业工业控制系统绝大多数采用国外的控制系统，并且面临着实际因 U 盘管理不规范、远程运维不规范、边界未隔离等原因造成的网络病毒蠕虫、误操作或泄密及影响生产等问题，迫切需要实际的防护指南进一步指导。

因此，为贯彻落实《国务院关于深化制造业与互联网融合发展的指导意见》，保障工业企业工业控制系统信息安全，工信部制定《工业控制系统信息安全防护指南》并于 2016 年 11 月 3 日发布，要求地方工业和信息化主管部门根据工业和信息化部统筹安排，指导本行政区域内的工业企业制定工控信息安全防护实施方案，推动企业分期分批达到本指南相关要求。

伴随两化融合的实施，先进制造业生产制造中的信息安全问题显得越来越突出，一旦网络被攻陷，不仅会破坏精密机床设备，也会泄密企业的技术信息，一方面损坏企业形象，另一方面会对国家和社会造成严重不良影响。

某企业主要从事轨道交通车辆关键零部件研发、设计、制造和服务，为保护自身网络及核心技术安全，计划通过本次项目对网络进行改造，提升整体网络安全防护能力。

1. 该企业信息安全现状与风险概述

某企业拥有多条生产轨道交通零部件的生产线，生产工序覆盖从冶炼到轮对总成全部流程，可以满足轨道交通机、客、货、动全系列及工矿冶金等产品的制造需求。

企业已成功实施 MES、OA、LIMS、ERP 等信息管理系统，并且将具有感知、监控能力的各类采集、控制传感器或控制器，以及移动通信、智能分析等技术融入工业生产过程各个环节中。还基于各种网络互联技术，将从工业设计、工艺、生产、管理、服务等涉及企业从创立到结束的全生命周期串联起来。通过这些积累下来的数据还可以实现产品全生命周期的管理，为打造先进的全自动数字化智能工厂打下坚实的基础。所以安全的、健康的网络环境就显得尤为重要。

经过深入企业进行现场调研和技术交流发现，该企业生产车间的办公网、生产网通过核心交换机连在一起。各车间与业务相关的应用系统和辅助管理系统、服务器、主要网络设备均运行在同一网络内。生产网与办公网仅通过 VLAN 和 ACL 等策略进行网络访问、限制或隔离,暂无其他相关网络安全防护措施。

经实际现场访谈与勘察发现,工业控制系统面临的信息安全问题主要有以下几方面:

(1) 网络核心节点互联互通,未进行安全加固,缺乏安全管控设备,存在严重的信息安全隐患。

(2) 生产车间多台上位机、服务器被恶意攻击,在车间发现有设备关联境外 IP、域名,具体威胁影响不明确。

(3) 高精类数控设备通过使用 U 盘或连入网络传输数据,可能会被传染病毒或恶意代码,进而严重影响生产的产量、质量及效率。

(4) 未对工业控制网络区域间进行隔离、恶意代码监测、异常监测、访问控制等一系列的防护措施,很容易发生病毒或攻击,影响全部车间甚至整个企业。

(5) 未对操作站主机及服务器端进行必要的安全配置,使得一旦能接触访问到该主机则攻击的成功机会很大。

(6) 对相关人员的操作未进行审计记录,一旦发生安全事件后很难取证。

(7) 未对设备及日志进行统一管理,使得相关工控系统事件不能统一收集、分析,不易关联分析设备间的事件和日志,难于及时发现复杂的问题。

2. 系统安全防护总体设计

针对企业发现的安全风险,按照轻重缓急原则,从以下六个方面进行整改:

(1) 将制造企业网络按照信息安全等级划分成两大部分:办公网与生产网。两网之间采用工业网闸隔离。其中办公网分为办公核心区、隔离区(demilitarized zone,DMZ)。它是为了解决安装防火墙后外部网络的访问用户不能访问内部网络服务器的问题,而设立的一个非安全系统与安全系统之间的缓冲区)、办公服务器区、安全运维区、办公区、视频专网多个区域;生产网分为生产网核心区、生产服务器区、安全管理区及各生产车间区等多个区域。

(2) 在办公核心区部署防火墙、入侵防御及防病毒设备,避免互联网侧及集团网络侧的安全威胁向企业内部渗透,对企业对外网络应用服务进行安全监测。

(3) 对企业重点数据服务器进行改造,统一运行在应用服务区进行重点安全防护,对重要数据服务器的数据库操作行为进行审计及管理。在车间部署工控漏扫系统定期对生产网络中的工业设备、重点服务器及操作终端进行脆弱性检查,防止因系统漏洞造成的安全隐患出现。

(4) 对重点生产区的接入、汇聚层交换机进行网络改造,将办公终端与生产网络设备进行分区改造,并在各生产区部署工业防火墙进行安全隔离;在各终端部署终端安全防护系统,避免病毒向核心生产区渗透,以保障企业工控系统安全稳定运行。同时对生产网络内部入侵行为进行监测与审计。

(5) 对生产区无线接入网络部署无线安全管理系统对无线设备进行安全防护,杜绝仿冒 AP 或非法 AP 在厂区出现,防止因无线造成网络渗透或病毒袭扰。

(6) 对其业务中心网络设置安全管理区,对整体信息安全进行监控与审核。

3. 系统安全防护方案

安全方案包括安全域划分、现场工控设备安全防护、网络安全防护、无线安全防护、控制系统脆弱性评估、应用和数据安全防护以及建立工控信息安全管理平台等，由于篇幅原因，以下着重介绍笔者参与设计的网络安全防护的内容。

网络安全防护对办公网及生产控制层网络进行安全防护，主要是对网络边界及安全域边界进行访问控制，对网络内部进行异常监测及数据库审计；防止木马病毒蠕虫感染进入工控网中，并且及时发现网络异常行为。主要安全防护设备部署如图 6.20 所示。

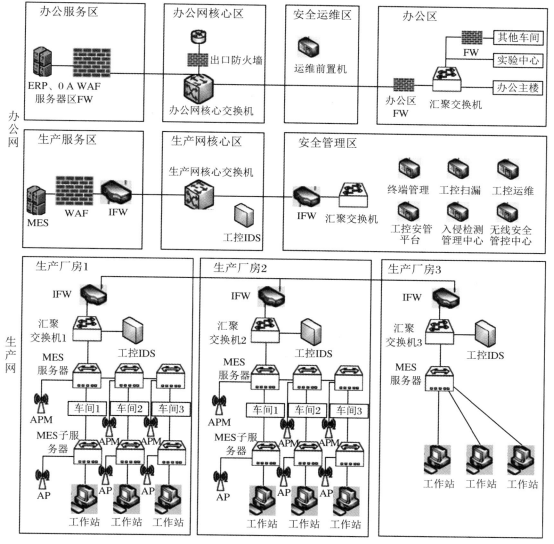

图 6.20 网络安全防护部署方案网络架构示意图

（1）出口防火墙与区域防火墙

为实现某企业的网络出口安全及网络安全域间隔离要求，部署区域防火墙进行安全防护，与集团网络进行隔离，防止非法访问、网络入侵及病毒侵扰；利用一体化的安全防护设备实现统一安全防护的目的，提供网络安全防护能力。

出口一体化安全网关采用了业界最先进的多核多线程并行运算架构、业务流解析引擎和一体化的软件设计,集成防火墙、VPN、反垃圾邮件、抗拒绝服务攻击等基础安全功能,具有功能与性能兼具的入侵防御(IPS)、防病毒、内容过滤、应用识别、URL 过滤、Web 安全防护等综合应用安全防护能力,功能全开应用层性能业界领先,同时单位体积性能极高,体积小、耗能低、易维护。此外,更提供了基于云计算技术的智能防护功能,帮助用户抵御日益复杂的安全威胁。防火墙架构部署如图 6.21 所示。

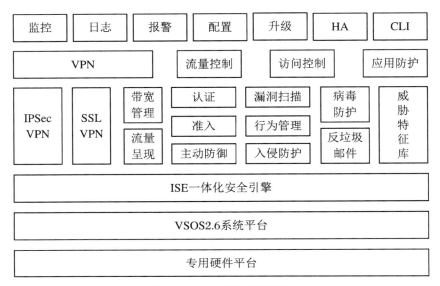

图 6.21　防火墙架构部署图

（2）工业网闸设备

改造前该企业办公网与生产网间未采用安全访问控制措施,来自不同地址的网络流量可以访问企业内所有网络地址,安全性非常低。

针对该区域间的安全需求,区域间安全防护采用网闸对办公网与生产网进行安全隔离,限制不必要的访问网段,提高网络安全强度,用于企业内部网络的访问控制。

安全隔离技术的工作原理是使用带有多种控制功能的固态开关读写介质连接两个独立的主机系统,模拟人工在两个隔离网络之间的信息交换。其本质在于:两个独立主机系统之间,不存在通信的物理连接和逻辑连接,不存在依据 TCP/IP 协议的信息包转发,只有格式化数据块的无协议"摆渡"。被隔离网络之间的数据传递方式采用完全的私有方式,不具备任何通用性。

网络安全隔离与信息交换系统要想做好防护的角色,首先必须能够保证自身系统的安全性,具有极高的自身防护特性,可以阻止从网络任何协议层发起的攻击、入侵和非法访问。网络之间所有的 TCP/IP 连接在安全隔离与信息交换系统上都要进行完全的应用协议还原,还原后的应用层信息根据用户的策略进行强制检查后,以格式化数据块的方式通过隔离交换矩阵进行单向交换,在另外一端的主机系统上通过自身建立的安全会话进行最终的数据通信,即实现"协议落地、内容检测"。这样,既从物理上隔离、阻断了具有潜在攻击可能的一切连接,又进行了强制内容检测,从而实现最高级别的通信安全与自身安全性。工业网闸示意图如图 6.22 所示。

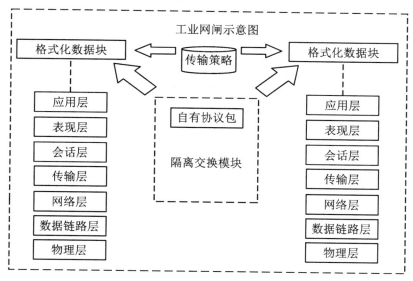

图 6.22 工业网闸示意图

（3）工业防火墙设备

工业防火墙设备安全防护装置会将数据包会话接收下来,然后进行协议解析,再判断协议、端口及 IP 地址等内容是否在白名单中,如果在白名单列表中,则继续判断数据格式是否正确,里面是否包含病毒,如果确保正确就通过并下发到工业控制网络并记录;如果不在白名单列表中就直接拒绝,同时也会记录日志。防火墙设备部署图如图 6.23 所示。

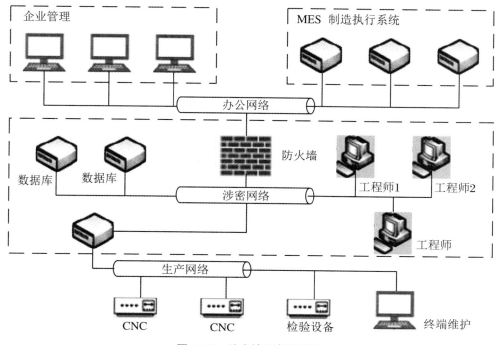

图 6.23 防火墙设备部署图

（4）工控网异常监测系统

工控网异常监测系统主要负责采集工控网络中全面数据包，最大可支持 2.5G 网络流量的实时接收采集，保障工控数据采集的完整性。通过在旁路镜像获取到网络数据包后，对数据包内容进行基于扩展 Net Flow 的流量分析技术的处理，转换成独有的 vFlow。对于基本参数字段采用了标准 NETFLOWV5 的统计字段；对于 TCP 层和应用层的扩展参数，则扩展插件框架，来支持更多的应用层协议识别，以支持更多工控协议。

管理平台系统主要针对采集信息的分析处理及存储，对网络流秩序自动学习建立白名单机制以及工控系统合规性核查、根据事件与策略配置生产告警、工控设备管理、工控设备性能监控、工控漏扫、基线核查、工控风险评估等功能；同时提供用户界面友好的组态配置界面。技术架构图如图 6.24 所示。

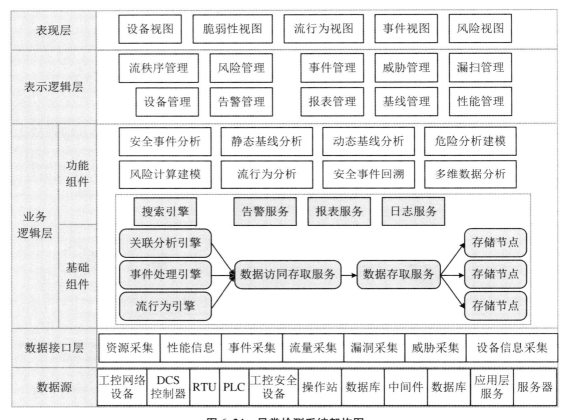

图 6.24　异常检测系统架构图

4. 总结

通过建立全面的工业控制系统信息安全保障体系，达到保障工业控制信息安全运行、工厂安全生产的网络安全的技术要求，减少企业的信息安全事件，保障商业秘密不外泄，实现了对工控网进行安全区域划分并进行安全防护，由此保证了生产控制网和生产管理网的通信安全。并通过实时收集信息安全相关信息建立相关的工控系统安全制度流程，提升了企业应急响应能力和信息安全事件处理效率。

　　通过本方案的实施,还可以及时发现外发数据中潜藏的敏感信息,并能够及时阻止敏感信息的外泄行为,帮助企业发现本单位内的敏感信息泄露事件,解决了传统防火墙、UTM 及 IDS 束手无策的敏感信息防泄露的问题,其次可以有效避免核心信息资产的破坏和泄露,从而保护核心信息资产以及数据安全。并且能够防护恶意代码的侵扰,精确识别并防护常见的 Web 攻击。同时也可以清除终端本地的病毒及木马,加固了终端自身安全性,从而大量减少了病毒、木马等的入侵行为,并降低了网络出现故障的概率。从各个角度保护了网络的安全。

习题与思考

（1）如何实现网络化制造？ 网络化制造的特点有哪些？

（2）简述什么是协同制造模式。

（3）如何解决多个动态实体或子系统之间的冲突、资源分配、路径规划、任务分配等问题？

（4）网络安全方面还有哪些不足？ 安全防护体系有哪些？

第 7 章　智能制造系统：智能化

7.1　智能制造与人工智能

　　人类发明计算机的初衷是帮助人们进行数据计算。计算机在解决逻辑推理问题时，往往先将其转化为搜索问题。人工智能关注的搜索问题往往会面临组合爆炸，计算机也难以求得最优解。人工智能两个经典的主流学派分别是模拟逻辑推理的符号学派和模拟神经系统结构的连接学派，除了这两个经典学派外，还有一个重要的学派被称为控制论学派。控制论是自动化和智能化的理论基础。自动化系统一般由传感器、控制器和控制对象构成，分别用于信息获得、决策和执行。

　　与人工智能的两个经典学派不同，控制论关心的是效果和作用，往往不在乎算法和逻辑是不是复杂。一般来说，自动化系统能够应对的都是"预料之中"的变化。当出现设备故障、生产异常等预料之外的问题时，还是需要人来处理。这是因为计算机处理问题都是有预案的，其灵活处理问题的能力远远不如人类。

　　智能制造技术是靠信息通信技术的发展带动的，是信息通信技术在工业的广泛、深入应用。从整体效果来看，智能制造能够加强企业快速响应变化的能力。从业务角度来看，推进智能制造的主要作用是要促进多方协同、资源共享和知识复用。

　　美国通用公司发布的《工业互联网》白皮书指出，工业互联网有 3 个要素：智能的机器、高级算法和工作中的人。智能机器指的是可以实时接收和发送数据的机器，人类并不直接处理这些数据。高级算法就像人的秘书一样，帮助人们处理实时数据，从海量数据中找出那些需要人类关注和处理的问题，交给"工作中的人"来处理。从某种意义上来说，智能化是自动化和信息化的融合。

　　智能化是一场决策革命，即通过数字化的方法代替人决策、帮助人决策、"监督"人决策。对工业过程来说，决策所需的知识往往是工业人多年积累的结果。推进智能制造的时候，容易把这些知识转化成计算机的代码，经典的人工智能技术能够促进智能制造技术的发展，但智能制造完全利用人工智能的典型算法还在发展，例如在一些场景下，传感器采集到的信号转化成语义明确的信息问题，采集到产品表面的图像信息与质量缺陷的类型和级别联系问题等，解决这类问题，质量管理的逻辑就可自动地实现，智能制造的进程就会加快发展。缺乏人工智能技术，智能制造的体系往往是不完整的。

7.1.1　制造业人工智能技术概论

众所周知,新科技革命和新产业革命方兴未艾。我们相信,以泛在网络、数据驱动、服务共享、跨界融合、自动智能、万众创新为特征的"互联网＋人工智能(AI)"新时代正在到来。人工智能新技术与互联网技术、新一代信息技术、新能源技术、材料技术和生物技术的快速发展和融合,是这个新时代的重要组成部分,反过来又将使模式、手段和生态系统在应用于国民经济、福祉和国家安全方面发生改变游戏规则的变革。

制造业是国民经济、民生和国家安全的基石。制造技术与信息通信技术、智能技术,特别是与产品相关的专业技术的深度融合,正在使制造模式、制造方法及其生态系统发生颠覆性变革。

当前,随着互联网的普及、传感器的普遍存在、大数据的出现、电子商务的发展、信息社会的兴起,以及数据和知识与社会、物理空间、网络空间的互联融合,人工智能发展的信息环境发生了深刻变化,进入了一个新的演进阶段:人工智能 2.0。新技术的出现也开启了人工智能的新阶段。人工智能 2.0 的主要特征包括以数据为驱动的直观感知能力的密集型深度学习、基于互联网的蜂群智能、以技术为导向的人机混合增强智能以及跨媒体推理的兴起。

智能制造是一种新的制造模式,是新的信息通信技术、智能科学技术、大制造技术(包括设计、生产、管理、检测、集成)、系统工程技术以及相关产品技术与产品开发全系统、全生命周期相融合的技术手段。因此,制造的生命周期利用自主感知、互联、协作、学习、分析、认知、决策、控制,以及人、机、料、环信息的执行,实现制造企业或集团各方面的集成和优化,包括三要素(人/组织、运营管理、设备和技术)和五流(信息流、物流、资金流、知识流、服务流)。这样既方便了生产,又为用户提供了高效率、高质量、低成本和环保的服务,从而提高了制造企业或集团的市场竞争力。

人工智能技术促进了智能制造领域新模式、新手段、新形态、系统架构和技术体系的发展。

新模式:基于互联网、面向服务、协同定制、柔性化、社会化的智能制造系统,用于促进生产和为用户提供服务。

新手段:以数字化、物联网、虚拟化、服务化、协同化、定制化、柔性化、智能化为特征的人机一体化智能制造系统。

新形态:以泛在互联、数据驱动、跨界融合、自主智能、万众创新为特征的智能制造生态。

这些模式、手段、形态的深度融合应用,最终将形成智能制造的生态系统(图 7.1)。

人工智能在智能制造领域的综合应用可以从应用技术、产业和应用效果三个方面进行评估。

在应用技术方面,需要评估基础设施建设、单项应用、协同应用、业务发展等方面的水平和能力。

对产业发展的评估包括智能产品(可智能自主完成任务的产品)和智能互联产品(可形成生态网络的智能产品)、智能工业软件、支持智能设计/生产/管理/调度/安全的硬件开发,以及智能制造单元、智能车间、智能工厂、智能工业等不同层次的智能制造系统的开发和运行。

图 7.1 智能制造的新模式、新手段和新形态

对于应用效果,建议重点评价竞争力的变化和社会经济效益的变化,以衡量智能制造系统对能力和经济效益提升的直接或间接影响。

人工智能技术在智能制造系统的实现中各环节的应用是新一代智能制造系统实现的基础。在需求分析环节,客户画像、舆情分析等人工智能技术的应用可以提升企业对生产个性化需求分析的准确性,从而提升企业的生存能力;在企业关键绩效指标分析方面,成品过程效率分析、物流能效分析、分销商行为分析、客户抱怨求解等人工智能技术的应用能够为企业隐性问题的挖掘提供依据;在企业运行优化方面,先进生产排程、生产线布置优化、工艺分析与优化、成品仓优化等人工智能技术的应用能够为企业在生产、物流等环节的优化调整提供辅助决策;在产品生命周期控制方面,基于增强现实技术(AR)的人员培训、智能在线检测等人工智能技术的应用能够提升产品在设计、生产等环节的效率与质量。人工智能技术在智能制造系统各环节中的应用能够推动制造系统的效率和产品的质量提升至新的水平;为企业运行提供优化和决策依据,降低企业人员工作强度,提升企业各项关键绩效指标;促进制造业企业向自感知、自决策与自执行的方向发展。

7.1.2 智能制造中的人工智能应用场景

1. 智能制造中的典型应用

(1) 典型应用矩阵

根据上面的分析可知,人工智能技术在智能制造领域已经实现了一定范围的应用。通过综合考虑相关应用在产品生命周期所处位置以及对产品全面质量管理关键要素的影响,表 7.1 从产品生命周期与人、机、料、法、环等关键要素两个维度给出了人工智能在智能制造中的典型应用矩阵。

由表 7.1 可知,当前人工智能在智能制造中应用所涉及的共性技术包括机器学习、生物特征识别、计算机视觉、自然语言处理与知识图谱等。同时,上述应用主要围绕产品质量检测、工艺分析与优化等特定及重复性的问题,并为企业管理者或车间运维人员提供辅助优化与辅助决策以提升企业的效率和降低人员的工作强度。

表 7.1　人工智能在智能制造中的典型应用矩阵

	设　计	生　产	物　流	销　售	服　务
人	人员资质能力图谱文档搜索优化；设计整理及优化；生产线布置优化；文档库管理、协同；研发过程和流程优化	产品生产过程指导；基于 AR 的人员培训；生产经验的积累和总结；从经验到实训的闭环；特定生产环节的优化	辅助供应链管理；基于在线监测大数据的云评价及智能推送物流设计辅导；实时物流数据智能推送	企业产品营销；需求/销量预测；分销商行为分析；客户画像；销售成本效率优化	基于 AR 的设备维修维护；舆情分析；服务计划匹配；客户抱怨求解
机	产品持续改进；产品立项模拟；资源共享；多专业协同	智能实时质量检测；智能生产过程监控；工业设施优化；机器人协作与感知；生产信息透明化；管理与人机结合	物品包装检测系统；成品无损检测；入出厂物流求解	产品虚拟体验设备；销售过程分析及优化；销售分析工具	设备预测性维护与服务；服务效果总结；服务数据分析
料	产品质量预测；生产效果预测；成品过程效率分析	持续质量管理；企业资源规划；成品仓优化；来料字符检测；生产数据库优化；质量数据库	原材料价格预测；采购提前期预测；采购流程优化；来料质量预测；物流优化工具	清仓定价；物料调拨优化；销售合同在线审定；风险评估	备品备件预防性服务；服务数据库管理；运维图像处理；运维数据标记；一体化设计到一体化运维的协同
法	设计规则库	制造系统分析与决策；一贯制管理；制造过程及装配线规划；动态智能排产；质量分析；工艺实时分析与优化；能源流优化	效能工具；供应商健康评级；采购行为健康评级；物流能效分析	业务支撑自动化；精准营销	售后服务时间优化；重复劳动（常规巡检、辅助工序）效率提升
环	项目评审优化环境影响效能分析	能耗与环境分析；污染物实时监控；全生产环节环境提升	物流对于场外交通负荷分析		恶劣工序、废物回收等优化

（2）人工智能在生产环节的典型应用

人工智能的典型应用包括基于 AR 的人员培训、预测性维护、动态智能排产、智能在线检测及能耗与环境分析等。

针对基于 AR 的人员培训，传统的培训方式由于缺乏灵活性、活动性、难以理解、成本高等因素严重影响了学员的培训效果。AR 设备能够为学员提供实时可见、现场分步骤的指导,从而改善上述问题,尤其是在产品组装等领域。通过将图纸转换为可视三维模型,指导操作人员完成所需的步骤。以波音公司为例,基于 AR 的 Boeing737 引擎装配及故障检修系统,装配效率提高了约 20%,一次装配正确率提升了约 24%。

针对预测性维护,当传统生产线的生产设备出现故障报警时可能已经生产了大量的不合格品,给整个企业带来损失。预测性维护依据实时采集的设备运行数据,通过机器学习算法辨识故障信号,从而实现对故障设备的提前感知与维护,最终减少设备所需的维护时间与费用,提高设备利用率,避免因设备故障所引起的损失。

针对动态智能排产,传统的人工排产方式通常工作强度较大,对人员依赖度较高,而且由于工序繁多还有可能导致生产计划不合理、效率低。智能排产系统通过机器学习算法等帮助企业进行资源和系统的整合、集成与优化,实现动态最优化的排程,进而帮助企业实现按需生产,提高运行效率,缩短产品周期,提升企业的产能。以电梯制造企业为例,动态智能排产系统可以将计划制订的时间缩短 75%。

针对智能在线检测,传统的产品表面缺陷、内部隐裂、边缘缺损等缺陷的检测主要依靠人眼判断,由于工作强度高,容易引起操作人员的疲劳,从而导致次品率高,尤其在芯片行业、家电行业、纺织行业等。智能在线检测技术依据传感器采集的产品照片,通过计算机视觉算法检测残次品,从而提高产品检测速度及质量,避免因漏检、错检所引起的损失。以芯片企业为例,该项应用的实施可以大幅降低次品率,同时通过分析次品原因还可以降低产品的报废率,并优化产品设计与生产工艺,达到进一步降低测试成本的目的。

2. AI/ML 在制造业中的典型应用

人工智能/机器学习(AI/ML)技术在工业 4.0 中发挥着至关重要的作用,其当前和新兴的工业应用包括生产运营优化、流程和产品设计、科学机器学习、计算实验和工业自动化。图 7.2 展示了 AI/ML 在不同制造领域的应用范围,并根据其是否属于运营、设计或自动化的一部分进行了分类。其中,流程和产品设计在工业示范和应用曲线上走得更远,而人工智能驱动的实时自动化和科学机器学习则处于较早的应用阶段。总体而言,人工智能使公司

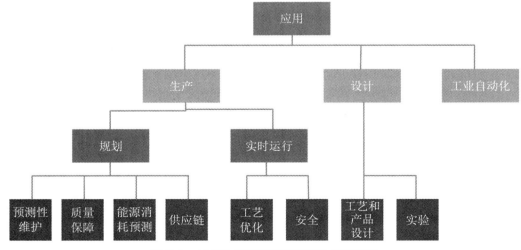

图 7.2 AI/ML 在不同制造领域的应用范围

能够收集和分析大量数据，识别模式和见解，并实现流程自动化，从而做出更快、更明智的决策，改善运营和产品开发。

（1）生产业务

在物理方面，生产设施和资源涉及工业机械、传感器和控制装置、工人和设施基础设施。更抽象地说，它涉及物流和流程，例如如何将必要的资源运输和制造成最终产品。根据相关的时间跨度，运营可被归类为设施和流程的长期计划或工厂车间的实时行动。它们对于确保工业设备按预期运行和保持产品质量至关重要。一直以来，操作员都是专门负责管理操作的。然而，AI/ML 模型的预测和分析能力可以为人类操作员提供有用的见解，以促进规划、支持实时决策并提高生产效率和安全性。

① 规划

a. 预测性维护

预测性维护涉及分析设备的传感器数据，以预测潜在的设备故障，并安排维护程序，防止不必要的停机时间。这是 AI/ML 在航空航天、化工、电子和消费品制造等制造业中非常常见的用途。这对制造商的价值是巨大的，因为预测设备故障的能力可以避免生产运营中计划外的中断和停机，从而避免重大的物质和经济损失。典型的制造设施平均每周停机 15 小时，对于大型汽车公司来说，生产线每停机一分钟的损失约为 20000 美元。预测性维护还可以最大限度地降低意外停机对工人、社区和环境造成的风险。计算机视觉、回归、分类模型和异常检测等 AI/ML 策略可直接应用于预测性维护，以支持工厂车间的错误检测。计算机视觉可提供比人眼更详细的视觉数据，而且计算机可以长时间观察工厂运作，而不会出现中断或疲劳。利用来自联网传感器的数据、CNN（卷积神经网络）、基于 ML 的计算机视觉模型和各种监督学习算法，可以训练预测设备故障概率。回归模型可用于预测设备的剩余使用寿命，或估计距离下一次故障发生还需要多少时间。分类模型可用于预测设备是否会在给定的时间跨度内发生故障。预测性维护还可使用异常检测来确定设备何时出现超出正常参数的行为。

b. 质量保障

质量保证对客户的健康和安全至关重要。防止质量故障可以提高客户满意度，降低成本和浪费。AI/ML 模型已显示出在各制造行业的广泛应用中增强质量控制的前景。最近的研究表明，在检测制成品缺陷方面，CNN 可以与传统方法相媲美，在某些情况下甚至优于传统方法。这对于增材制造尤为重要，因为密度和孔隙率等特征会对最终产品的机械性能产生重大影响。在半导体制造领域，借助自动机器学习（Auto ML）开发的 CNN 计算机视觉模型被用于检测电子显微镜图像和晶片图中的随机缺陷，这些缺陷是半导体性能的重要预测指标。这些模型还被用于汽车制造装配线，以检测液晶屏幕、光学薄膜和织物中的缺陷，检测精度最多可提高 6%。

c. 能源消耗预测

预测生产流程的能耗是减少环境影响和提高可持续性的一种积极方法。利用温度、湿度、照明使用情况、设施活动和历史能耗数据，回归模型可以预测设施和特定流程的能耗概况。这些模型对能源效率和需求响应战略非常有用，尤其是在采矿和炼钢等能源密集型行业以及增材制造应用中。如果有来自大量设备的历史时间序列数据可用于训练

（如智能能源计量表），那么深度神经网络（DNNS）的预测能力就尤为突出。支持向量机（SVM）也适用于短期用电量预测，尤其是当预测问题涉及少量样本（历史数据较少）和高维度输入时。

　　d．供应链管理

　　供应链管理是生产运营中非常关键和复杂的任务，因为供应链可能跨越多个国家和大洲。AI/ML可用于促进和优化供应链的应用中，利用预测分析和实时数据分析来管理库存水平和生产计划。人工智能/人工智能可以利用预测分析来预测供应链的关键变量，包括工业成品的需求；用于生产该产品的关键部件的交付周期。通过实时数据分析，人工智能可以提供对市场趋势和条件的宝贵见解，帮助公司根据现货市场信号及时做出采购原料或销售产品的决策。基于AI/ML的预测模型可以利用更多的历史数据和特征，提供比传统方法准确得多的预测。自然语言处理（NLP）可以从新闻源中提取有价值的信息，从而提供市场洞察力，并将主要供人类使用的物理数据（如发票）数字化，比人工数据录入操作员更快、更准确。工业机器人和无人机利用基于人工智能/人工智能模型的计算机视觉，可以在仓库内进行操作，只需最少的监督和前所未有的精确度。它们既可用于跟踪库存，也可用于帮助回收库存物品。其他应用还包括跟踪和减少损耗，在物流操作过程中进行实时监控以及日常任务自动化，以减少错误和提高生产率。此外，强化学习（RL）还可用于简化生产路径和调度，以最大限度地减少延误和优化生产率。

　　② 近实时运行

　　a．工艺优化

　　从历史上看，优化一直被应用于单个制造流程以及设施布局和供应链管理等更大规模的运营。随着生产任务、工作流程和供应链的多样性和复杂性不断增加，变量和相互依存关系的数量也随之增加。通过实验手动寻找最佳解决方案耗费大量时间和资源，而且随着变量和相互依存关系数量的增加，启发式或基于模型的优化等现有数学方法的有效性也会降低。AI/ML技术已成为制造工艺和流程中经典优化算法的补充或可比替代方法。这方面的例子包括用于优化湿法冶金分离过程设计的RL以及用于多目标优化的混合支持向量和进化算法，该算法被应用于碳纤维制造工艺，实现了45%的能耗降低。AI/ML还可用于优化更大规模的流程，如工厂布局设计、设施间和设施内调度管理以及物流。循环神经网络已被用于优化自动导引车的交付和调度服务，同时避免与工人或其他车辆发生冲突。循环神经网络还被用于优化设施内的调度（例如工厂车间或仓库内的优化调度以及作业车间调度）。当一个产品需要多个任务时，这些任务必须在不同的机器上完成，同时确保设备的最佳布局。RL的其他应用案例还包括提高机器人从特定货仓中识别和拾取物品的能力、选择最佳路径以减少不必要的停顿，以及避开障碍物和人类操作员的干扰。机器学习技术与传统优化技术和流程模拟相结合的混合应用也越来越常见。

　　数字孪生代表了另一种应用，在这种应用中AI/ML可以对制造业产生重大影响，2020年的一项案例研究报告指出，在大规模智能制造运营中使用数字孪生系统可以带来显著效益，数字孪生是制造单元或设施在模拟环境中的虚拟复制品。基于AI/ML的数字孪生的一个主要价值主张是，与传统方法相比，数字孪生的模拟时间缩短了几个数量级，这使得使用数字孪生进行实时数据分析和流程控制变得可行。它们还可用于进行实验和测试对系统设计的微小改动,使操作员能够在工厂地面上执行更新的控制逻辑之前,评估潜在的流程响应和行为。基于 AI/ML 的数字孪生还可协助实现自动化,从而实现智能和自主制造。

b. 安全

AI/ML 还能通过智能门禁系统提高工厂内工人和关键设备的安全性。AI/ML 还可用于降低因制造工厂内联网设备数量不断增加而带来的网络安全风险。基于深度学习的计算机视觉可以直观地识别员工的不安全行为,并识别设施内是否存在未经授权的人员。一项关于化工行业流程制造的研究利用深度学习来检查流程因素之间的关系,以预测潜在事故。在工业网络安全方面,入侵检测系统中使用了 AI/ML 模型通过检测用户行为或网络流量中的异常模式,例如,分析程序的系统调用序列,以评估其是否具有恶意。无监督学习模型可与专家系统相结合,用于异常检测,因为操作技术产生的数据是可预测的。生成对抗网络(GAN)可用于生成数据,为网络和物理系统之间的关系和信息流建模,并利用这些信息确定是否满足安全要求。

(2) 设计

设计包括开发新的或改良的产品和工艺,对其进行数字或物理建模,并对其进行测试,以确保其可行并符合制造商的目标。典型的制造设计流程是迭代式的,需要对每个新设计进行测试以确定其有效性,并要求流程设计师在迭代过程中花费大量的时间、人力和物力,以获得理想的结果。用于辅助工艺/产品设计的新兴 AI/ML 技术包括预测建模、生成设计和强化学习。基于 AI/ML 的预测模型可为产品设计师提供显著的生产力优势,当与 Auto ML 结合使用时,可简化预测分析工作流程,加快实施速度,同时避免传统方法中因昂贵的实验和耗时的模拟而产生的弊端。目前,NVIDIA(Omniverse 平台)和 ANSYS(Twinbuilder 工具)提供了一些利用 AI/ML 模型的最强大的设计工具。

① 工艺和产品设计

生成式设计是指根据用户提供的要求,利用人工智能探索产品或流程的设计空间。为此,首先要在大量现有设计的语料库中对人工智能进行训练。然后通过在空间内插值或取样生成新的设计。这种方法可以在较短的时间内探索出多种设计方案。然后,人类设计师就可以专注于从生成的设计方案中进行选择。生成模型还可用于对现有产品设计进行修改,以增强定制化、提高性能或适应新情况。GANs 最受欢迎的原因是其能够持续生成高质量的图像数据,并允许多模式输入,且可应用于生成式设计。当训练数据可用且设计的基本思路已知时,GAN 最为有效(例如,为同一细分市场的汽车开发新模型)。在密度和拥塞限制条件下,强化学习已被用于计算机芯片的性能优化布局。

科学机器学习(Sci ML)已被用于流体力学建模,并证明可减少求解这些高维度偏微分方程所需的计算时间,使设计人员能够更快地进行迭代。在一项研究中,使用 Sci ML 代理模型模拟了基于流体力学的 2D 喷嘴设计模型,节省了大量人力和费用,否则传统方法需要多次设计迭代,涉及计算密集型模拟。在优化算法每次迭代都需要求解偏微分方程的情况下,Sci ML 可用于加快优化问题的求解速度。

② 实验

AI 和 ML 可用于制造过程的高保真模拟,减少人工实验的需要,从而节省成本和时间。

这在工艺或实验复杂或昂贵的情况下尤其有益。ML 模型可以模拟实验、优化自变量并预测结果,其准确性可与传统实验相媲美。例如,贝叶斯优化等技术已被用于开发自主实验系统,对快速成型制造结构进行机械测试,以确定不同应用的最佳性能配置,并将所需的实验次数减少了 60%。集成了统计方法、机器学习代用建模和贝叶斯优化的 AI/ML 混合工作流也被成功地用于通过火焰喷射热解生产纳米材料等应用的实验设计,减少了原位粒度测量的次数,改善了产品的粒度分布。在一项生物工艺开发研究中,使用 DNNs 将实验设计与代用建模相结合,也取得了类似的成功。涉及一系列监督和非监督 ML 技术的 ML 实验已成功应用于先进材料的开发,以检查各种物质在极端高温和高压条件下的行为表现,以及减少航空航天部件中高强度轻质合金的增材制造工艺的成本和开发时间。这些研究表明,不同的学习方法可以发挥互补作用。例如,无监督学习可以过滤数据中的趋势,从而模拟潜在的行为/特性,在使用有监督学习进行更复杂、更详细的处理之前简化数据集,为材料选择提供信息。

(3)自动化和人机交互

工业机器人已经成为现代制造业的主流。将人工智能融入现有的工业机器人,有可能促进人类工人与机器人之间的合作发生质的变化。它可以让机器人快速适应人类的多变行为,以保持安全和效率。AI/ML 可以使机器人复制人类专家的行为,从而帮助解决人类专业知识不足的问题。这可以通过使用监督学习技术来训练一个模仿专家决策技能的人工智能模型来实现。2018 年的一项关于利用深度强化学习实现净水厂自动化的研究提出,将监督学习与 RL 结合起来可实现更大的通用性,使智能体既能参考信息"手册",又能做出基于经验的决策。其他研究也表明,AI/ML 可以让机器人执行一些任务,如金属增材制造中的支撑去除或自主车辆管理,这些任务对人类来说非常危险或乏味,而对传统机器人来说又过于复杂。在制造业中,人的灵活性仍然是必要的,随着工业机器人人工智能的普及,人机互动变得不可避免。有必要研究促进这些互动的方法,并允许机器适应人类行为的细微差别。这可能会以 NLP 的形式出现。例如,开发一个语言数据库,然后应用递归神经网络来理解口头抱怨并协助维护或修理。它还可能涉及 RL,作为一种工具,允许工业机器人观察工厂车间的状态,并根据需要采取相应的行动。

7.1.3　智能制造系统中人工智能应用典型案例

1. 人工智能在智能制造中的典型范例

需要研究和实施的示范包括模型驱动的跨企业(业务)智能协同制造、知识驱动的智能制造企业云服务、人机料协同智能车间云、自主智能制造单元等。同时,需要在重点领域开展示范推广和应用。

(1)模型驱动的跨企业智能协同制造范例

在模型驱动的跨企业(业务)智能协同制造方面,需要构建各类制造资源/能力的云池,利用智能云技术自动匹配资源/服务的需求和要求,实现服务环境的自建、管理、运营和评价。需要建设智能制造云平台的运营中心,支持研发、生产、管理、物流、配套服务等模型驱动、协同的全生命周期活动。

（2）知识驱动的企业云服务范式

对于基于企业数据、模型、知识的整合、管理、分析、挖掘的知识驱动型企业云服务,需要构建企业云平台的运营中心,为企业提供智能设计、建模仿真、测试、生产、管理、供应链、物流、销售、3D 打印、综合保障等企业服务,支持企业的全生命周期活动。

（3）人机物协同工场云范式

人机物协同车间云利用人机物协同智能机器人、加工代码智能优化技术、智能装备保障、智能监控、智能物流、云质保、云管理、云调度等技术和产品,构建智能装备、生产线、加工控制和车间决策系统,借助智能车间运营中心,实现人机物一体化。

（4）自主智能制造单元范式

自主智能制造单元利用基于先进自主无人系统的智能制造分布与规划、在线检测、零部件识别与定位、事故报警等技术和产品,借助基于先进自主无人系统的控制中心,构建智能设备、加工装备、在线监控系统、智能作业场所、安全报警系统、自动装卸装置等。

需要根据全生命周期活动和流程的发展要求,在基于人工智能 2.0 的智能设计、生产、管理、测试、保障等全生命周期活动、全流程、全流程智能技术方面取得突破。需要开发和实施的示范包括基于互联网蜂群智能的定制化创新设计、协同研发空间、智能云生产、智能协同保障、供应链/营销链/服务链等,并需要在重点行业推广应用:

① 基于互联网的蜂群智能定制化创新设计范式

在基于互联网蜂群智能的客户定制化创新设计示范方面,利用协同创新设计、定制化应用等产品和技术,构建基于互联网蜂群智能的客户定制化创新设计平台,在重点行业实现基于云蜂群智能的产品选型、体验、用户参与设计、实时跟踪等功能。

② 协同研发蜂群智能空间范例

协同研发空间示范采用协同、并行、集成的系统方法,构建支持大数据处理、知识协同、创新聚合的蜂群智能空间。围绕重要行业、企业和个人用户,开发多种类型的协同研发空间,鼓励这些用户通过互联网众包方式协同攻关,分散研发任务。

③ 智能工厂生产范式

基于大数据和海量知识的智能技术,可以帮助实现智能调度与计划、工艺参数优化、智能物流管理与控制、产品质量分析与改进、预防性维护、生产成本分析与估算、能耗监控与智能分配、生产过程与工序监控、车间综合绩效分析与考核等整个生产圈的智能化。建立工厂运行控制中心和智能调度系统,可促进实现柔性、抢先的云制造,加快生产进程,对企业和生产实施智能化管理。感知、机器学习和跨媒体的智能流程可实现自主决策,支持虚实结合的生产优化。

④ 智能协同保障和供销服务范式

需要构建知识驱动的协同保障和供销/服务平台,收集物流、供应链、仓储和营销数据。利用大数据技术对数据进行分析,优化供应链物流路径规划,通过预配送、前置仓、用户需求与产品特征匹配分析,提升精细化物流和精准营销水平。

2. 人工智能在智能制造中的挑战

将 AI/ML 融入制造业涉及数据采集、能耗、实施、安全和隐私以及决策验证等领域的若干挑战。图 7.3 展示了其中一些广泛的挑战及其根本原因。本节其余部分将讨论这些挑战对在制造业中实施 AI/ML 的影响。

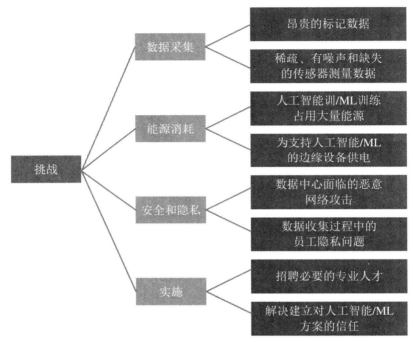

图 7.3　在制造业内实施 AI/ML 解决方案所面临的挑战

（1）数据采集

训练有监督和无监督学习模型需要大量数据。由于制造设备和装置具有专有属性，因此从工业场所获取任何类型的数据都具有挑战性。此外，与工厂控制室的服务器连接也需要安全许可，而工厂经理和操作员可能不愿意提供安全许可。从工业领域获取的任何数据都需要进行大量预处理，然后才能用于训练人工智能/人工智能模型。由于标注数据所需的专业知识和时间，标注数据的成本会更高。其他挑战还包括某些相关事件（如设备故障）的罕见性、不同传感器之间的接口难度以及生产条件对测量的影响。暴露在不同或极端的生产环境条件下，如热量释放、机器人运动和压力，会影响传感器的输出，随着时间的推移，会导致传感器漂移，从而使收集到的数据出现偏差。此外，频繁测量的成本也很高，部分原因是数据存储和传输的相关成本，据估计，2016 年存储 1 TB 数据 1 年的平均成本为 3351美元。

（2）能源消耗

开发基于 AI/ML 的解决方案需要训练模型，在训练运行的每一步都需要移动大量数据（即内存传输）和大型计算操作（如高维矩阵乘法）。大型训练运行可能需要数天或数周的时间，需要消耗大量能源，AI/ML 模型使用的大部分能源都是在训练过程中消耗的，因此，如果使用不可再生能源，就会产生排放。自 2012 年以来，用于训练 AI/ML 模型的计算能力大约每三四个月翻一番。2021 年，一项关于人工智能驱动的制造业分析的研究报告指出，在训练基于 DNN 的 NLP 模型过程中产生的碳排放量约为一辆普通汽车在其整个生命周期中所产生碳排放量的 60%。虽然推理过程中消耗的能量比训练过程中消耗的能量要少得多，但一项关于能源计算趋势的研究报告指出,在 2012 年至 2022 年期间,DNN 模型执行一个推理步骤的平均能耗从 0.1 焦耳到 20 焦耳不等。因此,能源密集型人工智能模型会对环境造成影响。多项研究的评估和结论表明,要想显著整合基于 AI/ML 的解决方案,制造商需要在提供高精确度的复杂、详细算法与减少训练时间和随之而来的能源消耗之间做出权衡。

(3)安全和隐私

开发 AI/ML 应用程序需要访问位于工厂控制室内的服务器(历史纪录)上的数据。恶意行为者有可能利用这一机会对工业控制系统进行网络攻击,这将导致巨大的经济损失,并可能因严重的设备故障而引发安全问题。据报道,2020 年全球数据泄露的平均成本为 386 万美元。2021 年,IBM 的一份报告估计全球平均成本为 435 万美元,美国的平均成本接近 850 万美元。虽然也有一般的网络安全解决方案、部署人工智能安全解决方案有可能将数据泄露的成本降低 70%,但威胁发展的本质意味着这一问题始终在变化,需要不断调整。对安全系统和人机交互的研究涉及使用人类数据和监控员工,因此存在有关员工隐私的争论。涉及员工的数据必须保持安全和匿名,并以尊重员工权利的方式加以应用。此外,还应对关键性能变量进行预处理,以消除偏差。

(4)实施

实施包括使用成熟的 AI/ML 技术人工智能解决方案,仍然具有挑战性。在建立基础设施和人员基础方面存在困难,对受影响的复杂人力和技术系统之间的相互关系考虑有限,或者在最广为接受的解决方案与在特定环境中最有效的解决方案之间存在差异。最后,制造业的做法是建立在数十年甚至数百年人类在工厂车间的经验基础之上的。其中许多做法之所以仍然存在,是因为它们屡试不爽,而不一定是因为它们效率最高。因此,无法保证任何基于人工智能/人工智能的解决方案无论多么高效都会被工厂车间欣然接受,尤其是在需要彻底改变现有行业实践的情况下。2019 年对 250 名制造业专业人士进行的一项调查分析了各行业在实施人工智能时所面临的挑战,并指出了在制订明确的行业实施计划方面存在的困难。根据调查反馈,来自行业内部要求使用人工智能的压力,导致企业即使缺乏具体的计划,也觉得有义务采用 AI/ML 解决方案。此外,人工智能/人工智能往往是在孤立、专业的情况下部署的,因此无法获取对流程有益的背景信息。

此外,针对特定制造问题的每一种人工智能/ML 解决方案都有其风险和益处,而且在不同公司、不同应用和所述应用的具体实例中也各不相同。例如,一项关于人工智能驱动的制造业实时分析的研究比较了三种基于 ML 的方法来解决传送带上的产品碰撞问题。第一种是使用经典 ML 方法对视频数据进行分类的算法,这种算法易于实施,但对于与样本片段不相似的情况缺乏适应性。第二种方法是使用经过训练的 CNN 将物体分类为"同类"或"不同类",并在物体"同类"时间过长时提醒操作员。第三种方法是连续使用两个 CNN,跟踪产品线上的多个物体,并在帧与帧之间传输有关产品相对于其他产品的位置和速度的信息。这种方法精确度高,但需要强大的计算能力和较长的训练时间。因此,一般来说,选择哪种 AI/ML 解决方案来解决特定的制造问题并不总是那么简单,而是需要进行一定程度的权衡。制造商必须能够决定在实施人工智能时,他们可以承受哪些缺点。

（5）决策验证

在考虑将 AI/ML 用于制造业时,决策验证起着关键作用。AI/ML 模型的输出结果缺乏可解释性,因此很难用于规划,因为在制造操作中,失败可能会造成巨大的人力、环境和经济损失。确定 AI/ML 所做决策的可信度是一个正在进行的研究课题,特别是因为 ML 模型通常采用黑盒形式。从历史上看,人类操作员在长期观察新软件技术的输出后,会逐渐了解对这些技术的信任程度,预计 AI/ML 应用也会如此。

7.1.4　人工智能制造业的前景趋势

1. 人工智能在智能制造行业的研究方向

从应用技术、产业发展和应用示范的角度,我们提出以下人工智能在智能制造产业应用的研究方向。

（1）智能制造应用技术

基于人工智能 2.0 技术、制造科学技术、信息通信科学技术和制造业应用技术在制造业中的深度融合,本研究重点关注以下几个方面的智能制造应用技术:

① 智能制造系统总体技术,包括智能制造框架技术、SDN 网络系统框架技术、空天地一体化系统框架技术、智能制造服务商业模式、企业建模与仿真技术、系统开发应用与实施技术、智能制造安全技术、智能制造评估技术、智能制造标准化技术。

② 智能制造系统平台技术:基于网络技术的智能制造大数据、智能资源/能力感知、物联网;智能资源/能力虚拟化与服务技术;智能服务的建设/管理/评估技术;智能知识/模型/大数据的管理、分析与挖掘;智能人机交互技术;蜂群智能设计技术;基于大数据和海量知识的智能设计技术;人机混合智能生产技术;人机与现实相结合的智能实验技术;自主决策的智能管理技术;在线服务与远程支持的智能支撑技术。

③ 智能制造全周期涉及的智能设计、生产、管理、实验、支持等关键技术,包括智能云创新设计技术、智能云产品设计技术、智能云生产装备技术、智能云运营管理技术、智能云仿真实验技术、智能云服务支撑技术。

（2）发展智能制造产业

要研究智能产品和智能互联产品,在智能制造使能工具方面,需要开展以下研究:智能工业软件,包括系统软件、平台软件和应用软件,以及支持智能设计、生产、测试和保障的智能硬件,包括智能材料、智能传感器、智能装备、智能机器人、新一代智能网络设备、面向服务的 SDN 控制平台、新型网络评估系统等。

智能制造系统需要在智能制造单元、智能车间、智能工厂、智能工业等不同层面进行开发和运行,支持流程智能制造、离散智能制造、网络化协同制造、远程诊断与维护服务等创新制造模式。

2. AI/ML 在制造业中的趋势和机遇

目前,基于 AI/ML 的解决方案是对人力的补充,而不是提供完全的自动化。调查发现,38%的制造商将人工智能用于与业务连续性相关的操作,38%的制造商将人工智能用于帮助员工提高效率,34%的制造商认为人工智能总体上对员工有帮助。作者认为,我们目前看到的可能是一个渐进的过程，制造业从高级分析任务开始，到工厂车间的自动化，稳步发展完善 AI/ML 的解决方案。因此，那些能让公司以最小风险尝试 AI/ML 的解决方案（例如，在产生大量数据的现有流程中获得对工厂操作员有用的高级分析）将会是最受欢迎的。智能决策的应用，如设计和优化算法，将是下一个令人感兴趣的解决方案。最后，与工厂自动化和机器人直接集成的 AI/ML 解决方案，将在建立了相当程度的信任和内部专业知识后实施。此外，基于 AI/ML 的分析和决策支持应用应具有可衡量的价值。

在人工智能的基础研究和开发方面，四个领域的进步将有利于制造业的 AI/ML 解决方案，并克服上一小节提到的挑战。第一，可以使用生成模型（如 GAN）获得适合训练 AI/ML 模型或扩充现有稀疏数据集的高质量合成数据，以弥补小数据量。这种技术无法推断或生成超出其训练数据极端范围的结果，但它风险低，可解决提供匿名数据以训练人工智能模型的难题。研究人员使用 DNN 专门处理稀疏功能数据，如有研究者提出了一个架构框架，把来自不同联网工业设备获取的数据、信号处理及分析统一到一个强大的界面中。第二，提高 AI/ML 硬件加速器的浮点运算（FLOPS）瓦特比（即能效），这样将有助于降低在制造业中开发和部署 AI/ML 解决方案的资本成本。另一种方法是缩小训练模型的大小，比如在各种 DNN 架构中开发减少内存使用框架的工作，他们删除了未使用的参数，使内存减少了 96%，计算量减少了 90%。第三，提高边缘计算硬件的计算和通信能力（例如，Jetson NANO Developer Kit 可以运行 AI/ML 模型，用于图像分类、物体检测、分割和语音处理等应用）。通过减少在服务器上运行 AI/ML 模型的需求，可加速在工厂车间部署 AI/ML 解决方案。第四，通过"可解释的人工智能"（explainable AI）概念，建立对人工智能决策的信任，这包括努力为人工智能开发一种正式的决策信任度测量方法，以提高人类的可解释性。这为人类操作员提供了更详细的信息，以确定是否信任人工智能做出的决定。另一个概念是"谦逊的人工智能"，它能够理解自身的局限性，并在不确定自身情况或能力的情况下恢复到默认的、更安全的行为状态。提高人工智能预测可解释性的另一种方法是使用通俗易懂的图表来解释人工智能模型的决策。例如，一项关于利用深度强化学习（DRL）学习设备健康指标的研究开发了一种与系统健康和运行状况相关的基于时间的图表，以解决预测性维护算法中的黑箱问题。表 7.2 总结了在制造业中更好地采用 AI/ML 技术所面临的挑战和相关研究机遇。

表 7.2　AI/ML 技术在智能制造中的挑战和研究机遇

挑　　　　　战	研究机遇
数据匮乏：获取足够的数据成本高昂	生成模型、迁移学习
数据隐私：行业数据敏感	边缘计算、生成模型
能源消耗：大型 AI/ML 模型往往性能更高，但训练大型 AI/ML 模型需要消耗大量能源	高能效 AI/ML 模型
实施：AI/ML 应用程序引入的新工作流程可能不易被接受	边缘计算、大型语言模型
决策验证：AI/ML 应用程序的高层决策可能不被信任	可解释的人工智能

人工智能/人工智能技术的快速发展为制造业的转型提供了前所未有的机遇。本节涵盖了广泛的制造业应用,详细介绍了 AI/ML 在提高制造业的安全性、效率、生产力和可持续性方面的潜力。它研究了将 AI/ML 集成到制造流水线中的应用、潜在效益和挑战,包括运营、规划、质量保证、能耗预测、流程优化、安保和安全、产品设计、自动化和人机交互。因此,审查确定了与制造业相关的 AI/ML 的新兴发展、当前挑战和未来方向,强调了可用于解决制造业问题的 AI/ML 技术,并确定了进一步研究可为行业带来变革性回报的领域。

人工智能/人工智能可以利用工业传感器产生的大量数据,得出可操作的见解,并独立采取最佳行动。随着数据、基础设施和算法的不断改进,人工智能/物流模型也会随时间推移而不断完善,并在未来十年内为制造业带来复合效益。与此同时,AI/ML 解决方案还需要全面了解可能涉及的权衡问题(如重组设施、能源成本和专业知识)以及公司和利益相关者的具体需求和能力。趋势表明,人工智能/人工智能将继续与人类技能一起合作应用,同时逐步提高自动化程度。AI/ML 算法和技术的快速发展和进步将推动制造业的应用,只要它们能不断提高安全性、产品质量和运营效率。随着 AI/ML 在工业领域的应用日益广泛,各工业部门和从业人员对这项技术的功效和生产潜力的信任度也将不断提高。然而,相关风险将制约采用率,尤其是当应用从分析支持转向人工智能控制工业运行时,AI/ML 的实施决策必须适合每家公司的独特情况和需求。未来,对已采用 AI/ML 与未采用 AI/ML 的制造商进行长期案例研究将使这一领域受益匪浅。

7.2 制造系统智能化:智能决策

在现实世界中,决策系统在人类历史的发展中占据重要的地位,对人类的历史进程有着重大的影响作用。同时,人类的决策系统也是不断在进化的,我们在很多历史故事里看到的军师、谋士。从本质上讲,充当的就是决策系统的角色,只不过这种决策系统还是人工的。但是随着人类科技的发展,这类决策系统部分由机器承担了起来,而伴随着人工智能的迅速进化,我们不禁联想能不能依靠人工智能相关技术制造系统完全由机器来帮助人们做出正确的决策。

7.2.1 智能决策支持系统概论

当我们在系统科学的视角下观察人在一个运营系统中的作用时,人的角色只有两个,或是决策者,或是执行者。人在不同的时间空间,可能是不同的角色。在厂长室,他是决策者;在洽谈具体商务合同时,他是执行者,如图 7.4 所示。

我们在一个工业运营系统的简图里标出了人在系统中的位置。既然人在这个工业系统中存在两个领域的角色,那么工业领域的“智能”必定包含了决策智能和执行智能。这是两个层面的事情。智能决策和智能执行是实现智能制造的不可或缺、不可分离的两个重要方面。我们不能将决策和执行割裂去独立研究决策层或研究执行层，也不能将决策和执行混同在一起。在当前我国实施智能制造战略中，尤其不能缺少、弱化在智能在决策领域中的研究。我们需要先对工业系统的决策、决策层、执行、执行层以及加人"智能"做一个定义，才能继续下面的讨论。决策就是在无限需求（目标、任务）和有限资源实施的配置。工业系统是一个层层嵌套分割的系统。一个工业企业系统可以分为资源和任务（目标）这两个子系统。资源系统包含企业自身的层次结构的决策管理团队以及研发、生产、销售、行政、财务等子系统；包含企业的软件和硬设备、物料资源、资金、能源；也包括供应商、客户等外部资源；除此之外还必须包括看不见的信息资源和时间资源。

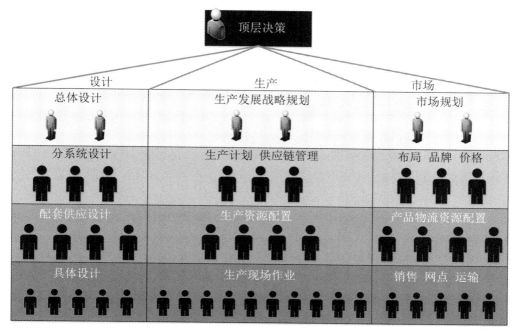

图 7.4　智能决策

企业的任务（目标）系统有长期、中期、短期目标，或者称为规划、计划、调度目标。目标也一定是分层嵌套的。不管怎么划分终端的目标一定要落实到具体的可以执行的实体/或服务上。我们必须注意，企业的目标常常是多目标、多约束、动态变化的。如最好的服务和最低的成本如不加班且完成任务，如这个月即使影响产能也要确保几个订单的交期，下个月再挖掘产能。

回到我们的定义。一个工业系统的运营决策执行系统的高层次的决策就是依据企业到高层次目标配置高层次的资源；次一层的决策是依据相应的子目标配置子资源；以此类推。当确定的目标和确定的资源成为确定的配置关系并无法再分割的时候系统则进入了执行层。在此之上，都属于决策层。

在人类发明石器工具的时候，人的智能就开始在工具上固化。工业文明史就是人类在工业工具、工业产品和生产模式上不断通过软、硬两种方式固化人类智慧的历史。所以，关于"工业智能"的定义并不重要。在工业企业作业的一线也就是决策层，如果我们用汇集人工智慧的工业设计工具、生产工具和设备、市场分析和营销网络和技术辅助我们或者代理工人完成决策目标的物化,这就是执行智能。工业系统的决策智能是指对决策目标和有限资源的优化配置能力。这是一种基于系统科学、管理科学和信息技术综合集成的能力。智能决策属于 21 世纪的科学。

在工业企业的执行层,也就是通常所说的设计生产销售的第一线,已经开始拥有越来越多的智能资源了。高端的设计软件、最好的 CAX 系统、3D 打印完美的虚拟现实 VR 可以让设计越来越智能,越来越高效。车间的机器越来越聪明,设备越来越智能,各种机器人与生产线的完美自动化融合。市场销售管理有越来越强大的网络数据和管理系统的支撑,但是,这一切都是企业的固定资产(软资产、硬资产),都属于产能的范畴。或者说这是先进的产能。这些都与企业能否获得竞争力、能否获得理想的回报、能否让企业长久不衰持续发展没有直接的因果关系。不管这些生产资源"智能"到何等程度,也不管是否情愿承认这一点,这是产能的定义,无须证明。设备非常先进的企业倒闭;硬件资源非常一般的企业正常发展。这样的案例已经看到太多了。换句话说,前面所说的这些先进产能都是可以花钱买来的。而能够花钱买来的不一定是核心竞争力。

7.2.2　智能决策方法、算法和技术特征

1. 智能决策方法

设计决策智能体的方法有很多。根据不同的应用,有些方法可能比其他方法更合适。它们在设计者的责任和留给自动化的任务方面也各不相同。本小节将简要概述这些方法。

(1) 显式编程

设计决策智能体的最直接方法是预测智能体可能遇到的所有情况,并明确编程智能体应该如何应对每种情况。显式编程方法可能对简单问题很有效,但它给设计者带来了提供完整策略的沉重负担。为了让智能体编程变得更容易,人们提出了各种智能体编程语言和框架。

(2) 监督学习

对于某些问题,向智能体展示该怎么做可能比编写一个程序让智能体遵循要容易得多。设计者提供一组训练示例,而自动学习算法必须从这些示例中归纳总结。这种方法被称为监督学习,已广泛应用于分类问题。当应用到从观察到行动的映射学习时,这种技术有时被称为行为克隆。当专家设计者确实知道具有代表性的情况集合的最佳行动方案时,行为克隆就能很好地发挥作用。虽然目前存在多种不同的学习算法,但它们在新情况下的表现通常无法优于人类设计师。

(3) 优化

另一种方法是由设计者指定可能的决策策略空间和需要最大化的性能指标。评估决策策略的性能通常需要运行一批模拟。然后,优化算法会在这个空间内搜索最优策略。如果空间相对较小,且性能指标没有很多局部最优点,那么各种局部或全局搜索方法都可能是合适的。虽然运行仿真时通常会假定需要了解动态模型,但并不会用动态模型来指导搜索,而这对于复杂问题可能非常重要。

（4）规划

规划是优化的一种形式，它使用问题动态模型来帮助指导搜索。大量文献探讨了各种规划问题，其中大部分侧重于确定性问题。对于某些问题，使用确定性模型来近似处理动态问题是可以接受的。假定使用确定性模型，我们就能使用更容易扩展到高维问题的方法。对于其他问题，考虑未来的不确定性至关重要。本书完全侧重于考虑不确定性非常重要的问题。

（5）强化学习

强化学习放宽了规划中提前已知模型的假设。相反，决策策略是在智能体与环境互动时学习的。设计者只需提供一个性能指标；至于如何优化智能体的行为，则取决于学习算法。强化学习中出现的一个有趣的复杂问题是，行动的选择不仅会影响智能体在实现其目标方面的直接成功，还会影响智能体学习环境和识别问题特征的能力。

深度强化学习（deep reinforcement learning，DRL）是机器学习的一个分支，相较于机器学习中经典的监督学习和无监督学习问题，其最大特点是在交互中学习（learning from interaction），也可认为是一种自监督学习方式。智能体在与环境的交互中根据获得的奖励或惩罚不断学习新知识，进而更加适应环境。深度强化学习的范式非常类似于我们人类学习知识的过程，也正因此，深度强化学习被视为实现通用 AI 的重要途径。

深度强化学习将具有环境"感知"能力的深度学习和具有策略"决策"能力的强化学习融合，形成能够直接处理高维复杂信息作为输入的优化决策方法。深度学习不仅能够为强化学习带来端到端优化的便利，而且使得强化学习不再受限于低维的空间中，极大地拓展了强化学习的使用范围。利用深度强化学习方法，智能体在与环境的交互过程中，根据获得的奖励或惩罚不断地学习知识、更新策略以更加适应环境。

目前深度强化学习已经取得了一系列举世瞩目的成就，包括在 49 个 Atari 视频游戏上得分超越人类职业玩家水平的 DQN 算法、完全信息博弈下的围棋 AI-Alpha Go、对称开局博弈的国际象棋与日本将棋 AI-Alpha Zero、部分可观测信息下的第一人称团队协作射击类（FPS）任务、不完全信息即时战略游戏星际争霸 II AI-Alpha Star、多人实时在线竞技游戏 Dota2 AI-Open AI Five，以及非完全多人信息博弈麻将 AI Suphx 等。在上述复杂环境下的决策任务中，以深度强化学习方法作为核心决策优化算法均已达到甚至超越人类顶尖玩家水平。

除游戏之外，近年来深度强化学习正被逐渐应用于许多工程领域，如机器人控制、自然语言处理、自动驾驶、推荐搜索系统等。到目前为止，深度强化学习仍处于兴起阶段，属于人工智能方向的新兴研究领域，拥有广阔的发展前景。

2．智能决策算法

智能制造是由智能机器和人类专家组成的人机集成智能系统，它可以在制造过程中进行分析、推理、判断、概念和决策等智能活动。在智能制造中，DRL 可用于建立自学习、自适应、高效的智能机器。随着 DRL 算法的发展和应用，越来越多的生产过程通过智能机器实现，真正实现无人化和规模化生产。深度强化学习的算法研究和在智能制造中应用研究，对人类跨入智能制造时代具有重要意义。深度强化学习作为机器学习发展的最新成果已经在很多应用领域崭露头角。关于深度强化学习的算法研究和应用研究产生了很多经典的算法和典型应用领域。深度强化学习应用在智能制造中能在复杂环境中实现高水平控制。

（1）基于模型的深度强化学习

现有的深度强化学习方法，如取得瞩目成果的 Alpha Go、Alpha Star 等，大都是无模型（model-free）的。这类方法在训练时，需要从系统环境中采集大量的样本数据，训练效果也不一定理想，容易产生数据效率低的问题，可能导致对计算资源与时间成本的浪费。针对这些问题，一些基于模型（model-based）的强化学习方法被提出，基于模型的方法一般先从数据中学习模型，然后再基于学到的模型对策略进行优化，其过程和控制论中的系统参数辨识类似。在实际应用中，这两种方法互有利弊。

（2）深度强化学习经验的迁移学习

在通过深度强化学习方法解决一些问题时，经常会有一些处理类似问题的经验，如果能够在学习目标任务时借鉴这些先验知识，就可以减少所需的数据量，从而提高学习效率。然而当前的深度强化学习算法大多只关注单一任务场景下的决策训练及模型优化，这就导致学习到的基本策略只适用于当前训练环境，无法直接采用先前的数据集和训练模型。如何使强化学习策略利用过去任务中获得的经验是目前的研究难点之一。

（3）非完全信息博弈环境下的深度强化学习

非完全信息博弈在许多方面都有重要应用，如棋牌娱乐、金融市场与拍卖类经济活动、军事资源配置与战场调度等。目前许多强化学习方法已经较完备地解决了在完全信息条件下的决策问题，但在非完全信息场景下，一个子博弈的求解或许会与另外的子博弈产生关联，其他智能体的位置状态也会破坏强化学习中马尔可夫过程的基本假设，因此难以求出纳什均衡解。

深度强化学习在游戏和机器系统上的不断成功吸引着研究者们思考是否能将关键技术和方法应用在更为复杂的决策任务上，例如群体行为的指挥和引导、社会政策的制定和实施等。这类问题典型特点是系统状态空间巨大、动力学模型巨复杂，直接与之交互很难产生大量的有效训练数据。然而近年来随着对这类复杂系统的研究，越来越多的群体模型和社会模型被建立起来，并被证实能够有效反映真实场景的运行过程和演化机制。因而将基于模型的强化学习方法和现有的模型理论相结合，为解决这些复杂群体和社会决策问题提供了技术上的可能。在本次智能决策论坛中，各位专家学者提出的一些深度强化理论和算法有望在不完全信息博弈、多目标任务、动态场景等条件下实现良好的应用效果，这类算法也会成为下一个十年人工智能领域的重要研究方向。

3. 智能决策的技术特征

（1）数据驱动技术

智能决策支持系统的基本特点是多样性和多变性。在这里多样性的含义是很广泛的，其中包括技术的多样性。事实上智能决策支持系统是综合的，它涉及了大多数软件技术数据库系统，是智能决策支持系统重要的组成部分，是信息存储、处理的基础。数据库技术的发展主要经历了层次模型、网状模型以及关系模型数据库三个发展阶段，其中关系模型数据库的出现是数据库乃至计算机科学发展史上巨大的进步，迄今仍然统治着数据库应用市场。信息的基本形式是数据，数据处理的中心问题是数据管理。数据管理指的是对数据的分类、组织、编码、储存、检索和维护。在经历了人工管理、文件系统和数据库系统三个阶段的发展后，数据库管理系统成了今天几乎所有信息处理系统的基础。数据库管理系统是用于描述管理和维护数据库的软件系统，它建立在操作系统基础上对数据库进行统一的管理和控制。在智能决策支持系统中数据库管理系统也同样是整个系统的基础，但它又有特殊性。

在一般信息系统中数据是一切设计的出发点，人们总是在分析现实系统数据需求的基础上建立数据流图或实体-联系图，并在此基础上构筑整个系统的框架。而在智能决策支持系统，设计的出发点是决策模型和决策方法，数据的需求、收集和组织都是基于这些模型和方法的。

数据来源多样，在决策支持系统中数据不仅来源于本系统内部而且更多是来源于外部。有效地取得外部数据对智能决策支持系统而言是非常重要的。类似于 ODBC 这样的接口解决了从不同数据来源取得数据的问题。当然，更重要的是如何选取和处理这些外部涌入的大量数据。

数据组织更复杂，面向决策的数据已不再满足于传统联机事务处理系统。多维分析常称为联机分析，处理使得用户能做更为复杂的查询，诸如按照季度和地区比较前两年销售与计划的相关性。不仅如此，决策还涉及更广泛的联系，如公司在进行销售决策时可能还涉及地理信息，在进行技术改造决策时还涉及工程设计信息，这些都是用传统的关系数据库难以表达的。

数据是集成的数据，应该有一致性，如字段的同名异义、异名同义、单位不统一等必须经过整合。

数据是面向决策者的，传统的数据是面向软件人员和操作者的：一是数据使用和理解涉及太多的软件技术概念；二是数据和决策需要还有太多的语义距离。智能决策支持系统的数据组织必须改善这两点。无论是在数据库和决策之间建立面向决策的"语义层"还是建立数据仓库，在这点上的目的都是相同的。

决策需要数据有时间刻度。进行历史数据的比较是决策分析中最基本的需要，这也是数据仓库要解决的一个基本问题。

目前，数据库领域的几项重要发展都与智能决策支持系统密切相关，数据库技术的发展极大地改善了决策支持系统的决策水平。

（2）决策支持技术

决策支持技术主要用来解决非结构化、半结构化问题，以区别于处理结构化问题的信息系统。如在健康管理系统中，融合技术的作用是最大限度地利用了系统信息；预测技术是健康管理的关键，是决策的基础；决策支持则是健康管理系统的最终结果。决策的进程一般分为四个步骤：

① 发现问题并形成决策目标，包括建立决策模型、拟订方案和确定效果度量，这是决策活动的起点。

② 用概率定量地描述每个方案所产生的各种结局的可能性。

③ 决策人员对各种结局进行定量评价，一般用效用值来定量表示。效用值是有关决策人员根据个人才能、经验、风格和所处环境条件等因素，对各种结局的价值所做的定量估计。

④ 综合分析各方面信息,以最后决定方案的取舍,有时还要对方案做灵敏度分析,研究原始数据发生变化时对最优解的影响,确定对方案有较大影响的参量范围。决策往往不可能一次完成,而是一个迭代过程。决策可以借助于计算机决策支持系统来完成,即用计算机来辅助确定目标、拟订方案、分析评价以及模拟验证等工作。在此过程中,可用人机交互方式,由决策人员提供各种不同方案的参量并选择方案。

决策支持技术主要用来解决非结构化、半结构化问题,决策按其性质可分为如下三类:

① 结构化决策,是指对某一决策过程的环境及规则,能用确定的模型或语言描述,以适当的算法产生决策方案,并能从多种方案中选择最优解的决策。

② 非结构化决策,是指决策过程复杂,不可能用确定的模型和语言来描述其决策过程,更无所谓最优解的决策。

③ 半结构化决策,是介于以上两者之间的决策,这类决策可以建立适当的算法产生决策方案,使决策方案中得到较优的解。

非结构化决策和半结构化决策一般用于一个组织的中、高管理层,其决策者一方面需要根据经验进行分析判断,另一方面也需要借助计算机为决策提供各种辅助信息,及时做出正确有效的决策。

为了实现某一目标,在占有信息和经验的基础上根据客观条件,借助于科学的理论和方法,从提出的若干备选行动的方案中选择一个满意合理的方案而进行分析判断的工作过程。简言之,决策支持即对未来行动的选择。决策支持技术是管理的核心渗透到管理的各项职能中,贯穿于管理的全过程。

(3) 知识推理技术

知识推理是指在计算机或智能系统中,模拟人类的智能推理方式依据推理控制策略利用形式化的知识进行机器思维和求解问题的过程。

智能系统的知识推理过程是通过推理机来完成的,所谓推理机就是智能系统中用来实现推理的程序。推理机的基本任务就是在一定控制策略指导下,搜索知识库中可用的知识,与数据库匹配产生或论证新的事实。搜索和匹配是推理机的两大基本任务。对于一个性能良好的推理机,应有如下基本要求:① 高效率的搜索和匹配机制;② 可控制性;③ 可观测性;④ 启发性。智能系统的知识推理包括两个基本问题:一是推理方法;二是推理的控制策略。推理方法研究的是前提与结论之间的种种逻辑关系及其信度传递规律等;而控制策略的采用是为了限制和缩小搜索的空间,使原来的指数型困难问题在多项式时间内求解。从问题求解角度来看,控制策略亦称为求解策略。它包括推理策略和搜索策略两大类。推理方法主要解决在推理过程中前提与结论之间的逻辑关系,以及在非精确性推理中不确定性的传递问题。按照分类标准的不同,推理方法主要有以下三种分类方式:

① 从方式上分,可分为演绎推理和归纳推理。

② 从确定性上分,可分为精确推理和不精确推理。

③ 从单调性上分,可分为单调推理和非单调推理。

知识推理的控制策略主要有推理策略和搜索策略:

推理策略,主要包括正向推理、反向推理和混合推理。正向推理又称为事实驱动或数据驱动推理,其主要优点是比较直观,允许用户提供有用的事实信息,是产生式专家系统的主要推理方式之一。反向推理又称目标驱动或假设驱动推理，其主要优点是不必使用与总目标无关的规则，且有利于向用户提供解释。正反向混合推理可以克服正向推理和反向推理问题求解效率较低的缺点。基于神经网络的知识推理既可以实现正向推理，又可以实现反向推理。在研制结构选型智能设计系统时，应结合具体情况选择合适的推理策略。

搜索策略，主要包括盲目搜索和启发式搜索：前者包括深度优先搜索和宽度优先搜索等搜索策略；后者包括局部择优搜索法（如盲人爬山法）和最好优先搜索法（如有序搜索法）等搜索策略。

（4）人机交互技术

智能制造的发展离不开机器人。发展智能机器人是打造智能制造装备平台、提升制造过程自动化和智能化水平的必经之路。

1959 年，美国人制造出世界上第一台工业机器人。此后，机器人在工业领域逐渐普及。随着科技的不断进步，广泛采用工业机器人的自动化生产线已成为制造业的核心装备。在智能制造时代，为了应对消费者日益增长的定制化产品的需求，智能工厂需要在有限空间内充分利用现有资源建设灵活、安全、可快速变化的智能生产线。为适应新产品的生产，更换生产线、缩短产品制造时间，需要灵活快速的生产单元来满足这些需求，并提高制造企业产能和效率、降低成本。因此，智能机器人会成为智能制造系统中最重要的硬件设备。从某种意义上来说，智能机器人的全面升级，是新一轮工业革命的重要内容。但在某些产品领域与生产线上，人力操作仍是不可或缺的，比如装配高精度的零部件、对灵活性要求较高的密集劳动等。在这些场合人机协作机器人将发挥越来越大的作用。

所谓的人机协作/人机交互，即是由机器人从事精度与重复性高的作业流程，而工人在其辅助下进行创意性工作。人机协作机器人的使用使企业的生产布线和配置获得了更大的弹性空间，也提高了产品良品率。人机协作的方式可以是人与机器分工，也可以是人与机器一起工作。

不仅如此，智能制造的发展要求人和机器的关系发生更大的改变。人和机器必须能够相互理解、相互感知、相互帮助，才能够在一个空间里紧密地协调，自然地交互并保障彼此安全。

改善人机关系，一直是计算机发展的努力目标。在智能决策支持系统中，建立良好的人机界面更具有重要的意义。在一般的信息系统中，使用者是专门的操作员，这些操作员计算机专业知识有限，更不会对系统本身有深入的理解。所以要求系统有直观易懂的界面形式，坚固的防误操作设计，但毕竟操作员所要使用的方式是很程序化很固定的，可以通过培训使操作员熟悉特定的交互方式。而对于智能决策支持系统的使用者决策人员来说，这些就不可能了。一方面决策系统的使用方式是非程序化的，其需要多样且多变；另一方面，决策者对计算机的熟悉程度往往更低，特别是不熟悉一些特定软件工具或技术的使用，像 Excel、Microsoft Query 等。而且决策者又没有时间来熟悉过于专门的技术。如何合理地设计交互界面，使用户的需要能充分灵活和方便地输入计算机，同时将计算机的处理结果直观、充分和合理地告诉使用者，就成了智能决策支持系统设计的关键。可以毫不夸张地说，交互界面设计成功了，智能决策支持系统也就成功了一半。

7.2.3 智能制造系统中的典型智能决策

1. 生产运行管理

生产管理是整个企业管理工作中的重要组成部分。企业管理的目标是将有限的资源通过合理、有效的配置与应用,不断满足顾客需求,追求企业经济效益和社会效益的最大化。生产管理是企业管理系统的一个子系统。其主要任务是根据用户需求,通过对各种生产因素的合理利用,科学的组织,以尽可能少的投入,产出符合用户需求的产品。生产管理是对企业生产活动进行计划、组织和控制等全部管理活动的总称。概括地讲,凡与企业生产过程有关的一切管理活动都包括在生产运行管理的范畴之内,如产品需求预测、产品方案的确定、原材料的采购与加工、劳动力的调配、设备的配置与维修、生产计划的制订、日常生产组织等。

2. 协同工艺设计

目前很多企业的工艺设计系统是建立在固定制造资源的基础上,很难适应制造资源随时变化的动态特性。同时在传统的制造模式下,企业制造资源模型是根据各个阶段、各个部门,各个计算机应用子系统对制造资源信息的需求而制定的,并建立相互独立的制造资源模型和数据库,从而造成制造资源不统一,大量数据冗余,无法有效支持工艺设计与其他生产活动间的协同。

3. 先进划度

制造业面临多品种小批量的生产模式,数据的精细化、自动及时方便地采集及多变性导致数据巨幅增加,再加上十几年的信息化历史数据,对于需要快速响应的高级计划系统(advanced planning system, APS)来说,是一个巨大的挑战。大数据可以给予更详细的数据信息发现历史预测与实际的偏差概率,考虑产能约束、人员技能约束、物料可用约束、工装模具约束,通过智能的优化算法,制订预排产计划,并监控计划与现场实际的偏差,动态地调度计划排产。

对于拥有许多复杂产品型号的制造商来说,定制产品或者以销定产的产品能够带来更高的毛利率,但是在生产过程没有被合理规划的情形下,同样可能导致生产费用的急剧上升。运用高级分析制造商能够计算出合理的生产计划,以便在生产上述定制或以销定产的产品时,对目前的生产计划产生最低限度的影响,进而将规划分析具体到设备运行计划、人员及店面级别。

以电力生产为例,传统的调度与控制都是通过调节发电机组来实现发、用电的平衡,但风电等间歇性能源并网容量达到较大比例时,仅依靠常规发电机组出力调整来平衡风功率波动的传统调度模式未能充分发挥电网的全部调控能力,未来需求侧可控资源也必将纳入电网调度计划与实时控制体系。需求侧资源具有类型多、数据量大、广域分布的特点。利用大数据技术综合分析全网负荷信息和需求侧可控资源信息,按最大范围资源优化配置的原则实现从实时到年月日等不同时间尺度的优化调度与控制决策,可提高电网全局态势感知。快速准确分析和全网统一控制决策的能力,在满足电网安全、经济、低碳环保运行的同时,也满足大范围资源优化配置以及最大限度接纳可再生能源等需求。

4.物流优化管理

利用大数据进行分析,将带来仓储、配送、销售效率的大幅度提升和成本的大幅下降,并将极大地减少库存,优化供应链。同样地,利用销售数据、产品的传感器数据和供应商数据库的数据等大数据,制造企业可以准确地预测全球不同市场区域的商品需求。由于可以跟踪库存和销售价格,所以制造企业便可节约大量的成本。

随着车间物料需求计划变得越来越复杂,如何采用更好的工具来迅速高效地发挥数据的最大价值,有效的车间物料需求计划系统集成企业所有的计划和决策业务,包括需求预测、库存计划、资源配置、设备管理、渠道优化、生产作业计划、物料需求与采购计划等。将彻底变革企业市场边界、业务组合、商业模式和运作模式等。建立良好的供应商关系,实现双方信息的交互。良好的供应商关系是消灭供应商与制造商间不信任成本的关键。双方库存与需求信息交互、供应商管理库存运作机制的建立,将降低由于缺货造成的生产损失。部署供应链管理系统要将资源数据、交易数据、供应商数据、质量数据等存储起来用于跟踪供应链在执行过程中的效率、成本,从而控制产品质量。企业为保证生产过程的有序与匀速,为达到最佳物料供应分解和生产订单的拆分,需要综合平衡订单、产能、调度、库存和成本间的关系,需要大量的数学模型、优化和模拟技术,为复杂的生产和供应问题找到优化解决方案。

5.质量精确控制

传统的制造业正面临大数据的冲击,在产品研发、工艺设计、质量管理、生产运营等各方面都迫切期待创新方法的诞生,来应对工业背景下的大数据挑战。如在半导体行业,芯片在生产过程中会经历许多掺杂、增层、光刻和热处理等复杂的工艺制程,每一步都必须达到极其苛刻的物理特性要求,高度自动化的设备在加工产品的同时,也同步生成了庞大的检测结果。这些海量数据究竟是企业的包袱,还是企业的金矿呢? 如果说是后者,那么又该如何快速地拨云见日,从"金矿"中准确地发现产品良率波动的关键原因?

按照传统的工作模式,需要按部就班地分别计算每个过程能力指数,对各项质量特性一一考核。这里暂且不论工作量的庞大与繁琐,哪怕有人能够解决计算量的问题,但也很难从这些指数中看出它们之间的关联,更难对产品的总体质量性能有一个全面的认识与总结。

然而利用大数据质量管理分析平台,除了可以快速地得到一个长长的传统单一指标的过程能力分析报表外,更重要的是还可以从同样的大数据集中得到很多崭新的分析结果:

(1)质量监控仪表盘

质量监控仪表盘的布局能够随着现场布局的调整动态变化,通过鼠标点击获取更多的信息,比如双击可查看异常数据细节和控制图。

(2)控制图监控与质量对比

系统提供多种控制图,并可定制各种判异准则;可以在同一控制图中实时显示多个序列,以帮助实时比较不同机台的质量表现;此外,还可以按属性组动态地进行监控;支持自动计算控制限。

(3)质量风险预警

系统可以通过多种方式对实时发现的质量风险进行及时预警,以显著减少缺陷、返工报废和客户投诉的发生。可选预警方式包括但不限于电子邮件、工控灯、自动打印质量问题通知单、虚拟红绿灯。

（4）质量报告

导出的报告中不仅包含数据，还可以包含诸多分析结果。如过程能力指数、中位数、分位数、最大值、最小值、抽样方法、各条判异准则的违反数量、质检结果等；支持导出报告模板。汇总跨部门甚至跨数据库的数据，并进行分析，生成各种形式的质量报告。

7.2.4　智能系统的发展趋势与重点研究领域

智能系统（intelligence system）是指能产生人类智能行为的计算机系统。智能系统不仅可自组织性与自适应性地在传统的诺依曼的计算机上运行，而且也可自组织性与自适应性地在新一代的非诺依曼结构的计算机上运行。"智能"的含义很广，其本质有待进一步探索，因而，对"智能"这一词也难以给出一个完整确切的定义，但一般可以这样的表述：智能是人类大脑的较高级活动的体现，它至少应具备自动地获取和应用知识的能力、思维与推理的能力、问题求解的能力和自动学习的能力。智能系统的主要应用类型有：

1. 操作系统

操作系统也称基于知识操作系统。是支持计算机特别是新一代计算机的一类新一代操作系统。它负责管理上述计算机的资源，向用户提供友善接口，并有效地控制基于知识处理和并行处理的程序的运行。因此，它是实现上述计算机并付诸应用的关键技术之一。智能操作系统将通过集成操作系统和人工智能与认知科学而进行研究。其主要研究内容有操作系统结构、智能化资源调度、智能化人机接口、支持分布并行处理机制、支持知识处理机制和支持多介质处理机制。

2. 语言系统

为了开展人工智能和认知科学的研究，要求有一种程序设计语言，它允许在存储器中储存并处理一些复杂的、无规则的、经常变化的和无法预测的结构，这种语言即称为人工智能程序设计语言。人工智能程序设计语言及其相应的编译程序（解释程序）所组成的人工智能程序设计语言系统，将有效地支持智能软件的编写与开发。与传统程序设计支持数据处理采用的固定式算法所具有的明确计算步骤和精确求解知识相比，人工智能程序设计语言的特点是：支持符号处理，采用启发式搜索，包括不确定的计算步骤和不确定的求解知识。实用的人工智能程序设计语言包括函数式语言（如 Lisp）逻辑式语言（如 Prolog）和知识工语言（Ops5），其中最广泛采用的是 Lisp 和 Prolog 及其变形。

3. 支撑环境

支撑环境又称基于知识的软件工程辅助系统。它利用与软件工程领域密切相关的大量专门知识，对一些困难、复杂的软件开发与维护活动提供具有软件工程专家水平的意见和建议。智能软件工程支撑环境具有如下主要功能：支持软件系统的整个生命周期；支持软产品生产的各项活动；作为软件工程代理；作为公共的环境知识库和信息库设施；从不同项目中总结和学习其中经验教训，并把它应用于其后的各项软件生产活动。

4. 专家系统

专家系统是在有限但困难的现实世界领域帮助人类专家进行问题求解的一类计算机软

件,其中具有智能的专家系统称为智能专家系统。它有如下基本特征:不仅在基于计算的任务,如数值计算或信息检索方面提供帮助,而且也可在要求推理的任务方面提供帮助。这种领域必须是人类专家才能解决问题的领域,其推理是在人类专家的推理之后模型化的。不仅有处理领域的表示,而且也保持自身的表示、内部结构和功能的表示,采用有限的自然语言交往的接口使得人类专家可直接使用,具有学习功能。

5. 应用系统

应用系统指利用人工智能技术或知识工程技术于某个应用领域而开发的应用系统。显然,随着人工智能或知识工程的进展,这类系统也不断增加。智能应用系统是人工智能的主要进展之一。

7.3　制造系统智能化:智能服务

人类社会已经历了农业化、工业化、信息化阶段,正在跨越智能化时代的门槛。物联网、移动互联网、云计算方兴未艾,面向个人、家庭、集团用户的各种创新应用层出不穷,代表各行业服务发展趋势的"智能服务"因此应运而生。

7.3.1　智能服务的定义

智能服务是指能够自动辨识用户的显性和隐性需求,并且主动、高效、安全、绿色地满足其需求的服务。智能服务实现的是一种按需和主动的智能,即通过捕捉用户的原始信息,通过后台积累的数据构建需求结构模型,进行数据挖掘和商业智能分析,除了可以分析用户的习惯、喜好等显性需求外,还可以进一步挖掘与时空、身份、工作、生活状态关联的隐性需求,主动给用户提供精准、高效的服务。这里需要的不仅只是传递和反馈数据,更需要系统进行多维度、多层次的感知和主动、深入的辨识。

高安全性是智能服务的基础,没有安全保障的服务是没有意义的,只有通过端到端的安全技术和法律法规实现对用户信息的保护,才能建立用户对服务的信任,进而形成持续消费和服务升级。节能环保也是智能服务的重要特征,在构建整套智能服务系统时,如果最大程度降低能耗、减小污染,就能极大地降低运营成本,使智能服务多、快、好、省,产生效益,一方面更广泛地为用户提供个性化服务,另一方面也为服务的运营者带来更高的经济和社会价值。与智慧地球等从产业角度提出的概念相比,智能服务立足于中国行业服务发展趋势,站在用户角度,强调按需和主动特征,更加具体和现实。中国当前正处于消费需求大力带动服务行业的高速发展期,消费者对服务行业也提出了越来越高的要求,服务行业从低端走向高端势在必行,而这个产业升级要想实现,必须依靠智能服务。

7.3.2　智能服务的技术特征

1．服务状态感知技术

服务状态感知技术是智能制造服务的关键关节和主要特征,产品追溯管理、预测性维护等服务都是以产品的状态感知为基础的。服务状态感知技术保留识别技术和实时定位系统。

识别技术主要包括射频识别技术、基于深度三维图像识别技术以及物体缺陷自动识别技术。基于三维图像物体识别技术可以识别出图像中有什么类型的物体,并给出物体在图像中所反映的位置和方向,是对三维世界的感知理解。结合了人工智能科学、计算机科学和信息科学之后,三维物体识别技术成为智能制造服务系统中识别物体几何情况的关键技术。实时定位系统可以对多种材料、零件、工具、设备等资产进行实时跟踪管理,例如,生产过程中需要监视在制品的位置行踪以及材料、零件、工具的存放位置等。这样,在智能制造服务系统中就需要建立一个实时定位网络系统,以实现目标在生产全程中的实时位置跟踪。

2．协同服务技术

首先了解下协同制造。协同制造是充分利用网络技术和信息技术,实现供应链内及跨供应链间的企业产品设计、制造、管理和商务合作的技术。协同制造是通过改变业务经营模式与方式实现资源的充分利用。

协同制造是基于敏捷制造、虚拟制造、网络制造、前期化制造的现代制造模式,它打破了时间和空间的约束,通过互联网使整个供应链上的企业、合作伙伴共享客户、设计和生产经营信息。协同制造技术使传统的生产方式转变成并行的工作方式,从而最大限度地缩短产品的生命周期、快速响应客户需求、提高设计、生产的柔性。按协同制造的组织分类,协同制造分为企业内的协同制造和企业间的协同制造。按协同制造的内容分类,协同制造又可分为协同设计、协同供应链、协同生产和协同服务。协同服务是协同制造的重要内容之一。协同服务包括设备协作、资源共享、技术转移、成果推广和委托加工等模式的协作交互,通过调动不同企业的人才、技术、设备、信息和成果等优势资源,实现集群内企业的协同创新、技术交流和资源共享。

协同服务最大限度地减少了地域对智能制造服务的影响。通过企业内和企业间的协同服务,顾客、供应商和企业都参与到产品设计中,大大提高了产品的设计水平和可制造性,有利于降低生产经营成本,提高质量和客户满意度。

3．数据可视化技术

当今社会正处于一个信息爆炸的时代,随着企业信息化技术的发展,企业内部产生了大量的信息,表现为海量统计数据。这些数据大多以表格的形式存放在数据库内,既枯燥又难以理解。如何才能将这些数据有效地展示出来,帮助用户理解数据、发现潜在的规律是亟待解决的问题。数据可视化能够将抽象的数据表示成为可见的图形或图像,显示数据之间的关联、比较、走势关系,有效揭示出数据的变化趋势,从而为理解那些大量复杂的抽象数据信息,为企业决策支持提供帮助。

数据可视化是利用计算机图形学和图像处理技术,将数据转换成图形或图像后在屏幕上显示，并进行交互处理的理论、方法和技术。数据可视化是可视化技术在非空间数据领域的应用，它改变了传统的通过关系数据表来观察和分析数据信息的方式，使人们能够以更直观的方式看到数据及其结构关系，发现数据中隐含的信息。数据可视化的基本思想是将数据库中的每个数据项作为一个图形元素表示，例如点、矩形条、扇形片等。大量的数据构成数据图像，同时将数据的各个属性值以多维数据的形式表示，可以从不同的维度观察数据，从而对数据进行更深入的观察和分析。

用于创建和操作的可视化技术由数据集合生成的图形描述。有些可视化技术是针对某些特别的应用开发的，而另一些技术具有普遍的适用性。这一部分主要针对通用的可视化技术。此外，可视化技术涵盖范围较广，这里只将可视化技术按一般可视化所必需的过程划分为"数据预处理""映射""绘制"和"显示"四步。数据可视化技术广泛应用于自然科学、医学、工程技术、金融、通信、商业、油气勘探、生物分子学等领域。一些可视化软件相继出现，提高了各个行业的工作效率，也促进了可视化技术的发展。

4. 远程通信技术

远程通信，telecommunication 这一单词源于希腊语"远程"（tele）（遥远的）和"通信"（communicate）（共享）。在现代术语中，远程通信是指在连接的系统间，通过使用模拟或数字信号调制技术进行的声音、数据、传真、图像、音频、视频和其他信息的电子传输。根据传输方式的不同可划分为同步传输和异步传输。同步传输是指信息以与时钟信号同步的数据位的块（帧）的形式进行传输。使用特殊字符来开始同步并周期性地检查它的正确性。

异步传输是指信息以一组位的形式每次一个字符地进行发送。每个字符通过一个"开始"位和一个"停止"位进行分离。使用一个校验位进行错误检查和纠错。调制解调器通常使用异步方式进行工作。以信息传输方向为依据，可以将计算机远程通信技术分成单工通信、双工通信以及半双工通信三种。其中，单工通信指的就是信息传递仅有一个方向，而双工通信则是一种相对复杂的通信线路，能够在同一时间向两个不同的方向传递。半双工通信所指的就是不允许信息在同一时间向两个不同方向传递，是向单一方向传递。在实践过程中，计算机间的终端都采用单工通信的方式，这不仅可以达到应用的具体需求，而且也可以适当地简化通信线路。

数据传输线路、计算机终端、计算机主机和数据交换装置是组成计算机远程通信的重要部分。在计算机与传输线路相互连接的情况下，将数据交换设备当作接口设备，可以根据网络协议展开工作。而在对公共电话线路使用的时候，调制解调器可以选择使用数据交换设备，并且通过解调器发射数据信号，其中所发出的数据信号被当作模拟信号来交流使用，最终转换为数据信号。

现阶段，远程连接的形式有很多，而点到点是最为常见的。这一连接的形式将计算机作为核心，并且在数据交换设备与传输线路的作用下可以输送数据信息。若所使用的传输线路是电话线路，那么在相同时间内计算机只能够和一个终端连接，如果计算机与其他终端存在数据传输的任务，必然会引发计算机的忙号问题。

7.3.3 智能化集成制造系统中的典型智能服务

1. 个性化定制

个性化定制是指用户介入产品的生产过程,将指定的图案和文字印刷到指定的产品上,用户获得自己定制的个人属性强烈的商品或获得与其个人需求匹配的产品或服务。例如,各类文化衫就是将用户指定的图案和文字印刷到指定的 T 恤衫上,使用户获得与众不同的穿着体验。

随着消费需求慢慢向高级阶段成长,消费观点也随之转变,更多的消费者都在寻求崇尚自我彰显个性的个性化定制商品。随着工业 4.0 时代的来临,其中所描绘的未来场景中灵活个性化定制是其要实现的工厂能力的核心。产品的小批量多品种个性化趋势已经呈现。工业 4.0 作为德国国家高科技发展战略之一,面向的是未来很长一段时间的工业发展趋势,它把灵活、个性化定制等特征放在显著重要的位置是不无道理的。全球的商业环境都在发生变化,随着网络化的进一步加速,世界上不管是新一代的人群还是老一代的人群都开始希望有更多个性化的主张,更加愿意表达自己个性化的观点,更加关注自己个性化的需求。微信、微博这样的自媒体使更多的人可以彰显自己的个性。对于实物产品的个性化趋势也在不断增强,虽然未来不可能做到所有产品完全的个性化,但是个性化以及更多的小批量多品种这个趋势已经无法阻挡。

实际上,小批量多品种以及个性化的趋势并不是随工业 4.0 而来,它早已出现,并且已经在改变着供应链设计、工厂设计以及生产线的设计,下面以一个案例来说明具体如何实现。汽车行业在个性化定制方面显然是比较靠前的,其实不仅汽车行业,其他行业也在做同样的探索。比如电子行业,如果读者对工控产品比较熟悉就会知道有一种电磁式的接近传感器,每一家生产这种接近传感器的厂家都会有很多不同的型号,而在生产这种传感器时每天可能需要切换十几次不同的型号。有的厂家早在若干年前就可以轻松地应对这样的情况了。

仍然先从产品设计入手,与汽车行业一样。为了做到小批量多品种,首先要做的不是去真正地差异化它们,相反是标准化它们。这家公司所有的接近传感器的 PCB(印刷电路板)都是一模一样的,区别仅仅在于上面安装的零件不同,这就带来了一个非常好的优势——不需要切换 PCB,那么又是如何保证不同的电路板上按照不同的型号安装不同的零件呢?厂家把所有的零件全部安装在表面贴装技术机上,这样产品型号的差异完全根据相同的 PCB,但是以不同的条码来实现。在生产线的最开始机器先自动扫描条码,在识别了条码之后SMT 机会自动切换程序去安装该型号产品的零部件,而当机器读取不同型号的时候就会自动切换程序去贴装不同的型号所需要的零件,这样就做到了生产不同型号的产品时的 0 s 切换。在生产完 PCBA 之后,仍然是根据型号的不同会自动切换安装不同的感应磁芯,磁芯的设计也尽量标准化,但是与 PCBA 的组合会形成更多不同的型号,再接下来的工序是装入套管并注胶,这些也是机器会根据产品条码不同而进行自动切换的。在进行产品测试时也是如此的,检测设备会根据不同的产品型号自动选择不同的测试指标进行测试。这个例子再次说明,必须把产品设计、工艺设计、物流设计、装备设计同时进行考虑,并且围绕标准化、模块化来进行,使得生产流程具备能够实现 0 s 全自动切换的能力,从而得到非常高效的小批量多品种的生产模式。

面对个性的定制、小批量多品种的订单需求并不是无计可施的。通过大数据分析技术,分析客户的需求,再反馈到生产中,为生产过程提供订单预测和预分配,从而满足客户广泛的需求。

在产品生产之前通过大数据分析感知用户的情景信息,快速洞察用户需求及兴趣点,针对客户的个性化需求进行参数配置、优化和建模,从而精准地向用户提供制造服务的主动推荐、检查和建议。

2. 产品远程运维

在线状态监测系统越来越多地应用于制造行业,对产品的维护起到了重要作用。通过加装传感器,产品生产厂商可以实时收集监测数据用于后续的分析工作,尤其在汽车领域大量在役产品在整个生命周期中持续回转各种类型的数据,使得数据的积累速度非常快,数据容量呈现出爆炸性的增长趋势,如何通过这些数据分析重大故障或事故与相关的客户行为,并及时发现异常征兆提供主动服务是制造企业向服务转型的重要需求。大型装备、汽车的生产制造过程和产品运行过程中采集的数据越来越多,但利用效果差,尤其是异常征兆难以通过大数据的实时检测分析来及时发现。

以工业用天然气压缩机的全生命周期数据管理为例,压缩机机械本体是压缩机执行部分,包括框架、主机、辅机等。传感器是采集压缩机各种信息的系统,主要包括状态传感器组、压缩机保护/报警传感器组、远程监测传感器组。基于这些传感器,可以远程监测压缩机运行工况、状态、衰老、故障等。现场分布式控制器包括各种输入/输出模块、模数转换模块可编程逻辑控制器、扩展模块等。以汽轮机为例,其使用寿命长达 20~30 年,汽轮机设备上遍布温度、速度、压力、位移、振动等多个工况数据采集装置。产品交付给用户后,由于地域时间和任务的不同,用户会以不同的方式操作产品,这种操作行为的差异将通过监测数据反映出来,而用户的行为差异则为异常征兆等的发现提供了依据。异常征兆检测发现模型与算法通过对大规模同类产品的监测数据进行群体统计分析和个体对比分析,得到不同工况在度量指标体系下的典型值,并利用关联模型和可视化工具,展现产品运行和状态异常特征,支持专业技术人员从海量监测数据中寻找最值得关注的异常征兆,降低数据分析门槛,提高分析效率。在异常发现完成后,通过对全体产品进行群体分析,得到产品群体状态监测数据的基线。然后通过度量个体产品的数据与群体产品的基线之间的差异,从而发现异常数据,使产品生产厂商了解设备的运行情况和质量问题,同时也使产品的业主了解其所拥有的产品的正常情况。异常检测构件通过对每件产品的每次开机切片的监测数据进行特征提取得到基础度量指标。所有产品的所有开机切片构成一个群体。通过统计分析得到每个工况的每个基础度量指标平均值基线和标准偏差基线。然后通过将每个开机切片每个工况的基础度量指标和该工况的基线进行比较,获得该开机切片的该基础度量指标的离群度。然后基于该异常度,进行重点关注工况推荐和重点产品关注产品推荐。

3. 设备运行监控

(1) 人工现场监控、监测

人工现场监测,利用点检机、手持红外热像仪、振动测量仪等作为监测工具,作为现场设备状态监测和数据采集工具,并与后台系统实现数据交互,后台系统是一个数据分析和决策的服务器,它可帮助管理人员提高监控、监测的工作效率和分析决策的准确性,主要进行检测结果的分析、归纳,为最后的设备检修和维护决策提供支持。

（2）在线监控、监测

除了利用可移动设备进行状态检测外,系统还支持企业根据设备具体情况,确定诊断内容和相应的监测手段,然后选配与之相应的各种状态监测传感器,如视频监控、测震、测温、测转速等,直接将测量数据进行在线采集,各企业、各车间可根据自身具体情况针对性地选择在线监测监控传感器。

4. 装备异常侦测

在以往的设备运行过程中,其自然磨损本身会使产品的品质发生一定的变化。而由于信息技术、物联网技术的发展,现在可以通过传感技术实时感知数据,知道产品出了什么故障,哪里需要配件,使得生产过程中的这些因素能够被精确控制,真正实现生产智能化。因此,在一定程度上,工厂/车间的传感器所产生的大数据直接决定了工业 4.0 所要求的智能化设备的智能水平。此外,从生产能耗角度看,设备生产过程中利用传感器集中监控所有的生产流程,能够发现能耗的异常或峰值情况,由此能够在生产过程中不断实时优化能源消耗,同时,对所有流程的大数据进行分析,也将从整体上大幅降低生产能耗。传统统计制程控制监控虽然也涵盖设备参数,但有时设备仍然会发生问题,工程师也不知道设备出现的问题如何处理最有效,大数据分析运用设备感测资料及维修日志,找出发生设备异常的模式,监控并预测未来故障概率,以便工程师可以即时执行最适决策。无所不在的传感器及互联网技术的引入使得设备实时诊断变为现实,大数据应用、建模与仿真技术则使得预测动态性成为可能。

通过分布在生产线不同环节的传感器,实时采集制造装备运行数据,并进行建模分析,及时跟踪设备信息,如实际健康状态、设备表现或衰退轨迹,进行故障预测与诊断,从而减少这些不确定因素造成的影响,降低停产率,提高实际运营生产力。

7.3.4　智能服务的发展趋势与重点研究领域

智能服务应用的四大领域。其一是汽车。在汽车领域,智能服务得到了越来越广泛的应用。据国外机构预测,互联汽车的市场潜力将从 2015 年的近 320 亿欧元增长到 2020 年的 1150 亿欧元,年增长率达 243%。虽然其发展很快,但还应在以下方面加大投入力度:车载电子信息设备的数据安全保障;更快的新一代汽车互联网络;多方面的智能汽车应用;公共交通工具售票系统的兼容性等。其二是美好生活。实现生活领域的智能服务,除了要开发各类服务软件,还需要开发用于数据收集和交换的智能硬件设备以及智能平台,而目前在生活用品中逐渐加入处理器和内置系统则促进了这一趋势的发展。其三是智能生产。智能生产包括城市内生产和个性化生产;互联机器间通信;广泛应用 VR 和 AR 设备。其四是跨行业科技。跨行业科技主要指一些数字化平台、生态系统或线上市场,企业可以在这些平台上提供商品、数据以及一些最新的智能服务,同时,他们也可以在上面获得自己所需要的商品和服务。

习题与思考

（1）为什么人工智能在智能制造中起着重要作用？举例说明。

（2）简述 3 种情况下的深度学习。

（3）智能制造系统中的典型智能决策包括哪些方面？请简单叙述。

（4）智能服务的技术特征以及典型的智能服务包括哪些方面？

第8章 智能制造系统关键技术

8.1 工业机器人技术

机器人及其相关技术是20世纪人类的重大发明,深刻推动了机械、电子、计算机和控制等领域的技术发展,推动社会发展和产业革命。机器人相关技术的研发、产品制造和系统应用成为衡量一个国家科技创新和高端制造的重要标志。进入21世纪,以机器人技术为代表的人工智能相关技术有望成为"第四次工业革命"的新起点。

8.1.1 机器人概述

目前,关于机器人的研究已经非常广泛和深入,但目前对于机器人的概念,国际上尚未有统一明确的定义。

1. 机器人的概念

在自然科学研究中,科学家会给每个技术术语一个明确的定义,但机器人这一概念的定义仍然是仁者见仁,智者见智,没有统一的表述。主要是由于目前机器人及其相关技术正不断飞速发展,新的功能、新的类型不断涌现,涉及的领域不断扩展;机器人这一概念涉及了"人",使机器人的定义不仅仅是一个科学问题,而且涉及哲学问题,至今难以回答。从另一个角度看,机器人概念的模糊,也促进了机器人内涵的丰富和创新。关于机器人的定义,国际上有代表性的主要有以下几种:

(1) 国际标准化组织(ISO)的定义:该定义较为全面和准确。其定义涵盖如下内容:① 机器人的动作机构具有类似于人或其他生物体某些器官(肢体感官等)的功能;② 机器人具有通用性,工作种类多样,动作程序灵活,一变三易变;③ 机器人具有不同程度的智能,如记忆、感知、推理、决策、学习等;④ 机器人具有独立性,完整的机器人系统在工作中可以不依赖于人的干预。

(2) 美国机器人工业协会的定义:机器人是一种用于移动各种材料、零件、工具或专用装置,通过可编程动作来执行各种任务,并具有编程能力的多功能操作机。

(3) 英国《简明牛津字典》的定义:机器人是貌似人的自动机,具有智力和顺从于人,但不具有人格的机器。这是一种对理想机器人的描述,到目前为止,尚未有与人类在智能上相似的机器人。

(4) 日本工业机器人协会的定义:机器人是一种带有记忆装置和末端执行器的、能够通过自动化的动作而代替人类劳动的通用机器。

（5）中国学者对机器人的定义：机器人是一种自动化的机器，所不同的是这种机器具备一些与人或生物相似的智能能力，如感知能力、规划能力、动作能力和协同能力，是一种具有高度灵活性的自动化机器。

2．机器人的分类

目前国际上并没有制定统一的机器人的分类标准。机器人的分类方式众多，并且机器人具有纷繁复杂的各类机型，有的按自由度分，有的按用途分，有的按结构分，有的按控制方式分，有的按负重大小分等。

日本工业机器人学会（JIRA）将机器人进行如下分类：

第一类：人工操作机器人。是由操作员操作的多自由度装置。

第二类：固定顺序机器人。是按预定不变方法有步骤地依次执行任务的设备，其执行顺序难以修改。

第三类：可变顺序机器人。同第二类，但其顺序易于修改。

第四类：示教再现（playback）机器人。操作员引导机器人手动执行任务，记录下这些动作并由机器人以后再现执行，即机器人按照记录下的信息重复执行同样的动作。

第五类：数控机器人。操作员为机器人提供运动程序，并不是手动示教执行任务。

第六类：智能机器人。机器人具有感知外部环境的能力，即使其工作环境发生变化，也能够成功地完成任务。

美国机器人学会（RIA）按照日本机器人学会的分类标准，将第三类至第六类视作机器人。

我国根据 GB/T 39405—2020 机器人分类标准，依据以下分类原则，将机器人按照应用领域、运动方式、使用空间、机械结构和编程和控制方式进行分类。

GB/T 39405—2020 机器人分类原则：

（1）宜从多个维度进行分类。

（2）同一维度下应避免交叉重叠，应尽可能涵盖各种机器人。

（3）相同功能机器人应用在不同领域时，应按一级分类中机器人的定义进行分类。

我国的机器人专家从应用环境出发，将机器人分为两大类：

工业机器人：面向工业领域的多关节机械手或多自由度机器人。

特种机器人：除工业机器人之外的、用于非制造业并服务于人类的各种先进机器人，包括服务机器人、水下机器人、娱乐机器人、军用机器人、农业机器人、机器人化机器等。在特种机器人中，有些分支发展很快，有独立成体系的趋势，如服务机器人、水下机器人、军用机器人、微操作机器人等。

目前，国际机器人学者，从应用环境出发将机器人也分为两类：制造环境下的工业机器人和非制造环境下的服务与仿人型机器人，这和我国的分类是一致的。

3．机器人与人类社会

机器人技术是综合了计算机、控制论、机构学、信息和传感技术、人工智能、仿生学等多学科而形成的高新技术，是当代研究十分活跃，应用日益广泛的领域。机器人应用情况，是一个国家工业自动化水平的重要标志。

机器人并不是在简单意义上代替人工的劳动,而是综合了人的特长和机器特长的一种拟人的电子机械装置,既有人对环境状态的快速反应和分析判断能力,又有机器可长时间持续工作、精确度高、抗恶劣环境的能力。从某种意义上说它也是机器的进化过程产物,它是工业以及非产业界的重要生产和服务性设备,也是先进制造技术领域不可缺少的自动化设备。在机器人领域,经常谈到的一个问题便是机器人伦理问题。科幻作家伊萨克·阿西莫夫(Isaac Asimov)在多部科幻小说中,经常提到机器人的工程安全防护和伦理道德标准。在 1942 年科幻小说《环舞》(*Runaround*)中,他提出了机器人技术三大定律:

(1) 机器人不能伤害人类,不能袖手旁观坐视人类受到伤害。

(2) 机器人应服从人类指令,除非该指令与第一定律相背。

(3) 在不违背第一条和第二条定律情况下,机器人应保护自身的存在。

机器人学者们一直在议论阿西莫夫定律,他们认为,机器人现在越来越自主,为使它不成为脱缰之马,必须给予其指导和约束。2015 年 5 月,由布鲁金斯学会举办的一次无人驾驶汽车论坛上,学者们对无人驾驶汽车遇到危急时的处理方式进行了讨论。会上有人提出,为保护自己或乘客,汽车突然刹车该如何规避后车碰撞?或汽车为规避行人而突然转弯又如何避免伤害到其他人?学者们认为,研究人员应该研发能在诸如车祸这样的"二次危机中"做出正确选择的智能机器人。

随着技术的不断发展,"第四次工业革命"将会获得广大科技工作者的认可,以机器人技术为代表之一的人工智能相关技术的不断发展将对人类社会产生重大影响。机器人技术对人类社会的影响可总结为以下两点:

(1) 生产模式变革

随着机器人技术的发展,越来越多的行业都使用机器人来代替人工。新技术的快速发展极大地提高了生产率,机器人技术极易替代简单重复性的工作。随着经济的快速发展,这是不可抵挡的洪流。然而,中国人口众多,过多的农村人口所从事的工作会受到机器人的极大冲击,这将是一个不可忽视的社会问题。

(2) 生命伦理挑战

机器人的设计首先要遵循机器人学三原则,但是很多科幻电影或现实生活中,都发生过机器人伤害人类的案例。这些对人类的伤害事件增加了人们对机器人的恐惧心理,在一定程度上也抑制了机器人技术的发展和应用。因此,保证机器人使用中的安全性是未来机器人发展中的重要课题。

随着社会的发展,中国已逐渐进入老龄化社会。很多老人不愿意住进养老院,导致越来越多的空巢老人出现。设计服务型家庭机器人,更多地增加感情交流的方式,陪伴老人聊天,成为家庭中的重要一员。那么,未来服务型机器人在家庭生活中处于什么样的角色,人们该赋予机器人什么样的权利,这些问题是必须面对和解决的。

8.1.2 工业机器人

工业机器人是面向现代智能制造的关键设备,它综合了机械、电子、控制、计算机和人工智能等多学科先进技术于一体,能够自动执行指令,依靠自身控制能力和动力装置实现各种任务。工业机器人在工作过程中既可以接受工作人员的指令,也可以按照预先设定的程序运行。

1. 工业机器人的组成

工业机器人技术是综合了现代机构运动学与动力学、精密机械和现代控制技术发展起来的典型机电一体化产品,具有技术集成度高、应用领域广的特点。一台完整的工业机器人由以下几部分组成:机械本体、驱动系统、控制系统以及可更换的末端执行机构。

（1）机械本体

机械本体是工业机器人的主体,是用来完成各种任务的执行机械。工业机器人的柔性特点除体现在其控制装置可根据任务灵活编程外,还和机器人本体的结构形式有很大的关系。工业机器人普遍采用的关节型结构,具有类似人体腰部、肢体和手腕等仿生结构特点。

（2）驱动系统

驱动系统是指驱动机器人运动部件动作的装置,也就是机器人的动力装置。机器人使用的动力源有压缩空气、压力油和电能。因此相应的动力驱动装置就是气缸、油缸和电机。

（3）控制系统

控制系统是工业机器人的核心部件,它通过各种控制电路硬件和软件的结合来操控机器人,并协调机器人与生产系统中其他设备的关系。一个完整的机器人控制系统除了作业控制器和运动控制器外,还包括控制驱动系统的伺服控制器以及检测机器人自身状态的传感器反馈。现代机器人的电子控制装置由可编程控制器、数控控制器或计算机构成。控制系统是决定机器人功能和水平的关键部分,也是机器人系统中更新和发展最快的部分。

（4）末端执行机构

工业机器人的末端执行机构是指连接着操作机腕部的直接用于作业的装置,它可能是用于抓取搬运的手部(爪),也可能是用于喷漆的喷枪,或检查用的测量工具等。工业机器人操作臂的手腕,用于连接各种末端执行器的机械接口,按作业内容的不同选择的手爪或工具装在其上,这进一步扩大了机器人作业的柔性。

2. 工业机器人的技术参数

工业机器人的技术参数是各工业制造商在产品供货时所提供的技术数据,也是工业机器人的性能指标的体现。本书以 ABB 公司的 IRB120 工业机器人为例进行介绍(图 8.1,具体参数规格以 ABB 官方最新公布参数为准)。

ABB IRB120 是 ABB 公司推出的迄今最小的一款多用途机器人。IRB120 仅 25 kg,负载 3 kg(垂直腕为 4 kg),工作范围达 580 mm,具有敏捷、紧凑、轻量的特点,控制精度与路径精度俱优,十分适合物料搬运与装配应用。由于小巧安全的特性,该机器人大量应用在电子、食品饮料、机械、太阳能、医药、教育研究和培训领域。其主要技术参数如表 8.1 所示。

表 8.1　ABB IRB120 主要技术参数

工作范围	580 mm	轴数	6
有效载荷	3 kg	手臂载荷	4 kg
重复定位精度	0.01 mm	功耗	0.25 kW
防护等级	IP54	质量	25 kg

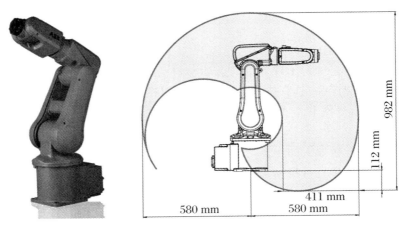

图 8.1 ABB IRB120 工业机器人

8.1.3 工业机器人的典型应用

工业机器人在生产过程中能替代工作人员从事单调、繁琐和重复的长时间作业，或在危险环境中作业，如冲压、锻造、焊接、热处理、打磨、喷涂和装配等工序，也可在核工业生产中从事对人体有害的生产操作。

1. 搬运机器人

搬运机器人用途很广，一般只需点位控制，即被搬运零件无严格的运动轨迹要求，只要求始点和终点位置准确。如机床上用的上下料机器人、工件堆垛机器人、注塑机配套用的机械等。搬运机器人系统由搬运机械手和周边设备组成(图 8.2)。

用机器人搬运物料具有抓取可靠、移动灵活和摆放整齐等特点，可以规范物料的放置空间，便于仓储管理，并且减轻了装卸工人的劳动强度，提高装卸效率，减少环境污染。目前，国际上已经产品化的搬运码垛机器人主要分为三种：一是直角坐标型；二是空间关节型；三是平面关节型。

2. 焊接机器人

焊接机器人(图 8.3)是在工业机器人的末轴安装接焊钳或焊(割)枪，使之能进行焊接、切割或热喷涂的机器人。目前焊接机器人是最大的工业机器人应用领域，占工业机器人总数的 25% 左右，主要应用于汽车行业。

焊接机器人主要分为点焊和弧焊两种类型，点焊对机器人的要求不太高，焊点与焊点之间的移动轨迹没有严格要求，只要求起点和终点的位置准确；弧焊机器人的原理和点焊基本相同，但对焊丝端头的运动轨迹、焊枪姿态和焊接参数都要求精确控制。

3. 装配机器人

装配机器人是为完成装配作业而设计的工业机器人(图 8.4)。装配作业的主要操作是：垂直向上抓起零部件，水平移动它，然后垂直放下插入。通常要求这些操作进行得既快又平稳，因此，一种能够沿着水平和垂直方向移动，并能对工作平面施加压力的机器人是最适于装配作业的。

图 8.2 搬运机器人

图 8.3 焊接机器人

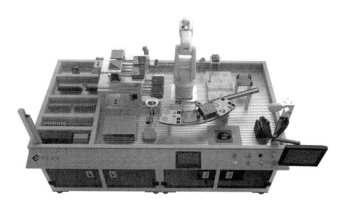

图 8.4 装配机器人综合工作站

与一般工业机器人相比,装配机器人具有精度高、柔顺性好、工作范围小、能与其他系统配套使用等特点,主要用于各种电器制造、小型电机、汽车及其部件、计算机、玩具、机电产品及其组件的装配等方面。

4. 激光加工机器人

整个激光加工机器人系统包括高功率激光器、传送系统、光学系统和机器人本体(图 8.5)。其中机器人的自由度一般是六自由度,数字控制系统主要设备有两个:一是控制器,二是示教盒。激光加工机器人的完成是建立在计算机技术基础之上的,还具有计算机离线编程系统。其外,为工作所需,机器视觉体系也必不可少,此外,还包括激光加工头、材料进给系统以及加工工作台等辅助设备。

5. 喷涂机器人

喷涂机器人(图 8.6)多用于汽车、仪表和电器等工艺生产部门,重复定位精度要求不高,由于漆雾易燃,驱动装置必须防燃防爆。喷涂机器人一般采用五或六自由度关节式结构,手臂有较大的运动空间,可做复杂的轨迹运动,腕部可灵活运动。

图 8.5　激光加工机器人

图 8.6　喷涂机器人

8.2　大数据技术

现在的社会是一个高速发展的社会,人们之间的交流越来越密切,大数据就是这个高科技时代的产物。在现今的社会,大数据的应用越来越彰显其优势,应用领域也越来越广泛,电子商务、物流配送、现代制造等,各种利用大数据进行发展的领域正在协助企业不断地拓展新业务,创新运营模式。

8.2.1　什么是大数据

与之前的一些 IT 流行语一样,"大数据"也是一个起源于欧美的词汇。在一些以大数据为主题的报告中,经常会引用 2010 年 2 月出版的《经济学家》杂志中一篇题为 *The data deluge* 的文章。这篇文章的标题直译出来,就是"数据洪流"或"海量数据"。

1. 大数据的概念

所谓大数据,是指用现有的一般技术难以管理的大量数据的集合,即所涉及的数据规模巨大到无法利用目前主流软件工具,在合理时间内实现获取、管理、处理、并使之成为有效的辅助企业经营决策的信息。

所谓"用现有的一般技术难以管理",是指用目前在企业数据库占据主流地位的关系型数据库无法进行管理的、具有复杂结构的数据。或者也可以说,是指由于数据量的增大,导致对数据的查询响应时间超出允许范围的庞大数据。

研究机构 Gartner 给出了这样的定义:大数据是需要新的处理模式,才能使用户具有更强的决策力、洞察发现力和流程优化能力,以及海量、高增长率和多样化的信息资产。

麦肯锡认为大数据指的是所涉及的数据集规模已经超过了传统数据库软件获取、存储、管理和分析的能力。这是一个被故意设计成主观性的定义,并且是一个关于多大的数据集才能被认为是大数据的可变定义,即并不定义大于一个特定数字的 TB 才称为大数据。因为随着技术的不断发展,符合大数据标准的数据集容量也会增长;并且定义随不同的行业也有变化,这依赖于在一个特定行业通常使用何种软件和数据集有多大。因此,大数据在今天不同行业中的范围可以从几十 TB 到几 PB。

如今,"大数据"这一通俗直白、简单朴实的名词,已经成为最火爆的 IT 行业词汇。随之,数据仓库、数据安全、数据分析和数据挖掘等围绕大数据商业价值的利用正逐渐成为行业人士争相追捧的利润焦点,在全球引领了又一轮数据技术革新的浪潮。

有了大数据这个概念,对于消费者行为的判断,产品销售量的预测,精确的营销范围以及存货的补给已经得到全面的改善与优化。

2. 大数据的描述

从字面来看,"大数据"这个词可能会让人觉得只是容量非常大的数据集合而已。但容量只不过是大数据特征的一个方面,如果只拘泥于数据量,就无法深入理解当前围绕大数据所进行的讨论。因为"用现有的一般技术难以管理"这样的状况,并不仅仅是由数据量增大这一个因素造成的。

IBM 公司用三个特征相结合来定义大数据:数量(volume,或称容量)、种类(variety,或称多样性)和速度(velocity),或者就是简单的 3V,即庞大容量、极快速度和种类丰富的数据。

(1) 数量

用现有技术无法管理的数据量,从现状来看,基本上是指从几十 TB 到几 PB 这样的数量级。当然,随着技术的进步,这个数值也会不断变化。

如今,存储的数据数量正在急剧增长中,存储的事务包括环境数据、财务数据、医疗数据和监控数据等。有关数据量的对话已从 TB 级别转向 PB 级别,并且不可避免地会转向 ZB 级别。可是,随着可供企业使用的数据量的不断增长,可处理、理解和分析的数据的比例却不断下降。

(2) 种类或多样性

随着传感器、智能设备及社交协作技术的激增,企业中的数据也变得更加复杂,因为它不仅包含传统的关系型数据,还包含来自网页、互联网日志文件、搜索索引、社交媒体论坛、电子邮件、文档、主动和被动系统的传感器数据等原始、半结构化和非结构化数据。

这里的种类是表示所有的数据类型。其中,爆发式增长的一些数据,如互联网上的文本数据、位置信息、传感器数据和视频等,用企业中主流的关系型数据库是很难存储的,它们都属于非结构化数据。

当然,在这些数据中,有一些是过去就一直存在并保存下来的。和过去不同的是,这些大数据并非只是存储起来就够了,还需要对其进行分析,并从中获得有用的信息。例如监控摄像机中的视频数据。近年来,超市、便利店等零售企业几乎都配备了监控摄像机,其最初目的是防范盗窃,但现在也出现了使用监控摄像机的视频数据来分析顾客购买行为的案例。

(3) 速度

数据产生和更新的频率也是衡量大数据的一个重要特征。就像所收集和存储的数据量和种类发生了变化一样,生成和处理数据的速度也在变化。不要将速度的概念限定为与数据存储库相关的增长速率,应动态地将此定义应用到数据,即数据流动的速度。有效处理大数据需要在数据变化的过程中对它的数量和种类进行分析,而不只是在它静止后进行分析。

IBM 在 3V 的基础上又归纳总结了第四个 V——真实和准确(veracity)。"只有真实而准确的数据才能让对数据的管控和治理真正有意义。随着社交数据、企业内容、交易与应用数据等新数据源的兴起,传统数据源的局限性被打破,企业愈发需要有效的信息治理以确保其真实性和安全性。"

8.2.2　大数据处理关键技术

为获取大数据中的有价值信息,必须选择一种有效的方式来对其进行处理。大数据处理相关技术一般包括数据采集、数据预处理、数据存储和数据分析四个部分。

1. 大数据采集技术

数据采集是通过 RFID 射频技术、传感器、社交媒体以及移动互联网等方式获得的各种类型的结构化及非结构化的海量数据。大数据采集一般分为大数据智能感知层和基础支撑层。大数据智能感知层包括数据传感体系、网络通信体系、传感适配体系、智能识别体系及软硬件资源,实现对结构化、半结构化、非结构化的海量数据的智能化识别、定位、跟踪、接入、传输、信号转换、监控、初步处理和管理等。智能感知层着重攻克针对大数据源的智能识别、感知、适配、传输、接入等技术。

基础支撑层提供大数据服务平台所需的虚拟服务器,结构化、半结构化及非结构化数据的数据库及物联网资源等基础支撑环境。基础支撑层重点在攻克分布式虚拟存储技术,大数据获取、存储、组织、分析和决策操作的可视化接口技术,大数据的网络传输与压缩技术,大数据隐私保护技术等。

2. 大数据预处理技术

大数据预处理主要完成对已接收数据的抽取、清洗等操作。

抽取:因获取的数据可能具有多种结构和类型,数据抽取过程可以将这些复杂的数据转化为单一的或者便于处理的构型,以达到快速分析处理的目的。

清洗:对于大数据,并不全是有价值的,有些数据并不是我们所关心的内容,而另一些数据则是完全错误的干扰项,因此要对数据进行过滤"去噪"从而提取出有效数据。

3. 大数据存储及管理技术

大数据存储与管理要用存储器把采集到的数据存储起来,建立相应的数据库,并进行管理和调用。要解决大数据的可存储、可表示、可处理、可靠性及有效传输等几个关键问题,需要开发新型数据库技术,如键值数据库、列存数据库、图存数据库以及文档数据库等类型。

4. 大数据分析技术

数据分析是大数据的核心技术。主要是在现有的数据上进行基于各种预测和分析的计算,从而起到预测的效果,满足一些高级数据分析的需求。大数据分析技术主要包括可视化分析和数据挖掘。

不管对于数据分析专家还是普通用户,数据可视化都是数据分析工具最基本的功能要求。数据挖掘是从大量的、不完全的、有噪声的、模糊的、随机实际数据中,提取隐含在其中的、人们事先不知道的,但又是潜在有用的信息和知识的过程。

8.2.3　大数据与智能工厂

消费需求的个性化,要求传统制造业突破现有的生产方式与制造模式,处理和挖掘消费需求所产生的海量数据与信息,同时非标产品的生产过程也会产生大量的生产信息与数据,需要及时收集、处理和分析,用来指导生产。

1．订单处理

用户利用大数据的预测能力可以精准地了解市场发展趋势,用户需求以及行业走向等多方面的数据,从而为用户自身企业的发展制订更适合的战略和规划。企业通过大数据的预测结果,便可以得到潜在订单的数量,然后直接进入产品的设计和制造以及后续环节。

也就是说,企业可以通过大数据技术,在客户下单之前进行订单处理。而传统企业通过市场调研与分析,得到粗略的客户需求量,然后开始生产加工产品,等到客户下单后,才开始订单处理。这大大延长了产品的生产周期。现在已经有很多制造业行业的企业用户开始利用大数据技术来对销售数据进行大数据分析,这对于提升企业利润方面是非常有利的。

2．仓储运输

由于大数据能够精准预测出个体消费者的需求以及消费者对于产品价格的期望值,企业在产品设计制造之后,可直接派送到消费者手中。虽然此时消费者还没有下单,但是消费者最终接受产品是一个大概率事件。这使得企业不存在库存过剩的问题,也就没有必要进行仓储运输和批发经营。

3．工业采购

大数据技术可以从数据分析中获得知识并推测趋势,可以对企业的原料采购的供求信息进行更大范围的归并、匹配,效率更高。大数据通过高度整合的方式,将相对独立的企业各部门信息汇集起来,打破了原有的信息壁垒,实现了集约化管理。

用户可以根据流程当中每一个环节的轻重缓急来更加科学地安排企业的费用支出,同时,利用大数据的海量存储还可以对采购原料的附带属性进行更加精细化的描述与标准认证,通过分类标签与关联分析,可以更好地评估企业采购资金的支出效果。

4．产品设计

借助大数据技术,人们可以对原物料的品质进行监控,发现潜在问题立即做出预警,以便能及早解决问题从而维持产品品质,大数据技术还能监控并预测加工设备未来的故障概率,以便让工程师即时执行最适决策。大数据技术还能应用于精准预测零件的生命周期,在需要更换的最佳时机提出建议,帮助制造业者达到品质成本双赢。

5．终端零售

在零售行业当中的一些企业也将大数据技术融入了进来,沃尔玛的零售链平台提供的大数据工具,将每家店的卖货和库存情况大数据成果向各公司相关部门和每个供应商定期分享。供应商可以实现提前自动补货,这不仅减少了门店断货的现象,而且大规模减少了供应链的总库存水平,提高了整个供应链条和零售生态系统的投入回报率,创造了非常好的商业价值。

对于工业制造业来说,由于自身在技术创新性等方面的特殊需求,对于大数据技术的需求改变是非常庞大的,这就需要在实际应用过程当中将海量数据变得能够真正被实际应用所用,并服务智能生产的过程,促进高品质个性化的产品生产。大数据是构成新一代智能工厂的重要技术支撑。

8.3　人工智能技术

人工智能作为研究机器智能的一门综合性交叉学科,产生于20世纪50年代,它是一门涉及心理、认知、思维、信息、系统和生物等多学科的综合性技术学科。目前已在知识处理、模式识别、自然语言处理、博弈、自动定理证明、自动程序设计、专家系统、知识库、智能机器人等多个领域取得丰富的成果,并形成了多元化的发展方向。

8.3.1　人工智能的概念

提到人工智能就不得不提及两个经典问题,即图灵测试和中文屋。图灵提出一个有趣的问题:人们如何辨别计算机是否真的会思考? 根据这个问题设计了模仿游戏,如果一台机器能够与人类展开对话(通过电传设备)而不会被辨别出其机器身份,那么称这台机器具有智能。

人工智能(artificial intelligence,简称AI),作为计算机学科的一个重要分支,是由John McCarthy于1956年在Dartmouth学会上正式提出的,当前被人们称为世界三大尖端技术(基因工程、纳米技术、人工智能)之一。通俗来讲,人工智能就是机器可以完成人们认为机器不能胜任的事情,如Alpha Go打败了世界顶尖的围棋高手,又如从图像当中把文字识别出来(如光学字符识别OCR)等,人们认为它们就是人工智能。但随着人们认知的改变,对人工智能的认识也在改变,即使在科学界,人工智能的定义也在不断地变化着。

美国斯坦福大学人工智能研究中心尼尔逊(Nilson)教授这样定义人工智能“人工智能是关于知识的学科——怎样表示知识以及怎样获得知识并使用知识的学科”,而美国麻省理工学院的温斯顿(Winston)教授认为“人工智能就是研究如何使计算机去做过去只有人才能做的智能的工作”。除此之外,还有很多关于人工智能的定义,但至今尚未给出确切的定义。原因是无法准确定义智能,并且大众与专业人士之间、技术研发人员与社科研究人员之间,对于人工智能的认知存在深深的裂痕,因此人们彼此之间谈论的人工智能其实有时并非同一概念。但现有的定义均反映了人工智能学科的基本思想和基本内容。由此可以将人工智能定义为研究人类智能活动的规律、构造具有一定智能行为的人工系统的学科。

8.3.2　人工智能的主要研究方法

在人工智能的研究过程中,由于人们对智能本质的理解和认知不同,形成了人工智能研究的多种不同途径。不同的研究途径具有不同的学术观点,采用不同的研究方法,形成了不同的研究学派。目前在人工智能界,主要的研究学派有符号主义、连接主义和行为主义等学派。符号主义以物理符号系统假设和有限合理性原理为基础;连接主义以人工神经网络模型为核心;行为主义侧重研究感知—行动的反应机制。

1. 符号主义

符号主义(symbolism)又被称为逻辑主义(logicism)、心理学派(psychlogism)或计算机学派(computerism),是一种基于逻辑推理的智能模拟方法。该学派认为人工智能源于数理逻辑,人类认知和思维的基本单元是符号,认知过程就是符号的操作过程。它还认为知识是信息的一种形式,是构成智能的基础,人工智能的核心问题是知识表示、知识推理和知识运用,可以把符号主义的思想简单地归结为"认知即计算"。早期的人工智能研究者大多属于此类。

符号主义的主要原理是物理符号系统(即符号操作系统)假设和有限合理性原理。其中物理符号系统假设的观点认为,物理符号系统是实现智能行为的充要条件,即所有智能行为都等价于一个物理符号系统,而任何具有足够尺度的物理符号系统都可以经适当组织之后展现出智能。

2. 连接主义

连接主义(connectionism)又称为仿生学派(bionicsism)或生理学派(physiologism)。该学派以人工神经网络模型为核心,认为人工智能是一种基于神经网络、网络间连接机制与学习算法的智能模拟方法。并将人工智能的起源归结为仿生学,把人的智能归结为人脑中大量的简单单元通过复杂的相互连接并进行活动的结果。连接主义者希望通过研究弄清楚大脑的结构以及它进行信息处理的过程和机理,以实现人类智能在机器上的模拟。我们可以把连接主义的思想简单地称为"神经计算"。

3. 行为主义

行为主义(actionism)又称为进化主义(evolutionism)或控制论学派(cyberneticsism),是基于控制论和"感知—行动"型控制系统的行为智能模拟方法,属于非符号处理方法。该学派认为人工智能源于控制论,认为"感知—行动"的反应机制是智能行为的基础,即智能行为取决于对外界复杂环境的适应,而非表示和推理。该学派的代表人物是澳大利亚机器人专家布鲁克斯(Brooks)。

控制论把神经系统的工作原理与信息理论、控制理论、逻辑以及计算机联系起来。它推进了机器人研究,机器人是"感知—行动"模式,通过系统与环境的交互,从运行环境中获取信息,从而做出相应的行为反应。早期的行为主义学者研究工作重点是模拟人在控制过程中的智能行为和作用,如对自寻优、自适应、自镇定、自组织和自学习等控制论系统的研究,并进行"控制动物"的研制。

8.3.3 人工智能与智能制造

新一代人工智能与先进制造技术的高度融合正是智能制造发展的重要基础。人工智能将在智能制造中发挥巨大的作用,为产品设计工艺知识库建立和充实、制造环境和状态信息理解、制造工艺知识自学习、制造过程自组织执行、加工过程自适应控制等方面提供强大的理论和技术支持(图 8.7)。

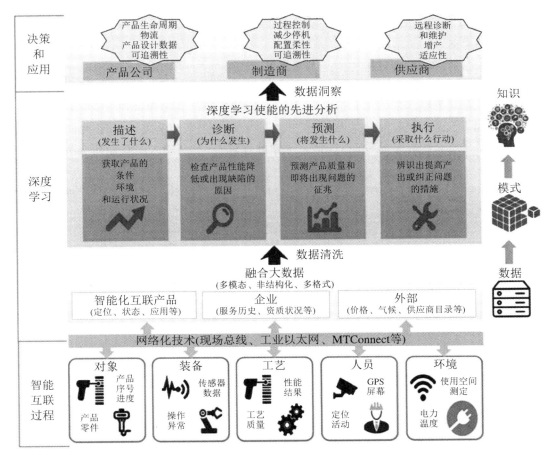

图 8.7 人工智能技术在智能制造中的应用示例

8.4 虚拟制造技术

虚拟制造(visual manufacturing,VM)是指以信息技术为基础,以计算机仿真和建模技术为支持,对生产制造过程进行系统化组织与分析,并对整个制造过程建模,在计算机上进行设计评估和制造活动仿真的技术。虚拟制造技术强调用虚拟模型描述制造全过程,在实际物理制造之前就具有了对产品性能及其可制造性的预测能力。

虚拟制造集成了三维模型与虚拟仿真的制造活动,从而代替现实世界中的物体与操作,是一种知识与计算机辅助系统技术,是虚拟现实技术在生产制造过程中的一种应用。用户可以通过虚拟现实技术进入一个三维的虚拟世界,在这个世界中不仅能够感知三维可视化环境,还能够对物体进行交互操作,从而可以综合质量与数量两个层面的因素,提高解决策略的可行性。

8.4.1　虚拟制造关键技术

虚拟制造技术的涉及面很广,如可制造性自动分析、分布式制造技术、决策支持工具、接口技术、智能设计技术、建模技术、仿真技术以及虚拟现实技术等。其中,后四项是虚拟制造的核心技术。

1. 智能设计技术

智能设计技术是对传统计算机设计技术(computer aided design,CAD)的研究和加强,既具有传统 CAD 系统的数值计算和图形处理能力,又能满足设计过程自动化的要求,对设计的全过程提供智能化的计算机支持,因此又被称为智能 CAD 系统,简称 ICAD。虚拟设计与虚拟制造流程如图 8.8 所示。

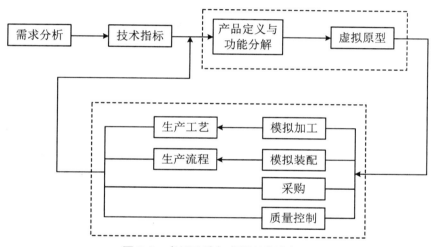

图 8.8　虚拟设计与虚拟制造流程图

智能设计技术具有如下特点:

(1) 以设计方法学为指导。设计方法学对设计本质、过程设计思维特征及其方法学的深入研究,是智能设计模拟人工设计的基本依据。

(2) 以人工智能技术为实现手段。借助专家系统技术的强大知识处理功能,结合人工神经网络和机器学习技术,较好地支持设计过程自动化。

(3) 将传统 CAD 技术作为数值计算和图形处理工具,提供对设计方案优化和图形显示输出的支持。

(4) 面向集成智能化。不仅支持设计的全过程,而且能为集成其他系统提供统一的数据模型及数据交换接口。

(5) 提供强大的人机交互功能。使设计师对智能设计过程的干预,即人和人工智能的融合成为可能。

随着对市场及用户数据的采集、分析和挖掘,以及参与式设计支撑技术的发展,传统的设计流程已从设计师为主导的为用户设计,向着基于用户需求的智能化设计转变。

2．建模技术

虚拟制造系统(virtual manufacturing system, VMS)是现实制造系统(real manufacturing system, RMS)在虚拟环境下的映射,是 RMS 的模型化、形式化和计算机化的抽象描述和表示。VMS 的建模包括生产模型、产品模型和工艺模型三种类型,如表 8.2 所示。

表 8.2　VMS 的建模

模型	说　明
生产模型	可归纳为静态描述和动态描述两个方面。静态描述是指系统生产能力和生产特性的描述;动态描述是指在已知系统状态和需求特性的基础上,预测产品生产的全过程
产品模型	产品模型是制造过程中各类实体对象模型的集合。目前产品模型描述的信息包括产品结构、产品形状特征等静态信息。而对 VMS 来说,要集成产品制造过程中的全部活动,就必须有完备的产品模型,所以虚拟制造下的产品模型不再是单一的静态特征模型,而是能通过映射、抽象等方法,提取产品制造中各活动所需信息的模型,包括三维动态模型、干涉检查、应力分析等
工艺模型	将工艺参数与影响制造功能的产品设计属性联系起来,以反映生产模型与产品模型之间的交互作用。工艺模型必须具备以下功能:计算机工艺仿真、制造数据表、制造规划、统计模型以及物理和数学模型

3．仿真技术

仿真,就是应用计算机将复杂的现实系统抽象并简化为系统模型,然后在分析的基础上运行此模型,从而获知原系统一系列的统计性能。仿真是以系统模型为对象的研究方法,不会干扰实际生产系统。而且,利用计算机的快速运算能力,仿真可以用很短时间模拟实际生产中需要很长时间的生产周期,因此可以缩短决策时间,避免资金、人力和时间的浪费,并可重复仿真,优化实施方案。

仿真的基本步骤为研究系统(收集数据),建立系统模型(确定仿真算法),建立仿真模型,运行仿真模型,最后输出结果并分析。

产品制造过程仿真,可归纳为制造系统仿真和加工过程仿真。制造系统仿真,包括产品建模仿真、设计过程规划仿真、设计思维过程和设计交互行为仿真等,以便对设计结果进行评价,实现设计过程早期反馈,减少或避免产品设计错误。加工过程仿真,包括切削过程仿真、装配过程仿真、检验过程仿真以及焊接、压力加工、铸造仿真等。

4．虚拟现实技术

虚拟现实技术(virtual reality, VR)是综合利用计算机图形系统、各种显示和控制等接口设备,在计算机生成的可交互的三维环境(称为虚拟环境)中提供沉浸感觉的技术。虚拟现实系统包括操作者、机器和人机接口三个基本要素。利用虚拟现实技术可以对真实世界进行动态模拟,通过用户的交互输入,及时按输出修改虚拟环境,使人产生身临其境的沉浸感觉。虚拟现实技术是虚拟制造的关键技术之一。

8.4.2　数字化虚拟制造在制造业中的应用

数字化虚拟制造技术首先成功应用于飞机、汽车等工业领域,未来在现代智能制造中的应用前景主要体现在以下几个方面:

1. 虚拟产品制造

应用计算机仿真技术,对零件的加工方法、工序顺序、工装选用、工艺参数选用,加工工艺性、装配工艺性、配合件之间的配合性、连接件之间的连接性、运动构件的运动性等均可建模仿真。建立数字化虚拟样机是一种崭新的设计模式和管理体系。

虚拟样机是基于三维计算机辅助设计(computer aided design,CAD)的产物。三维CAD 系统是造型工具,能支持"自顶向下"和"自底向上"等设计方法,完成结构分析、装配仿真及运动仿真等复杂设计过程,使设计更加符合实际设计过程。三维造型系统能方便地与计算机辅助工程(computer aided engineering,CAE)系统集成,进行仿真分析;能提供数控加工所需的信息,如 CNC(computer number control)代码,实现 CAD/CAE/CAPP/CAM的集成。

以 CAD/CAM 软件为设计平台,建立全参数化三维实体模型。在此基础上,对关键零件进行有限元分析以及对整机或部件的运动模拟。通过数字化虚拟样机的建立与使用,帮助企业建立起一套基于三维 CAD 的产品开发体系,实现设计模式的转变,缩短产品推向市场的周期。

2. 虚拟企业

虚拟企业是目前国际上一种先进的产品制造方式,采用的是"两头在内,中间在外"的哑铃型生产经营模式,即"产品开发"和"销售"两头在公司内部进行,而中间的机械加工部分则通过外协、外购方式进行。

虚拟企业的特征是企业地域分散化。虚拟企业从用户订货、产品设计、零部件制造,以及装配、销售、经营管理都可以分别由处在不同地域的企业联作,进行异地设计、异地制造、异地经营管理。虚拟企业是动态联盟形式,突破了企业的有形界限,能最大限度地利用外部资源加速实现企业的市场目标。企业信息共享化是构成虚拟企业的基本条件之一,企业伙伴之间通过互联网及时沟通信息,包括产品设计、制造、销售、管理等信息,这些信息以数据形式表示,能够分布到不同的计算机环境中,以实现信息资源共享,保证虚拟企业各部门步调高度协调,在市场波动条件下,确保企业最大整体利益。

虚拟企业的主要基础是建立在先进制造技术基础上的企业柔性化;在计算机上完成产品从概念设计到最终实现的全过程模拟的数字化虚拟制造;计算机网络技术。这三项内容是构成虚拟企业的必要条件。

虚拟制造技术的主要目标是能够根据实际生产线及生产车间情况进行规模布局,以建模与仿真为核心内容,进行产品的全寿命设计,有巨大的应用潜力。基于产品的数字化模型,实现了从产品的设计、加工、制造到检验全过程的动态模拟,而生产环境、制造设备、定位工装、加工工具和工作人员等虚拟模型的建模,为虚拟环境的搭建奠定了坚实的基础。虚拟制造的关键技术是对产品与制造过程的拟实仿真,通过仿真,可以及时发现生产问题,及时进行生产优化,从而实现提高效率、节约成本的最终目的。

8.5 工业云技术

工业云属于行业云下的一个范畴,是在云计算模式下对工业企业提供软件服务,可使工业企业的社会资源实现共享化。工业云是将软件和信息资源存储在"云端",使用者通过"云端"分享"他人"案例、标准、经验等,还可将自己的成果上传至"云端",实现信息共享。

8.5.1 云技术

互联网上的应用服务一直被称为软件即服务(software as a service,SaaS)。而数据中心的软硬件设施就是云(cloud)。云可以是广域网或者某个局域网内硬件、软件、网络等一系列资源统一在一起的一个综合称呼。云技术可以分为云计算、云存储、云安全等。

1. 云计算

云计算概念由 Google 提出,伯克利大学云计算白皮书定义云计算是包含互联网上的应用服务及在数据中心提供这些服务的软硬件设施。云计算是分布式处理(distributed computing,DC)、并行处理(parallel computing,PC)和网格计算(grid computing,GC)的综合运用,是透过网络将庞大的计算处理程序自动分拆成无数个较小的子程序,再交由多部服务器进行计算,并处理后回传用户的计算技术。通过云计算技术,网络服务提供者可以在数秒内,处理数以千万计甚至亿计的信息,达到和超级计算机同样强大的网络服务能力(图8.9)。

2. 云存储

云存储是在云计算概念上延伸和发展出来的一个新的概念。云计算时代,可以抛弃优盘等移动设备,只需要连接网络,使用网络服务就可以新建文档,编辑内容,然后直接将文档的 URL 分享给你的朋友或者上司,他可以直接打开浏览器访问。云存储使我们再也不用担心因计算机硬盘的损坏而发生资料丢失事件。

3. 云安全

云安全是网络时代信息安全的最新体现,它融合了并行处理、网格计算、未知病毒行为判断等新兴技术和概念;通过网状的大量客户端对网络中软件行为的异常进行监测,获取互联网中木马、恶意程序的最新信息,传送到服务器端进行自动分析和处理,再把病毒和木马的解决方案分发到每一个客户端。未来杀毒软件将无法有效地处理日益增多的恶意程序。来自互联网的主要威胁正在由计算机病毒转向恶意程序及木马,在这样的情况下,采用的特征库判别法显然已经过时。云安全技术应用后,识别和查杀病毒不再仅仅依靠本地硬盘中的病毒库,而是依靠庞大的网络服务,实时进行采集、分析及处理。整个互联网就是一个巨大的"杀毒软件",参与者越多,每个参与者就越安全,整个互联网就会更安全。

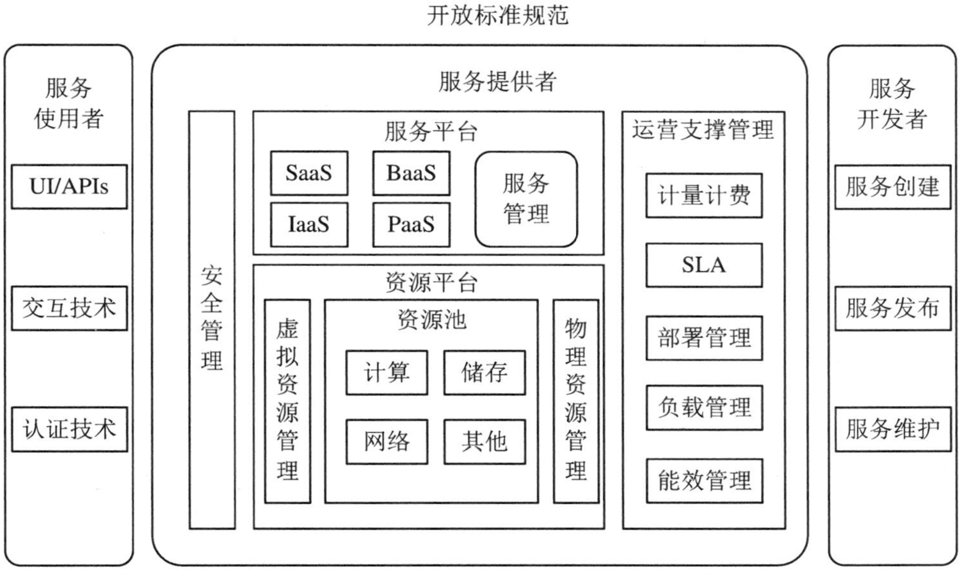

开放标准规范

图 8.9 云计算概念模型

8.5.2 "云"的核心

云计算系统的核心技术是并行计算。并行计算是指同时使用多种计算资源解决计算问题的过程。通过并行计算集群完成数据的处理,再将处理的结果返回给用户。

1. 虚拟化技术

虚拟化技术是云计算的关键技术。它为云计算服务提供基础架构层面的支撑,是信息和通信服务快速走向云计算的主要驱动力。我国虚拟化技术的发展路线如下:

第一代为物理设备集中(2000 年)。

第二代为通过动态集中实现资源共享(2005 年)。

第三代为计算负载平衡实现灵活迁移(2007 年)。

第四代为根据服务导向制定策略,实现成本可控的自动控制(2010 年)。

2. 分布式数据存储技术

将数据储存在不同的物理设备中,摆脱了硬件设备的现实,同时扩展性更好,能够更加快速、高效地处理海量数据,更好地响应用户需求的变化。

3. 大规模数据管理

云计算不仅要保证数据的存储和访问,还要能够对海量数据进行特定的检索和分析。数据管理技术必须能够高效管理大量的数据。经过大数据智能分析后,通过物联网实现实体与虚拟的有机结合。

4. 编程模式

云计算旨在通过网络把强大的服务器计算资源方便地分发到终端用户手中,同时保证具有高效、简洁、快速的用户体验。在这个过程中,编程模式的选择至关重要。

5. 信息安全

在云计算体系中,安全涉及很多层面,包括网络安全、服务器安全、软件安全、系统安全等。

6. 云计算平台管理

云计算平台管理需要具有高效调配大量服务器资源,使其更好协同工作的能力。能够方便地部署和开通新业务、快速发现并且恢复系统故障。通过自动化、智能化手段实现大规模系统可靠运营。

8.5.3　我国工业云技术的应用

在国家扶持和科技发展的背景下,全国各地上线了诸多工业云平台,它们面向中小企业,目的是提高中小企业信息化水平,实现两化融合。这些云平台着眼于不同领域,推动软件与服务、设计与制造资源、关键技术与标准的开放共享,深化互联网在制造领域的应用,为企业提供各种应用和服务。云技术在现代制造业中的应用如图 8.10 所示。

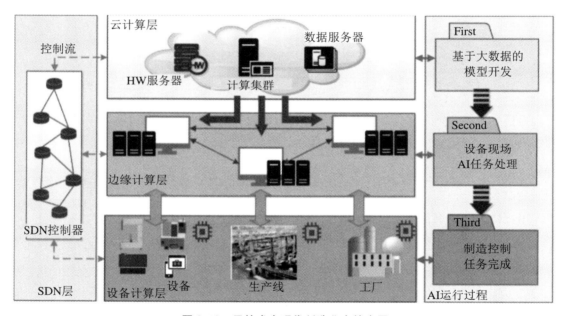

图 8.10　云技术在现代制造业中的应用

物联网技术可以称为工业云技术的身躯,物联网是新一代信息技术的重要组成部分,也是"信息化"时代的重要发展阶段。物联网就是物物相连的互联网。这有两层意思:其一,物联网的核心和基础仍然是互联网,是在互联网基础上延伸和扩展的网络;其二,其用户端延伸和扩展到了任何物品与物品之间,进行信息交换和通信,也就是物物相息。

中国制造开始于 20 世纪 80 年代初,通过融入以西方为中心的经济全球化分工体系,并凭借东南沿海的区域优势,经政府的大力推动,迅速抓住世界特别是东亚产业转移的机会。2010 年左右,中国制造达到了一个新高度,从纺织、小家电、机电产品等各个品类全面爆发,也因此诞生了如富士康等一批制造业巨无霸企业。

可以想象的是,未来几年将是我国自有品牌井喷的时间。2015 年国务院正式颁布《中国制造 2025》,力争十年内成为世界制造强国。制造业已经成为国家级战略,这就是中国制造成为世界第一的底气。服务化制造将成为新的大趋势,其不同于传统制造业,而且需要对不同服务业进行整合,制定出服务化制造转型的战略。

8.6　传感与系统集成技术

传感技术、通信技术和计算机技术是现代信息技术的三大支柱,构成信息系统的感官、神经和大脑,实现信息的获取、传递、转换和控制。传感技术是信息技术的基础,传感器的性能、质量和水平直接决定了信息系统的功能和质量。系统集成是根据应用的需求,将机电硬件平台、网络设备、系统软件、工具软件及相应的应用软件等集成为具有优良性能价格比的机电系统的全过程。

8.6.1　传感器的定义

人的大脑通过五种感觉器官(人的"五官"——眼、耳、鼻、舌、皮肤分别具有视、听、嗅、味、触觉),对外界的刺激做出反应。为了从外界获取更多的信息,人类发明了传感器。关于传感器,初期曾出现过许多种名称,如发送器、传送器、变送器、敏感元件等,它们的内涵相同或者相似,近年来已逐渐趋向统一,即按国家标准规范使用传感器这一名称。从字面上可以做如下解释:传感器的功用是一感二传,即感受被测信息,并传送出去。

传感器是一种信息拾取、转换装置,是一种能把物理量或化学量或生物量等按照一定规律转换为与之有确定对应关系的、便于应用的、以满足信息传输、处理、存储、显示、记录和控制等要求的某种物理量的器件或装置。由于电学量(电压、电流、电阻等)便于测量、转换、传输和处理,所以当今的传感器绝大多数都是以电信号输出的,以至于可以简单地认为,传感器是一种能把物理量或化学量或生物量转变成便于利用的电信号的器件或装置,或者说一种把非电量转变成电学量的器件或装置。

国际电工委员会(international electrotechnical committee, IEC)把传感器定义为:"传感器是测量系统中的一种前置部件,它将输入变量转换成可供测量的信号"。德国和俄罗斯学者认为"传感器是包括承载体和电路连接的敏感元件",传感器应是由两部分组成的,即直接感知被测量信号的敏感元件部分和初始处理信号的电路部分。按照这种理解,传感器还包含了信号初始处理的电路部分。

国家标准(GB/T 7665—2005)对传感器的定义是:能够感受规定的被测量并按照一定规律转换成可用输出信号的器件或装置,通常由敏感元件、转换元件组成。其中敏感元件是指传感器中能直接感受或响应被测量的部分,转换元件是指传感器中能将敏感元件感受或响应的被测量转换成适于传输或测量的电信号部分。

8.6.2　传感器的基本构成

现代传感器在国家标准的基础上，通常还包括了转换电路，如图 8.11 所示。在现有技术条件下，因为电量最容易被使用，所以传感器的输出物理量一般是电量。

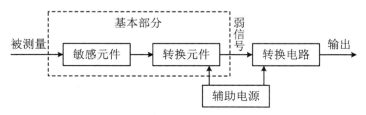

图 8.11　传感器基本构成

1．敏感元件

直接感受被测量（一般为被测量），以确定的关系输出某一物理量（包括电学量）的元件。如膜片和波纹管可以把被测压力变成位移量。

2．转换元件

将敏感元件输出的非电物理量（如位移、应变、应力等）转换为电学量（包括电路参数量），如光敏电阻和热敏电阻等。

3．转换电路

将转换元件输出的电信号（如电阻、电容、电感）转换成便于测量（显示、记录、控制和处理）的电量（如电压、电流、频率等）。

传感器的上述三部分不一定齐全，根据敏感与转换的需要，有的只有敏感元件，有的有敏感元件和转化元件，有的则三者兼备。

敏感元件如果直接输出电量就同时兼为转换元件了，如热电偶感受被测温差时直接输出电动势，压阻式和谐振式压力传感器、差动变压器式位移传感器等的敏感元件和转化元件完全合为一体。敏感元件输出的虽然是电量，但不是电流、电压之类的容易直接使用的，而是电阻、电容、电感之类的中间量，则必须由转换电路转换为电流、电压。如电容式位移传感器，由敏感元件和转换电路组成。

转换元件也可以不直接感受被测量，而只感受与被测量成确定关系的其他非电量。例如，差动变压器式压力传感器，并不直接感受压力，只是感受与被测压力呈确定关系的衔铁位移量，然后输出电量。有些传感器，转换元件不止一个，要经若干次转换才输出信号。

由于传感器的输出信号一般都很微弱，常需要有信号调理与转换电路对其进行放大、运算调制等，转换电路的类型视传感器的工作原理和转换元件的类型而定，如电桥电路、高阻输入电路、维持振荡的激振电路等。

8.6.3　系统集成的概念

将孤立的仪表和机电设备有机地联系起来,会产生 $1+1>2$ 的效果,计算机网络使一个个孤立的设备能连成一个有机整体,使生产制造系统的规模越来越大,系统集成技术正是在这样的概念下发展起来的。

1. 系统定义

系统至今尚没有统一的定义。系统论创始人 L. V. 贝塔朗菲把系统定义为相互作用的诸要素的综合体。国际标准化组织技术委员会(international standards organization technical committee, ISOTC)对系统的定义是:能完成一组特定功能的,由人、机器以及各种方法构成的有机集合体。美国国家标准协会(American national standards institute, ANSI)对系统的定义是:各种方法、过程或技术结合到一块,按一定的规律相互作用,以构成一个有机的整体。美国韦氏(Webster)大辞典对系统的定义是:有组织的或被组织化的整体;结合着的整体所形成的各种概念和原理的综合由有规则的相互作用、相互依存的形式组成的诸要素集合。日本的 JIS 标准对系统的定义为:许多组成要素保持有机的秩序,向同一目的行动的集合体。《中国大百科全书·自动控制与系统工程》对系统的定义为:由相互制约、相互作用的一些部分组成的具有某种功能的有机整体。系统从广义上可以定义为两个或两个以上事物组成的相互依存,相互作用,共同完成某种特定功能或形成某种事物现象的一个统一整体的总称。

2. 系统集成

把相互分离、彼此孤立的模块协调组成有机的整体就形成了系统集成的概念。集成能使组成整体的各部分彼此有机协调地工作,以发挥整体效益,达到整体优化的目的。因此集成不是各个分离部分简单捏合在一起组成的"拼盘",而应理解为经过了充分的相互融合,形成了优化的统一整体。

系统集成可以减少数据冗余、实现资源和信息共享,便于对数据的合理规划和分布,便于组成部件的协调规划,有利于并行工作、提高工作效率。集成的大系统通常包含着许多不同型号的各类计算机、控制器、传感器和执行装置,它们配置在不同的层次上,需要纵向和横向的数据通信。根据"集成"和"柔性"的要求,大系统集成网络平台在物理上包含着多个连接多种异构设备的异构网络,而在逻辑上又是统一的网络,以包容多样性和各种传输动作。状态、系统、控制和终端的连接多样性,以及开放、集成、高速和网络管理智能化是系统集成的特征。

所谓的系统集成就是按照应用需求,对众多的技术和产品进行合理的选择,最佳配置各种硬件和软件产品与资源,组合成完整的、能够解决具体应用需求的集成方案,使系统的整体性能最优,在技术上具有先进性,实现上具有可行性,使用上具有灵活性,发展上具有可扩性,投资上具有受益性。

系统集成工作包括硬件集成、软件集成和工具集成三个方面。

(1) 硬件集成

指根据用户的需求,确定硬件平台设备的选型,这里还包括网络和服务器。系统集成需要对已产品化的部件模块进行产品测试、验收以及提供对异种机、异种网络结构、异种数据库之间的连接技术,要求大量、广泛地掌握和积累各种产品特性,了解国内外有关的规范和标准,准备各厂商有关的产品的检测验收及工程安装施工标准。

(2)软件集成

指以操作系统为核心的软件平台的构建,已有应用软件和将要开发的应用软件的集成。应用软件开发部分的技术集成包括在软件开发管理、软件质量管理、文档管理及软件可维护性可靠性等多方面对应用软件开发商进行约束,以使得集成时可以取得对相应应用软件系统的控制权和维护权。必要时,可以通过预留接口对应用子系统进行适当的调整,以实现各个应用子系统的可互连、可互操作、可运行。集成工作实施的办法即生成一些有关软件开发管理的规范、标准,并在集成工作中予以实施。

(3)工具集成

指使用开发工具进行系统开发,以迅速建立系统原型,结合应用实际,不断优化。使用开发工具更重要的是使系统的可维护性增强,系统扩充容易,提高系统开发的质量。开发工具本身要尽可能开放,符合开放系统的标准,独立于硬件平台及系统软件平台的选择,甚至能够独立于数据库的选择。这样才有利于系统的扩充和联网。开发工具本身要有与高级语言的接口,有结构优良的数据字典,使各分立产品容易集成。同时,还要考虑开发工具制造厂商的技术支持、售后服务和厂商本身的稳定性等因素。

"系统集成"不只是"网络系统集成",也包括单个机电设备本身作为系统的集成。

3.系统集成的特点

(1)系统分析和建模

系统集成首先需要从系统的角度进行分析,包括系统目标、系统约束、系统联系、系统实现等,分析过程中需要通过建模仿真分析达到系统优化。

(2)集成和优化

系统强调总体,单元技术强调局部,单元通过集成形成总体,在系统集成过程中达到总体优化。

(3)接口的重要作用

接口是系统集成的技术关键点之一。系统集成的实质是让不同产品、不同设备互连,让不同网络、不同系统互连。对于系统集成,不仅要对产品、技术和系统有全面深入的了解和分析,还应具备设计开发接口的能力。

(4)系统协调与优化

系统协调与优化是系统集成的技术难点。当一个系统建造完成以后,可能会存在许多问题,需要进行调整或优化。产生问题的主要原因是:在系统集成过程中,注重的往往是产品、设备、技术、功能的集成或局部的系统调整,而一旦系统规模较大、结构较复杂时,就很难面面俱到,因此在系统集成过程中需要从全局着眼,保证全局最优。

4.制造系统的概念

制造系统是指为达到预定制造目的而构建的物理的组织系统,是由制造过程、硬件、软件和相关人员组成的具有特定功能的一个有机整体。制造过程包括产品的市场分析、设计开发、工艺规划、加工制造以及控制管理等过程;硬件包括厂房设施、生产设备、工具材料、能源以及各种辅助装置；软件包括各种制造理论与技术、制造工艺方法、控制技术、测量技术以及制造信息等；相关人员是指从事物料准备、加工操作、质量检验、信息监控以及对制造过程进行决策和调度等作业的人员。

从制造的产品对象及其制造工艺特点，可将制造系统分为离散型制造系统和连续型制造系统两大类。离散型制造系统是指其产品是由许多独立加工的零部件构成的，通过零部件装配成为产品，如机械制造、汽车制造、飞机制造、3C 制造等行业。连续型制造系统是指生产对象按照固定的工艺流程连续不断地通过系列设备和装置，被加工处理成为产品，如冶金、化工、造纸、水泥等行业。

8.6.4 系统集成的原则与方法

系统集成通过硬件平台、网络通信平台、数据库平台、工具平台、应用软件平台将各类资源有机、高效地集成到一起，形成一个完整的工作台面。系统集成的工作好坏对系统开发、维护有极大的影响，技术上应遵循以下原则：

1. 开放性

开放性是系统集成的需要，也是现代科学技术的时代标志，应在开放性的基础上进行机电系统的集成。系统硬软件平台、通信接口、软件开发工具、网络结构的选择要遵循工业开放标准，这是关系到集成系统生命周期长短的重要问题。

一个集成系统，必然是一个开放的系统。只有开放的系统，才能满足可互操作性、可移植性以及可伸缩性的要求，才可能与另一个标准兼容的系统实现"无缝"的互操作，应用程序才可能由一种系统移植到另一种系统，不断地为系统的扩展、升级创造条件。

2. 模块化

集成系统设计的最基本方法是模块化系统分析设计方法。把一个复杂集成系统分解成相对独立和简单的子系统，每一个子系统又分解成更简单的模块，这样自顶向下逐层模块化分解，直到底层每一个模块都是可具体说明和可执行的为止。模块化思想是复杂集成系统设计的精髓。

3. 先进性

集成系统的先进性是建立在技术先进性之上的，只有先进的技术才有较强的发展生命力，系统采用先进的技术才能确保系统的优势和较长的生存周期。集成系统的先进性还表现在系统设计的先进性上；先进技术有机的集成、问题合理的划分、应用软件符合人们认知特点等。系统设计的先进性贯穿在系统开发的整个周期乃至于整个系统生存周期的各个环节。

4. 主流化

集成系统构成的每一个产品应尽可能属于该产品发展的主流，这样便于有可靠的技术支持，成熟的使用环境，并具有良好的升级发展势头。在系统集成的整个过程中，首先需要开展全面的调研工作。通过调研，收集大量技术资料，尤其是所选择的硬件产品、网络产品和软件产品的技术资料。在资料收集基础上，结合实际工作背景和经验、知识，剖析系统软硬件特性，全面掌握各种设备的配置、安装和测试方法。

其次,需要深入研究目标系统的特点。在全面体现需求的基础上,从系统上、全局上做好应用软件的集成工作。同时,密切关注新技术的发展,在系统开发中运用成熟、先进的技术。在调研及分析研究基础上,制定详细系统集成方案。其中,开放性、可靠性、可扩展性以及可维护性是方案的重点研究内容,在方案中一定要分清哪些是当前必需的,哪些是后期工程所需的。

系统集成的思想改变了以往所有模块都要自己制作的开发模式。现在系统集成给人们的新思想是:利用国内外所有先进成果,站在前人的肩膀上,别人已经做出的先进产品,不管是中国人做的还是外国人做的,要想方设法拿来为我所用。这样做不仅可以为整个系统打下一个高质量的基础,建立高水准的开发起点,还可以减少大量的低水平的重复开发,大大加快现代智能制造系统建设的步伐。

8.7　工业识别技术

工业识别是实现智能制造技术的基础。未来的智能工厂将实现高度互联与集成,而编码与识别技术是企业实现设备互联、信息集成与共享的基础。工业识别技术能够为生产、物流过程实时提供准确的信息,助力企业实现智能制造。

8.7.1　机器视觉技术

机器视觉系统是指用计算机实现人的视觉功能,也就是用计算机来实现对客观的三维世界的识别。人类视觉系统的感受部分是视网膜,它是一个三维采样系统,三维物体的可见部分投影到视网膜上,人们按照投影到视网膜上的二维的像来对该物体进行三维理解。

1. 机器视觉系统的组成

机器视觉系统主要由三部分组成:图像的获取、图像的处理和分析、图像的输出或显示。图像的获取实际上是将被测物体的可视化图像和内在特征转换成能被计算机处理的一系列数据,它主要由三部分组成:照明、图像聚焦形成、图像确定和形成摄像机输出信号。视觉信息的处理主要依赖于图像处理技术,它包括图像增强、数据编码和传输、平滑、边缘锐化、分割、特征抽取、图像识别与理解等内容。经过这些处理后,输出图像的质量得到相当程度的提升,既提高了图像的视觉效果,又便于计算机对图像进行分析、处理和识别。

机器视觉系统主要是利用颜色、形状等信息来识别环境目标。以机器人对颜色的识别为例:当摄像头获得彩色图像以后,机器人上的嵌入计算机系统将模拟视频信号数字化,将像素根据颜色分成两部分——感兴趣的像素(搜索的目标颜色)和不感兴趣的像素(背景颜色)。然后,对这些感兴趣的像素进行 RGB 颜色分量的匹配。

2. 机器视觉的应用

机器视觉技术伴随计算机技术与现场总线技术的发展已日臻成熟,成为现代加工制造业不可或缺的部分,广泛应用于食品和饮料、化妆品、制药、建材和化工、金属加工、电子制造、包装、汽车制造等行业的各个方面。在流水化作业生产、产品质量检测方面,有时需要由工作人员观察、识别、发现生产环节中的错误和疏漏。若引入机器视觉取代传统的人工检测方法,能极大地提高生产效率和产品的良品率。同时,机器视觉技术还能在检测超标准烟尘及污水排放等方面发挥作用。利用机器视觉,能够及时发现机房及生产车间的火灾、烟雾等异常情况。利用机器视觉中的面相检测和人脸识别技术,可以帮助企业加强出入口的控制和管理,提高管理水平,降低管理成本。近年来新兴行业的发展,也为机器视觉拓展了新的市场空间,如交通监控、自然灾害监测和工业监测等。

3．机器视觉与智能工厂

机器视觉在智能工厂中扮演着重要的角色,可以有效增加产能、提高产品合格率。在选择小型机器视觉系统时,传统工业智能相机的优势是体积小、集成度高、便于开发使用;嵌入式机器视觉系统的优势则在于配置相当有弹性,可配备较高等级的 CPU 处理器,支持多通道相机,并具备高扩展性。

在选用机器视觉系统时,需要考虑以下因素:

(1)处理器计算性能

在机器视觉图像采集与分析的过程中,处理器的计算能力至关重要。图像数据采集到系统后,必须通过系统处理器进行计算与图像质量优化,因为受限于 CPU 计算资源,能够处理的图像数据量也会受到限制。然而,若能通过 FPGA 的支持,将图像的矩阵计算在交给CPU 计算之前做好过滤以及优化处理,则可大幅加速图像处理的性能,降低 CPU 负担,一方面,可以把系统资源留给机器视觉系统的核心——图像算法,另一方面,还可更实时地处理大数据量的图像,让高速及复杂的图像处理与分析得以实现。

(2)图像传感器的优劣

图像传感器是机器视觉系统的灵魂,直接影响着图像的质量。如果要将机器视觉应用在高端高速的检测应用上,那么传感器的质量和尺寸就会成为选用系统时必须考虑的要点。

(3)生产线环境

工厂的环境通常是较为恶劣的,例如在饮料生产的包装线上,系统可能会直接接触到液体,而在生产机加工的环境中,则是充满切削工件的恶劣环境。如果机器视觉系统需要就近配置在严苛的生产线环境中,则应根据需求,确定是否选用具备防水、防尘能力的产品。

(4)软件开发环境

软件解决方案开发的难易度与整合度的高低,是所有导入智能化系统的工程人员心中的一大担忧,也往往是决定项目成败的最重要因素。如何缩短开发时间,降低开发成本是关键。

由于机器视觉系统可以快速获取大量信息,易于自动处理也便于集成设计信息和加工控制信息。因此,在现代自动化生产过程中,机器视觉系统广泛应用于工况监视、成品检验和质量控制等领域。机器视觉系统的特点是能够提高生产的柔性和自动化程度。在大批量工业生产过程中,用人工视觉检查产品质量效率低且精度不高,用机器视觉检测方法则可大大提高生产效率和生产的自动化程度,而在一些不适合人工作业的危险环境,或者人工视觉难以满足要求的场合,也常用机器视觉替代人工视觉。

8.7.2　射频识别技术

射频识别(radio frequency identification,RFID)技术,是一种利用射频通信实现的非接触式自动识别技术。在 RFID 系统中,识别信息存放在电子数据载体中,电子数据载体称为应答器,应答器中存放的识别信息由阅读器读写。目前,射频识别技术最广泛的应用是各类 RFID 标签和卡的读写与管理。

1. 射频识别技术的标准

RFID 标准有很多,分层次来看,主要有国际标准、国家标准和行业标准。国际标准,是由国际标准化组织(ISO)和国际电工委员会(IEC)制定的。国家标准,是各国根据自身国情制定的有关标准。我国国家标准制定的主管部门是工业和信息化部与国家标准化管理委员会。行业标准,典型的例子是由国际物品编码协会(EAN)和美国统一代码委员会(UCC)制定的 EPC 标准,主要应用于物品识别。

ISOMEC 制定的 RFID 标准可以分为技术标准、数据内容标准、性能标准和应用标准四类。

2. 射频识别技术的特征

射频识别作为一种特殊的识别技术,区别于传统的条码、插入式 IC 卡和生物(例如指纹)识别技术,具有下述特征:

(1) 是通过电磁耦合方式实现的非接触自动识别技术。

(2) 需要利用无线电频率资源,并且须遵守无线电频率使用的众多规范。

(3) 由于存放的识别信息是数字化的,因此通过编码技术可以方便实现多种应用。

(4) 可以方便地进行组合建网,以完成多种规模的系统应用。

(5) 涉及计算机、无线数字通信、集成电路、电磁场等众多学科。

3. 射频识别技术的基本原理

在 RFID 系统中,射频识别部分主要由阅读器和应答器两部分组成,阅读器与应答器之间的通信采用无线的射频方式进行耦合。在实践中,由于对距离、速率及应用的要求不同,需要的射频性能也不尽相同,所以射频识别涉及的无线电频率范围也很广。

射频识别过程在阅读器和应答器之间以无线射频的方式进行,其识别过程基本原理如图 8.12 所示。

图 8.12　RFID 基本原理框图

4. 射频识别技术的工作频率

在无线电技术中,不同的频段有不同的特点和技术。实践中不同频段的 RFID 实现技术差异很大。从这一角度而言,RFID 技术的空中接口几乎覆盖了无线电技术的全频段,具体如表 8.3 所示。

表 8.3 RFID 主要频段标准及特性

技术指标	低频	高频	超高频	微波
工作频率	125 kHz~ 134 kHz	13.56 MHz	433 MHz, 866~960 MHz	2.45 GHz~ 5.8 GHz
读取距离	<60 cm	0~60 cm	1~100 m	1~100 m
速度	慢	快	快	很快
方向性	无	无	部分有	有
现有的 ISO 标准	11784/85,14223	14443/15693	EPCC0,C1,C2,G2	18000-4
主要应用范围	进出管理、固 定设备管理	图书馆、产品跟 踪、公交消费	货架、卡车、 拖车跟踪	收费站、集装箱

5. 耦合方式

根据射频耦合方式的不同,RFID 可以分为电感耦合(磁耦合)和反向散射耦合(电磁场耦合)两大类。

(1) 电感耦合

电感耦合也叫作磁耦合,是阅读器和应答器之间通过磁场(类似变压器)的耦合方式进行射频耦合,能量(电源)由阅读器通过载波提供。由于阅读器产生的磁场强度受到电磁兼容性能的有关限制,因此一般工作距离都比较近。

高频和低频 RFID 主要采用电感耦合的方式,即频率为 13.56 MHz 和小于 135 kHz。工作距离一般在 1 m 以内,其耦合方式结构框图如图 8.13 所示。

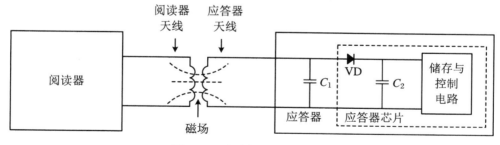

图 8.13 电感耦合的电路结构

电感耦合的 RFID 系统中,阅读器通过谐振在阅读器天线上产生一个磁场,当在一定距离内,部分磁力线会穿过应答器天线,产生一个磁场耦合。由于在电感耦合的 RFID 系统中所用的电磁波长(低频 135 kHz 波长为 2400 m,高频 13.56 MHz 为 22.1 m)比两个天线之间的距离大很多,所以两线圈间的电磁场可以当作简单的交变磁场。穿过应答器天线的磁场通过感应会在应答器天线上产生一个电压,经过 VD 的整流和对 C_2 充电、稳压后,电量保存在 C_2 中,同时 C_2 上产生应答器工作所需要的电压。阅读器天线和应答器天线也可以看作一个变压器的初、次级线圈,只不过它们之间的耦合很弱。因为电感耦合系统的效率不高,所以这种方式主要适用于小电流电路,应答器的功耗大小对工作距离有很大影响。

（2）反向散射耦合

反向散射耦合也称电磁场耦合，其理论和应用基础来自雷达技术。当电磁波遇到空间目标（物体）时，其一部分能量被目标吸收，另一部分以不同的强度被散射到各个方向。在散射的能量中，一小部分反射回了发射天线，并被该天线接收（发射天线也是接收天线），对接收信号进行放大和处理，即可获取目标的有关信息。

一个目标反射电磁波的效率由反射横截面来衡量。反射横截面的大小与一系列参数有关，如目标大小、形状和材料、电磁波的波长和极化方向等。由于目标的反射性能通常随频率的升高而增强，所以反向散射耦合方式通常采用在超高频 RFID 系统中，应答器和阅读器的距离大于 1 m。反向散射耦合的原理框图如图 8.14 所示。

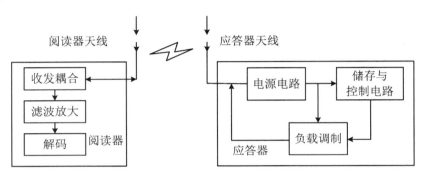

图 8.14　反向散射耦合原理框图

6．射频识别系统的组成

RFID 系统由阅读器、应答器和高层等部分组成。最简单的应用系统只有一个阅读器，它一次对一个应答器进行操作，例如公交汽车上的刷卡系统。较复杂的应用需要一个阅读器可同时对多个应答器进行操作，要具有防碰撞（也称防冲突）的能力。

（1）高层

对于由多阅读器构成网络架构的信息系统，高层是必不可少的。例如采用 RFID 门票的票务系统，需要在高层将多个阅读器获取的数据有效地整合起来，提供查询、历史档案等相关管理和服务。更进一步地，通过对数据的加工、分析和挖掘，为正确决策提供依据，这就是常说的信息管理系统和决策系统。

（2）阅读器

阅读器在具体应用中常称为读写器（这两种名称本书将不加区别），是对应答器提供能量、进行读写操作的设备。阅读器通常具有一些相同的功能：以射频方式向应答器传输能量；读写应答器的相关数据；完成对读取数据的信息处理并实现应用操作；若有需要，应能和高层处理交互信息。

（3）应答器

从技术角度来说，RFID 的核心在应答器，阅读器是根据应答器的性能而设计的。但是由于封装工艺等问题，应答器的设计和生产通常由专业的设计厂商和封装厂商完成，普通用户没有能力也无法接触到这一领域。

目前应答器趋向微型化和高集成度，关键技术在于材料、封装和生产工艺，重点突出应用而非设计。应答器按照电源形式可以分为有源应答器和无源应答器。有源应答器使用电池或其他电源供电,不需要阅读器提供能量,通常靠阅读器唤醒,然后切换至自身提供能量。无源应答器没有电池供电,完全靠阅读器提供能量。应答器在某些应用场合也叫作射频卡、标签等,但从本质而言都可统称为应答器。

8.7.3　射频识别技术在智能制造中的应用

将 RFID 技术与制造技术相结合,可有效提升制造效率、制造品质和企业管理水平。

1. RFID 技术数字化车间

RFID 在数字化车间中的应用主要包括产品管理、设备智能维护、车间混流制造。采用 RFID 技术可实现产品与主机之间的信息交互、产品的可视化跟踪管理、元器件寿命定量监控与预测。此外,可通过集成 RFID 技术的智能传感器在线监测设备关键部位运转情况,并通过网络与后台服务器通信,实现加工设备性能特征的在线监测、运行状态评估与风险预警、设备早期故障诊断与专家支持;可通过工业现场总线网络与 MES 等系统集成,实现工艺路线、加工装备、加工程序等的智能选择,加工/装配状态可视化跟踪以及生产过程的实时监控。

2. 基于 RFID 技术的智能产品全生命周期管理

智能化是机电产品未来发展的重要方向和趋势,产品智能化的关键之一,在于如何实现其全生命周期信息的快速获取和共享。RFID 技术与传感器技术的有效集成能实时、高效地获取产品在加工、装配、服役等阶段的状态信息,同时通过网络传输使生产商及时掌握所生产的产品全生命周期的工况信息,为制造企业后台服务支撑、远程指令下达以及用户的个性化设计改进提供有力的数据支持。目前,这一技术已经在工程机械、智能家电等领域得到成功应用,展现出良好的应用前景。

3. 基于 RFID 技术的制造物流智能化

将 RFID 系统与制造企业自动出入库系统集成可实现在制品和货品出入库自动化与货品批量识别。另外,RFID 技术和 GPS 技术的集成可以实现制造企业在制品精确定位,同时通过网络传输,实现物流信息共享与产品全程监控,从而优化企业采购过程。将智能物流系统与企业 ERP(企业管理软件)、MES(生产执行系统)系统无缝对接,可以实现快速响应订单并减少产品库存,提升制造企业在制品物流管理的智能化水平。目前,RFID 技术已经在车间物流管理、供应链管理以及物流园管理中得到成功应用,可进一步推广应用到制造企业全物流管理系统中。

将 RFID 技术应用于智能制造领域,将促进智能制造技术的发展,拓展智能制造的研究领域,加快智能制造领域的技术创新,逐步减少高品质产品制造对专家的依赖性,彻底改变现有生产方式和制造业竞争格局。

习题与思考

(1) 工业机器人由哪些部分组成? 简单叙述其作用。

(2) 大数据处理关键技术包括哪些方面?

（3）云技术的核心是什么？

（4）传感器的概念是什么？由哪几部分组成？

（5）机器视觉在工业上的应用应该考虑哪些方面？

（6）简述射频识别技术的基本原理，并对其在智能制造中的应用进行举例。

（7）简述电感耦合和反向散射耦合的原理。

第 9 章　智能制造实践案例

9.1　智能工厂构建典型案例

以×××企业新能源汽车动力系统核心部件智能制造产线为例,了解或熟悉智能工厂的构建与生产流程。

9.1.1　×××新能源汽车企业现状

现阶段新能源电池系统普遍应用的钴酸锂、镍酸锂及磷酸铁锂等材料各自存在缺点严重限制了在大规模商业化中的应用。围绕以上正极材料的主要应用难题,国内外的研究者开发了三元正极材料镍钴锰酸锂,其兼具了钴酸锂、镍酸锂和锰酸锂三种材料的优点,通过形成 $LiCoO_2/LiNiO_2/LiMn_2O_4$ 的共熔体系,综合 Co、Ni、Mn 三种元素各自特点,产生协同效应。使镍钴锰酸锂三元材料成为小型高能量密度电子产品领域不可或缺的正极材料之一而颇受关注,极具应用前景。×××企业三元材料产品的生产,助推新能源汽车发展。

（1）电池产品有如下特点:

① 镍钴锰酸锂三元材料 18650 圆柱形电池串并联组合方式。

② 电池包结构优化、轻量化设计,增加整包能量密度,保障整车续航里程大于 150 km,满足国标要求。

③ 低温环境(-20 ℃)可靠充放电应用。

④ 电池管理系统(BMS)均衡方式。

（2）在电池包的电芯串并联、结构设计、加热、电池管理系统等核心方面,重点研究设计,创新点如下:

① 串并联成组:在电池 PACK 过程中采用米亚基电阻焊,焊接拉拔力大于 10 kg 确保了焊接可靠性,并有效降低焊接接触阻抗,提高电池能量利用率。

② 结构设计:在电池 PACK 设计的过程中,充分考虑电池放电时的单体温升,在结构中加入了散热孔,在箱体采用铸铝,增加电池包的导热性。

③ 加热:为保障电池在寒冷情况下的充放电能力,也为保障寒冷区域客户冬季的用车感受,在电池包中设计了电池包加热功能,确保在低温下电池一样保持良好的充放电能力和稳定性。

④ 电池管理系统:为了解决锂电池组均衡、保护、管理等问题,提升电池的能量利用率,

防止电池出现过充电和过放电,延长电池的使用寿命,独立开发国内领先的电池管理系统。本系统采用电阻能耗型均衡方式,采用专用的电池均衡采集芯片,当某节电池电压过高时,通过打开并接在该电池上的 MOS 管将多余的能量释放掉,多个 MOS 管可以同时打开,实现电池组的实时均衡,均衡电流可达 50 mA。

目前市场上电机的设计能力较弱,没有形成具有创新设计能力的电机电控研发队伍,正如没有特斯拉用的专用电机一样。未实现将整车动力性能设计与电机设计结合起来,不能针对车型进行动力系统的电机定制设计。低压的电机控制器设计还是采用分离元件的集成方案,没有元件供应商在晶圆和封装成组技术上提供支持,没有将电机控制器减速器等为车辆进行集成设计能力。

(3) ×××企业电机系统具有传统汽车发动机的基本性能,且该系统具有以下特点:

① 采用了新材料、新工艺。电机铁芯材料由原来的 470 改为 250,完善转子轴的热处理工艺,采用铸铜转子技术,使其性能更适用于电动车。控制器容量大、过载能力强、响应速度快,整个控制系统更适合汽车运行的特性要求。

② 电机机壳采用铸铝合金或钢板,靠空气的自然流动进行通风散热,无冷却风扇。电动机有两个轴伸,主轴伸有圆柱轴伸和花键轴伸两种,主轴伸靠联轴器和变速箱用平键联接或花键联接,副轴伸为圆柱轴伸,副轴伸与皮带轮连接用于驱动空调和发电机,具有环保节能、结构紧凑、体积小、重量轻、转矩高、爬坡有力、耗电量小、振动小、噪声低、使用经济方便等特点。

③ 高效节能:其效率高于一般电机 1~5 个百分点,10 kW 以上交流电动机的效率一般在 90% 以上。

④ 效率曲线平稳,即高速与低速、轻载与满载效率差别较小。

⑤ 安全性可靠性:交流电动机比直流电动机结构简单,性能可靠,更适合车载运行条件。

⑥ 良好的兼容性:电动机功率范围在 3~132 kW,可以与任何车型的电动驱动系统和整车匹配,且具有良好的扩张兼容性。

⑦ 电机转矩大,同功率下高于同类产品 10~40 个百分点,起动转矩与汽油发动机相当。

⑧ 振动小、噪声低。同其他车用电机相比成本低廉。

(4) ×××企业电控系统,目前国内没有汽车级电动汽车驱动电机控制系统的问题。为解决电动汽车的驱动控制的国内落后状态,×××企业对电驱动系统需求进行分析,匹配定制生产电机和电机控制系统。×××企业生产的电机系统具有传统汽车发动机的基本性能,且该系统具有以下特点:

① 模块化设计,针对不同应用灵活组配。

② 软件 AUTOSAR 架构设计,提高软件的复用性和可移植性。

③ 软硬件多方案整合。

④ 功能标准化。

⑤ 接口标准化。

⑥ 通信协议标准化。

⑦ 组建模块及器件选型模板软件,针对不同电压、功率等级只需输入参数即可方便地实现模块及器件选型,极大简化应用设计,并保证最终设计结果的高可靠性及经济性,软件内容及界面根据实际需要持续更新。

图9.1～图9.3为电池生产过程中的部分设备或工作台。图9.4是电池 PACK 生产线示意图。表9.1为对应的工艺描述。图9.5为动力电池检测设备。

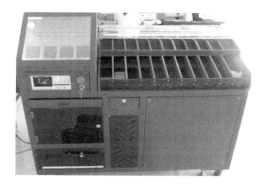

图 9.1　OCV 分选机

图 9.2　电池模块组装工作台

图 9.3　半自动焊接工作台

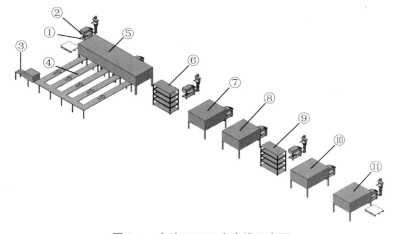

图 9.4　电池 PACK 生产线示意图

表 9.1　电池 PACK 生产线工艺描述

序号	名　称
1	移动式工作台:① 带静音脚轮可手动移动;② 工作台面可选择 360°
2	手动箱体站:① 手动将箱体放在移动式工作台车上;② 箱体与工作台可定位
3	模组容量匹配检测线:① 手动将模组放入线体内;② 自动流入检测区检测;③ 根据检测结果自动分类流入缓存线
4	5 条模组分类缓存站
5	自动装模组工作站:① 手动将台车推入工作站内定位;② 自动扫描箱体与模组条码;③ 五轴机器人自动将模组装入箱体内
6	手动锁螺丝,布线及附件安装站:① 手动将模组与箱体连接螺丝锁紧;② 手工对箱体进行布线;③ 安装相关附件
7	EOL 综合测试站:① 手动将台车推入测试站内定位;② 测试站自动进行 EOL 测试
8	箱体容量检测:① 手动将台车推入测试站内定位;② 测试站自动进行容量检测
9	手动安装箱体盖板站:① 手动将箱体盖板安装在箱体上;② 手动将螺丝锁紧
10	气密性检测:① 手动将台车推入测试站内定位;② 测试站自动进行气密性检测
11	自动下料站:① 手动将台车推入下料站;② 多轴机械手臂自动将箱体取下放入周转料车上;③ 周转料车可由 AGV 运载车自动送入仓库

图 9.5　动力电池检测设备

2016 年电动汽车延续了上一年的火爆行情,对动力电池的需求也越来越旺盛。但需注意的是,动力电池生产企业订单增幅明显,可是产能的提升却相当有限。这主要因为当前的工艺流程和人工操作制约了企业的生产节拍和效率,从而无法有效提升产品质量和产能。提高动力电池模组组装的自动化、数字化、智能化水平迫在眉睫。

现阶段国内多数动力电池 PACK 厂是由 3C 数码和电动自行车 PACK 厂商转型而来的,很多工序的操作采用人工上料、半自动设备作业的方式,生产效率低,产品一致性很差,生产的数字化、智能化根本无从谈起。电池组装的生产线基本采用"半自动设备＋传统流水线"模式,原材料及成品的转用采用人工搬运方式。

电机作为新能源汽车的核心零部件,产品制造的一致性,质量的可靠性关系到整车产品的质量。丰田、本田等整车企业已在中国设立汽车电机工厂供应自有产业链;博世、采埃孚等汽车零配件企业已与内资企业成立合资公司研发生产新能源汽车驱动电机;雷米电机等独立电机供应商已在中国设立工厂。

宝马 i3 电机生产线采用自动绕线嵌线机器人,线圈嵌线后自动转移整形,端部线圈自动绑扎,自动真空浸漆,转子铁芯为内置式结构,自动叠压、自动组装,整个生产线布置紧凑,自动化程度非常高。特斯拉汽车电动机生产线,自动绕线嵌线。有绕组定子转移人工吊装转移,生产线。因此,目前国内电机厂家生产线大部分处于半自动化状态(单个工序采用非标设备实现自动化,工序之间的转运和衔接处于半自动化状态)。

(5) 建设的生产流水线将达到其至超过国内外电机生产线水平,主要体现在生产线的高度集成化、高度数字化、高度智能化方面。

① 高度集成化:整个生产线布局紧凑,空间利用率高,经过合理的工艺布局使工序之间的转运更加高效便捷。在工序的布局上减少工位数量,将两个及以上的工序在同一个工位上完成。例如,定子的绕线和嵌线在同一工位上完成,有绕组定子的绑扎、整形、接线在同一工序上完成。

② 高度数字化:整个生产各线个工序的技术指导文件、生产要求文件等都通过电子设备显示,方便文件上传、查看、更新等。整个生产线工序产生的数据将自动上传至服务终端,方便统计、分析管理。

③ 高度智能化:整个生产线在生产过程中,自动识别操作运行环境安全选型、自动判定工序来料情况,自动检测加工完成情况,自动判定产品合格性,各个工序实现联合管理判定,保证各工序安全高效生产。

电机控制器关键部件电机控制器用位置/转速传感器多为旋转变压器,目前基本采用进口产品,我国部分公司已具备旋转变压器的研发生产能力,但产品精度、可靠性与国外仍有差距。IGBT 基本依赖进口,价格昂贵,国产车用 IGBT 尚处于研究阶段。我国车用电机控制系统尚处于起步阶段,制造工艺水平落后,缺乏自动化生产线,产品可靠性、一致性差。产业化规模较小,成本较高。

新能源核心部件的开发、制造、管理、服务需要更先进性、更完善的体系保证。制造业的智能化升级已成为全球发展趋势。德国和美国相继提出的工业 4.0、工业互联网等战略和计划正如火如荼地在工业大国和制造业强国中展开。经过近 30 年的飞速发展,中国制造业已取得了巨大的进步,已超越世界其他国家成为制造业超级大国,然而在很多领域,中国制造还存在“大而不强”的问题。作为世界非常具有活力的工业国度,我国目前也积极部署“两化”融合、“中国制造 2025”计划、“互联网＋”计划等一系列推动国家制造能力转型升级的重要战略,旨在通过制造业的智能化升级,提高生产效率、降低生产成本、加快创新周期,更好满足客户对品种个性化、功能多样化、高性能高质量的产品需求,保持并提升中国制造在全球市场的强劲竞争力。建立数字化制造车间,包括在制造过程引进制造参数、制造质量的在线检测智能部件、机器人自动化组装、智能化物流与仓储、信息化生产管理及决策系统实现动力电池制造的智能化生产,确保新能源产品的高安全性、高一致性、高合格率、高效率和低制造成本。故此新能源的核心部件生产设备面临着数字化、信息化、智能化的升级,以满足新能源汽车行业制造智能化的需求。

9.1.2　核心部件系统模型建立

1. 系统总体结构

(1)“企业 IT 架构”设计

以金坛汽车“企业 IT 架构”设计为例,如图 9.6 所示。

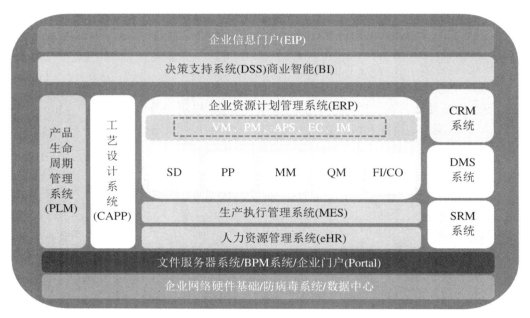

图 9.6　"企业 IT 架构"设计

① 以汽车行业四大基础应用系统（ERP、PLM、DMS、SRM）为核心，构建公司信息化建设。

② 信息系统的规划，以 ERP 系统为生产运营管理系统，以 MES 系统为底层支撑，同时，结合互联网，最终实现透明工厂，精益生产的现代化生产基地。

③ 引入先进的信息化管理经验、思想以及管理技术，以工业 4.0 为核心理念，实现公司管理流程化、自动化、并最终实现智能化。为公司实现真正意义上的"智能工厂"奠定基础。

（2）IT 信息化实现总线路图

IT 信息化实现总线路图以众泰汽车创新工程为例，如图 9.7 所示。

① 2016 年在 2015 年基础网络及应用系统完成后，继续深入完成相关信息化建设工作。

② 2016 年网络基础建设工作主要是发动机、新能源、办公大楼、宿舍的网络基础建设工作以及多媒体音响广播系统的建设工作。

③ 应用系统重点工作为 ERP 系统（SAP）实施上线（包括整车、发动机、新能源）以及 BPM、eHR 系统实施上线工作。

④ 落实并推进实施工业 4.0 项目工作，完成 MES 系统项目实施落地工作。

（3）IT 信息化主要应用系统

表 9.2 为 IT 信息化应用系统表。

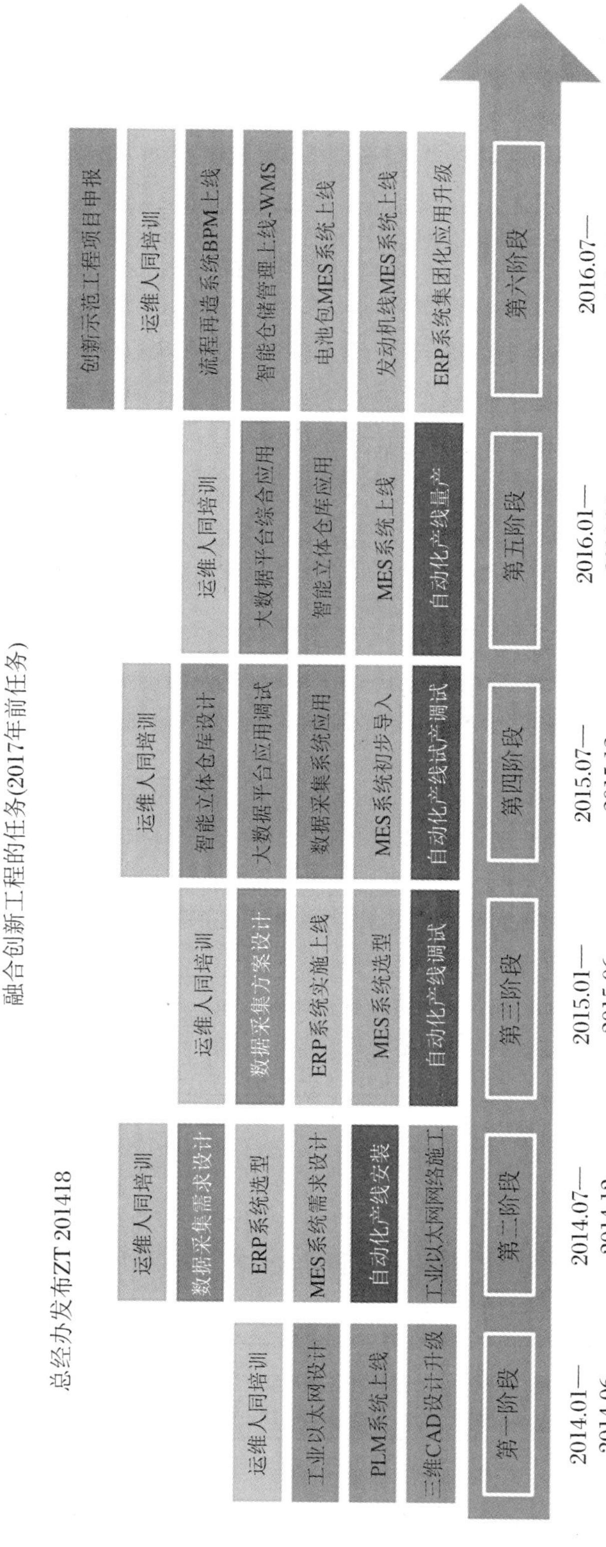

图 9.7　IT信息化实现总线路图

表 9.2　IT 信息化应用系统表

优势效益	项目	优势和示范作用
技术	自动化产线的应用	通过 ERP、MES 系统,对冲压、焊装、涂装、部分总装工位实现了全自动生产
	ERP	根据市场需求对企业内外部各环节的资源进行规划整合、统筹安排和严格控制,以保证人、财、物、信息等各类资源得到充分合理的应用,从而达到提高生产效率、降低成本、满足顾客需求、增强企业竞争力的目的
	MES	提供包括制造数据管理、计划排程管理、车辆追踪和识别系统、质量管理、设备管理、工具工装管理、按灯管理、PTL\SPS、生产过程控制、底层数据集成分析、上层数据集成分解等管理模块,为企业打造一个扎实、可靠、全面、可行的制造协同管理平台
	智能立体库	先进的自动化物料搬运,货物在仓库内按需自动存取,而且可以与仓库以外的生产环节进行有机连接,并通过控制系统和 AGV 对物料进行智能搬运。大大加快货物的存取节奏,减轻劳动强度,提供生产效率;减少库存资金积压;提高空间利用率
	企业大数据平台	决策评估系统(decision evaluation system,DES)。DES 是整个 Flex Engine 平台的大数据分析系统,在贯穿整个系统的协同运作中,起着举足轻重的地位,为各大服务提供数据分析,历史追溯,趋势预测与评估,总体实现了服务共享、数据共享
	三维 CAD,PLM	进行 3D 汽车风格和外观设计、进行产品分析和模拟,采用开放式可扩展的 V5 架构;建立整车虚拟化、智能化设计平台基础,让设计目标更立体化,缩短开发周期,加快企业对市场需求的反应
		研发过程管理、车型选配、工程变更、整车明细表等数据已经在系统中运行和管理
服务	经销商管理系统	该系统是支撑市场营销管理体系的信息平台。全国所有的经销商、服务站、物流商、零配件供应商及各销售中心业务部门在 DMS 平台上展开日常的整车进销存、备件进销存、财务结算、索赔、维修、配货、库存管理等工作

2. 设备管理

(1)功能描述

提供对设备及生产状态的可视化管理,实时监视设备生产状态,并提供对设备生产状态的统计信息、报警、停机时间的查询和统计分析功能,其具体的功能要求如表 9.3 所示。

表 9.3　功能描述表

功 能 项	描　　述
设备运行状态监控	记录统计设备运行时间、运行状态

(2)技术方案

针对设备管理功能,本系统采用如图 9.8 所示的技术方案。

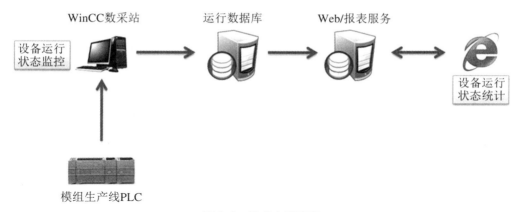

图 9.8　技术方案流程

（3）方案说明

① WinCC 数采站运行 WinCC 监控画面，提供设备运行状态监控。

② 设备运行状态的历史数据保存在 Web/报表服务器上的数据库中。

③ Web/报表服务器以网页形式发布设备状态统计的相关查询报表。

3．先进设计技术应用

随着计算机技术的日益发展，应用计算机辅助工业产品设计已越来越广泛地得到应用，为提高汽车产品高标准、高质量、高水平设计要求，公司积极采用三维计算机辅助设计（computer adided design，CAD）技术、数据管理系统（product life-cycle management，PLM），经研发、实践、沉淀、传承，现已具备成熟的技术应用。

以下为公司应用三维计算机辅助设计技术开发汽车产品设计的过程：

（1）概念设计

汽车概念设计是对汽车构造的结构化设计，主要包括：

① 总布置设计

为保证汽车各部分合理的相互关联、控制尺寸、绘制汽车的总布置图，发动机、底盘各总成、驾驶操作场所、边界形状及零部件的运动范围等确定后，进行总体布置设计，如图 9.9 和图 9.10 所示。

图 9.9　标杆分析

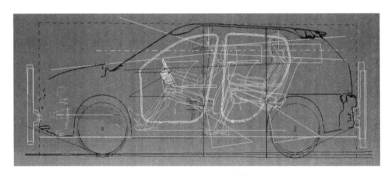

图 9.10　人机工程模拟

② 效果图

造型设计工程师根据总布置设计所确定的汽车尺寸、基本形状,可勾画出汽车的具体形象,如图 9.11 所示。

③ 制作模型

根据小比例模型,选择 1∶1 模型,评审后,确定最终造型方案,如图 9.12 所示。

图 9.11　总体布置

图 9.12　油泥造型

④ 整车 3D 设计

依据造型设计,进行整车结构设计和可行性分析,形成整车 3D 数据,如图 9.13 所示。

图 9.13　整车数模

(2) CAE 仿真分析

① 刚度和强度分析

应用 Hypermesh 划分网格,再用 Nastran 对汽车重要零部件及关键总成进行模态分析、刚度分析和强度分析,评估其承载能力和抗变形能力,以实现轻量化目标设计,如图 9.14～图 9.16 所示。

图 9.14　刚度分析图

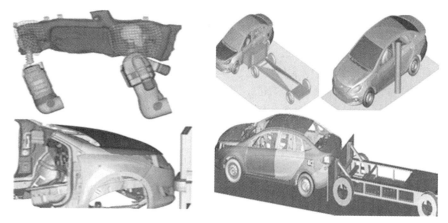

图 9.15　模态分析图

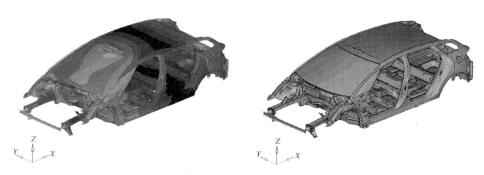

图 9.16　强度分析图

② NVH 分析

应用 Nastran、LMS Virtual 等软件对整车零部件及关键总成进行动刚度、振动传递函数、噪声传递函数、车内声场分布等分析,如图 9.17 和图 9.18 所示。

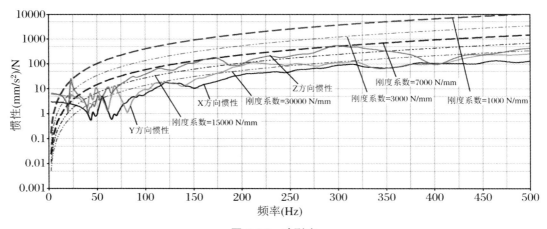

图 9.17　动刚度

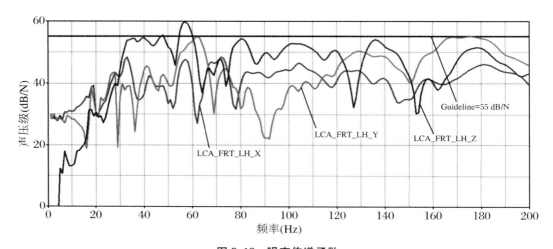

图 9.18　噪声传递函数

③ 车辆碰撞模拟分析

应用 Ls-dyna 软件对整车进行正面碰撞、侧面碰撞、顶压分析等分析,提高汽车的被动安全性能,最大程度对车内乘员及行人进行保护,如图 9.19 和图 9.20 所示。

④ 空气动力学分析

应用 Fluent 软件对整车进行外流分析,降低风阻系数,对整车进行温度场分析、除霜除雾分析等,提高乘员舒适性,如图 9.21 和图 9.22 所示。

⑤ 汽车动力性经济性分析

应用 AVL Cruise 软件对整车进行动力匹配计算及动力性经济性分析,提高整车的动力性、燃油经济性和续航里程等性能指标,如图 9.23 和图 9.24 所示。

Max=1.242E+03
Node 2365255
Min=0.000E+00
Node 2530107

图 9.19　正碰仿真

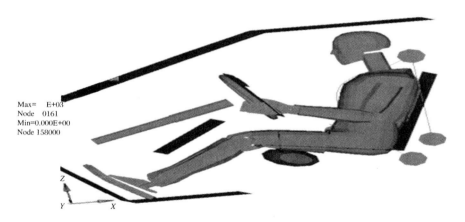

Max=　E+03
Node　0161
Min=0.000E+00
Node 158000

图 9.20　鞭打试验

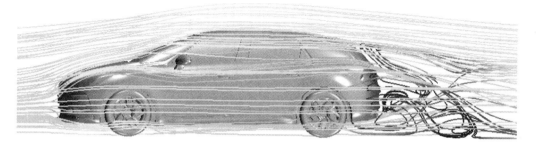

图 9.21　流场分析

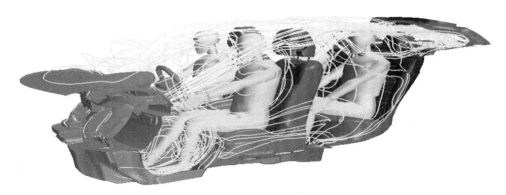

图 9.22　CFD 分布

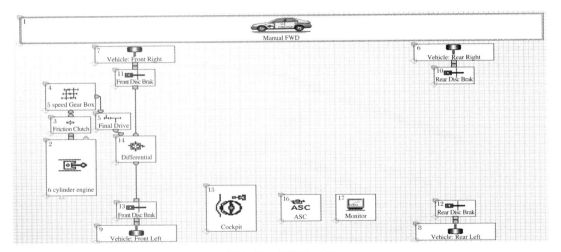

图 9.23　经济性分析

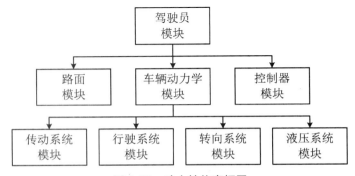

图 9.24　动力性仿真框图

9.1.3　三大核心部件的数字化智能车间构建

新能源汽车动力系统三大核心部件(电池、电机、电控)的数字化智能车间建设。
车间系统总体架构如图 9.25 所示。

图 9.25　车间系统总体架构

a. 车间网络基于西门子工业以太网设计,现场所有 PLC 连入工业以太网系统。

b. 考虑到现场的采集数据量较大,PLC 数据采集设置三台 WinCC 实现,分别负责三条模组生产线的数据采集,将现场的数据采集任务分摊。

c. PLC 中定义标准的接口数据块用于与 WinCC 通信。

d. WinCC 采集的数据运行数据库服务器,同时运行数据库服务器将数据同步到历史数据库中。

e. 上层配置 WinCC 集中监控服务器,集中现场 PLC 的监控,同时作为 PACK 线和 PACK 储料区的数据采集服务器。

f. 数据库服务器中的历史数据库服务器同时作为 Web 服务器,客户端通过 IE 方式查询数据。

g. 车间安装大屏幕,大屏幕用于显示故障、产量等信息。

h. 系统与 MES 系统通过去也防火墙隔离,数据采集系统可以接受 MES 的订单与工艺数据,也可以将 MES 需要的数据上传。

i. 针对新能源汽车动力系统三大核心部件加工工艺需求,生产过程中,推广应用机器人等自动化设备,并配套组织适合自动化生产的工装夹具、流水线等,组建完整的自动化生产线。对整套生产流程中半自动设备工作流程进行分析,针对加工产品的工艺需求,采用专用的自动化设备,研究多品种适应技术,实现产线的柔性化。

1. 电池 PACK 生产线

（1）电池 PACK 生产线概述

该项目为江苏金坛绿能新能源科技有限公司的电池 PACK 自动化装配生产线，生产线符合柔性设计，主要适用于 18650 电芯成组，也可兼容直径 14～32 mm，高度 50～80 mm 的圆柱类电池；整条生产线优先考虑安全设计，装配区域需要有防护罩保护，重要工位配有液晶显示屏；物料输送通过专用通道，与人流分离，通畅无障碍；产线布局合理，整体设计美观。规划三条模组线及一条电池 PACK 装配线模式，布局两条参观通道，分别在模组与模组生产线之间及模组与 PACK 装配线之间，参观通道预留 3 m，物流通道预留 2.5 m，具体效果图如图 9.26 所示。

图 9.26　电池 PACK 生产线效果图

设备、部件制造所用的材料采用全新、优质的、适用的、无缺陷和无损伤的产品。其种类、成分、物理性能按照最佳的工程实践，并适合相应的设备、部件的用途。设备及工装夹具颜色建议使用国际标准 RAL1013，电路、电气需采用警示颜色区别。

设备制造工艺应按照良好的加工工艺进行制造，制造工艺应经实践证实是最合适的，所有零部件应严格按规定的标准加工，零部件具有可互换性，便于维修和修理。含有铅或其他重金属或者危险的化学物质不得使用保护涂层，全部设备表面应清理干净，冰涂以保护层或采取防护措施。为便于现场安装作业，所有设备都应有标记和铭牌，设备组装应有可靠的设计。

整个线体的输送速度与工艺节拍匹配，输送速度可调，具有互动连锁控制、警示功能，确保操作安全合理。传送带与模组接触的材料应对模组无损伤且为耐磨材料，模块线上的来料输送过程应确保无污染、无损伤、无变形等。生产有局部照明、气路、控制线等辅助设施，线体和设备内部管路和电气线路排布整齐、美观、牢靠、不裸露，照明采用 LED 的国内外知名品牌。传输线具备一定的承重要求，需满足运行要求条件下预留量，满负荷连续工作时，必须达到运行稳定可靠。

整条生产线设备设计成低噪声、防电晕式，运行过程中不得对人体带来如噪声等负面影响，设备运行噪声应小于 75 分贝。

　　线体各设备需要有通信接口,应开放通信协议将设备信息参数和生产线信息、产品信息上传采集与追溯系统。线体所有设备和控制柜应具有状态指示灯显示设备运转状态,配有急停装置,可停止所有产生危险操作,对于突然断电、单机故障等异常,自动化生产线各工序均需保证断点的动作继续完成未完成的动作。同时,系统可通过设定投产计划数量来控制,也可以各工序通过收到再控制面板点击清尾按钮,在完成对应数量生产后自动停止上料。

　　整线设计产能:年产能大于 10 万台电池包,日产能 360 台 PACK 电池箱,每日按 20 小时计算即日产能 5760 kW·h,分两班倒,每班 10 个小时,每月 25 天即月产能 144000 kW·h;PACK 生产线单班最大产能 360 台。整条线稼动率为设计长的 95%,产线使用寿命大于10 年。

　　整个产线数据管理系统建立在 MES 系统基础上,具备制造数据管理,计划排产管理、生产调度管理、库存管理、质量管理、工作中心、设备管理、工具工装管理物料管理、项目看板管理、生产过程控制、底层数据集成分析、上层数据集成分解等管理模块。整线能实时监控产品生产过程的生产及测试数据,且数据能准确无误地追溯并存储。整线配置服务器控制台以及大平面显示功能,实行智能制造与数据化企业平台。

　　整线采用两套 AGV 系统输送物料,分别为模组输送系统及箱体输送系统。AGV 小车采用托盘形式存放物料,每个托盘可立放 50 个模组;AGV 小车规划路径:采用 AGV 小车输送模组,用于半成品入库、出库或模组直接入电池包组装线;采用 AGV 小车输送电池包下箱体;AGV 小车配备相应的充电桩。

　　(2) 电池 PACK 生产线工艺流程

　　电池 PACK 自动化装配生产线,包括模组装配线和电池包组装线,工艺流程如图 9.27 所示。

　　(3) 电池 PACK 生产线技术方案

　　① 模组线(图 9.28)

　　电芯上料:人工将纸箱电芯放入输送线上,只需确认方向正确,无须打开纸箱盖。单条输送线一次可放 15 箱电芯(可根据需求适量增加),缓存 25 分钟的电芯量,满足最低 20 分钟的缓存要求。

　　电芯分选:机器人一次抓取 10 个电芯,放入电芯输送线;成组电芯输送至电芯条码读取工位,读码完成后,电芯进入缓存区,并根据需求放入一定数量的电芯;日置 3562 对成组电芯进行 OCV/AR 的检测(开路电压和交流内阻),并由三轴机构将电芯按规定排序理放好。不合格电芯(OCV/AR 检测 NG 或者条码读取失败)放置于的电芯回收抽屉中。

　　上下壳体上料:人工将壳体纸箱放入输送线上,视觉系统进行壳体定位,三轴机构抓取壳体放置于壳体工装台上,激光打标机对下壳体进行打码。六轴机器人抓取下壳体并读取下壳体的条码信息,将壳体放置于入壳工装台上;系统进行信息绑定,将电芯条码与下壳体进行系统绑定。

　　极性检测:模组输送至下压机构中,对上下壳体进行精确的压装,下压机构压力可调;再次输送至视觉 CCD 极性检测,如出现正负极装配错误,则系统报警,并由后端机器人抓取输送到人工干预工位。

　　上下壳体锁紧:螺栓上料带缓存工位,满足物料缓存,可对螺丝数量进行设置,提醒人工加料;使用 Atlas 电动螺丝刀 + 三轴机械手进行螺丝锁紧以及扭力输出判定。电动螺丝刀可

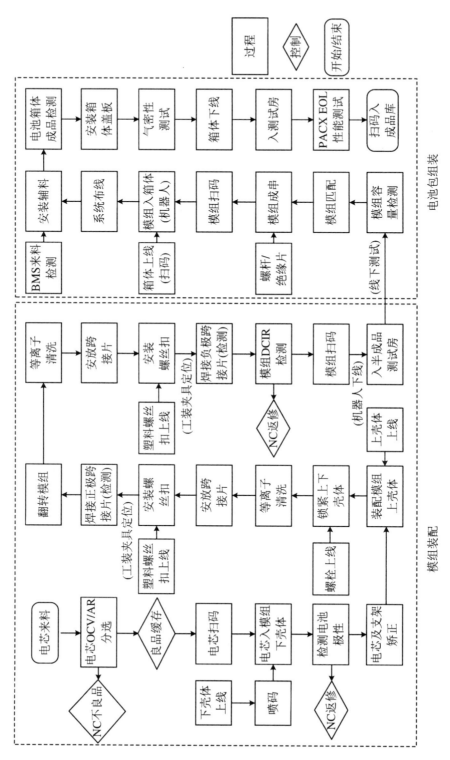

图9.27　PACK工艺流程

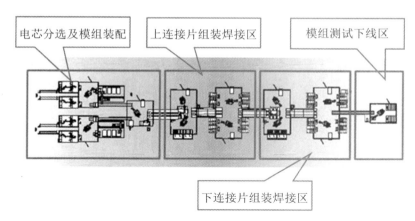

图 9.28　PACK 模组线

提供清晰的操作信息反馈,能够检测并消除常见的装配问题。可以记录并使用数据进行统计分析,以便全面控制装配进程。

上跨接片焊接:电池模组上下壳体锁紧,到达机器人焊接抓取位置,读码器读取模组条码信息。由机器人抓取模组放置在等离子清洗台,并通过平台上的等离子清洗仪清洗电池模组;同时机器人从跨接片缓存台抓取跨接片在等离子清洗架上清洗后与等离子清洗台上的模进行装配;然后等离子清洗台对跨接片的另一面进行清洗;机器人将装配好并清洗好的模组抓取至模组输送机构;完成跨接片的装配与等离子清洗。

模组抓取机器人从来料的直线模组上抓取电池模组放置在任意一个焊接站上;焊接站内对模组进行跨接片的焊接;抓取机器人将焊接站上焊好的模组抓取并翻转 180° 放置在模组输送机构上输送到下一工站,完成单面的跨接片焊接。

模组下线测试:机器人将模组从输送机构取下放置于工装台上,由探头夹具锁紧正负跨接的测量位置,通过通放电检测模组的直流内阻;测试完成后,合格的话由机器人从测试工装台上取下模组放置到待料区工装上,最后由 AGV 小车将工装板与电池模组下线入半成品库,不合格则放置到人工干预工位。

② 箱体组装线

箱体组装线如图 9.29 所示。

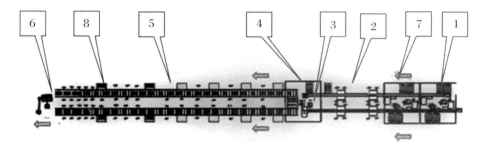

图 9.29　箱体组装线

1. 模组上料机器人;2. 人工模组拧紧工位;3. 模组及下壳体上料机器人;4. AGV 小车(箱体运输);

5. 输送线体;6. 助力臂;7. AGV 小车(模组运输);8. 缓存位

③ 机器人模组入箱体(图 9.30)

a. 机器人带有视觉定位,抓取箱体进行激光打码,读码成功后放至输送线上。

b. 机器人抓取成串模组与箱体进行装配,通过 RFID 的模组信息,使模组与箱体进行信息绑定。

c. 机器人的抓手为双抓手设计,既可以抓取箱体,又可抓取成串模组

d. 抓手带有视觉定位系统。

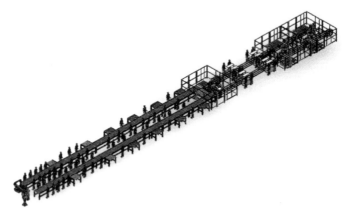

图 9.30　箱体组装

④ 线束安装(图 9.31)

a. 人工安装。

b. 设计有盖板来料缓存。

c. 配备拧紧螺丝设备,拧紧扭矩可输出并记录,采用防呆机构设计,防止漏拧或未拧紧。

d. 上盖板的螺钉采用振动盘自动上料,减少人工操作量,提高效率。

e. 螺丝枪带有扭矩控制器、数据追踪等功能。

电动锁付模组

自动供料器

图 9.31　线束安装

⑤ 电池包下线(图 9.32)

机械臂最大可抓取 300 kg 的电池箱体,工作半径 2.5 m,回转角度 270°,设计符合 7S 要求。额定负载:≥300 kg;跨距半径:2.5 m;提升行程:大于 2000 mm;第一轴回转角度:360°,

第二轴:270°,第三轴:360°。

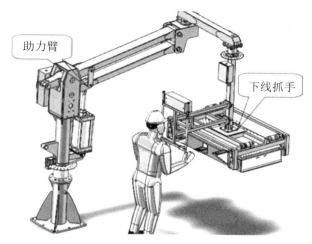

图 9.32　电池包下线

2. 电控 BMS 生产线

(1) 电控 BMS 生产线概述

该项目为江苏金坛绿能新能源科技有限公司的电控 BMS 自动化装配生产线,生产线符合柔性设计,主要适用于生产电池管理系统 BMS 零部件(包括蓄电池管理控制单元HBMU,蓄电池模块管理控制单元 LECU,检测控制单元 HVU);整条生产线优先考虑安全设计,装配区域需要有防护罩保护,重要工位配有液晶显示屏;物料输送通过专用通道,与人流分离,通畅无障碍;产线布局合理,整体设计美观(图 9.33)。

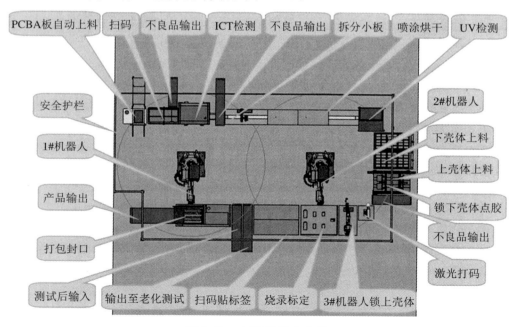

图 9.33　电控 BMS 生产线

整线设计产能：日产能满足 600 pcs BMS 电控组件，每日按 20 小时计算，节拍按 120 s/pcs，分两班倒，每班 10 小时，每月 25 天；要求整条线实际产能至少是设计产能的 90%，且产线使用寿命 10 年以上。

高度自动化、信息化、智能制造深度融合、高安全性、高可靠性、高可操作性，大量采用六轴标准工业机器人提高自动化水平和稳定性，关键工位做减法、尽可能采用标准工业产品、尽量减少非标设备。各个工位之间的移栽平台采用伺服控制（依靠工装板，定位非常准确），有中间工位的选择，上/下一道工序出现异常的情况下，可以人工将产品自移栽平台放入/取出，同时调试时可以大大缩短周期。

（2）电控 BMS 生产线工艺流程

工艺流程如图 9.34 所示。

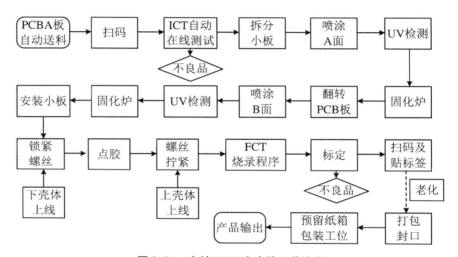

图 9.34　电控 BMS 生产线工艺流程

（3）电控 BMS 生产线技术方案

PCBA 板自动送料：

PCBA 来料存放在料箱支架上，人工将料箱放到自动送板机上，自动送板机自动将 PCBA 板送至终端，然后由机器人抓取 PCBA 板传输到扫码工位。

PCBA 板上料料箱带缓存工位，并带缺料报警功能，物料缓存方面，保证 2 h 上料周期。示意图如图 9.35 所示。

① 扫码

由于 PCBA 来料没有工艺边缘，因此在扫码前需装入过渡的载具里，由机器人将自动送板机后的 PCBA 板抓取放置于过渡载具上，过渡载具传输至扫码位，采用条码枪进行条码扫描，由阻挡机构放行未扫码 PCBA 板到扫码位，扫码好的 PCBA 板放行，条码不良品报警，由机器人抓取放至不良品输出区，依次循环。

② ICT 测试

用过渡载具传输扫完码的 PCBA 板至 ICT 在线检测位，检测位有阻挡定位机构，气缸驱动上下针板夹具测试，采用测试仪进行监测，检测完成后阻挡定位机构放行 PCBA 板移到下一工位,未检测 PCBA 板输送到检测位,不良品报警,由 1 号机器人抓取放至不良品输出区,依次循环。

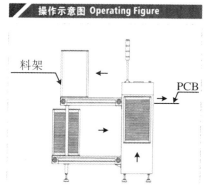

图 9.35　PCBA 操作示意图

③ 喷漆及烘干(图 9.36)

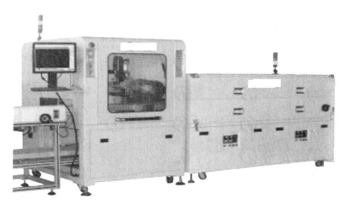

图 9.36　喷涂烘干设备

将 PCBA 板放至在喷涂烘干载具上的喷胶工位,采用三轴机构喷三防 UV 胶,平稳运行。三轴机构,采用伺服马达 + 电动驱动,运行精度优于 0.1 mm,可自动消除误差,配备两个胶阀,胶阀自动清洗装置,采用接近开关等方式确认剩余物料容量,可以设定剩余报警容量,上料周期不得少于 2 h。

喷涂速度为 0～850 mm/s,烘干时间在 0～180 s;细雾化胶阀可最小离 PCBA 板距离为 10 mm,涂覆宽度为 5～10 mm,最小单次涂覆厚度可小于 0.01 mm,可独立调节气压及胶流量的大小。

设备带有一条 UV 检测光源,检测喷涂范围,避免三防漆溅射到接插件、插座、开关、散热片、散热区域等不允许喷涂区域,不良品由机器人抓取,存放在不良品输出区。

④ 锁紧上下壳体

机器人抓取下壳体至锁下壳体工位,机器人将大板装入下壳体,然后由三轴伺服机构进行下壳体锁紧,如有小板,机器人再将小板插入大板上。螺丝扭紧机构,螺丝上料采用振动盘+气动送料方式。螺栓上料带缓存工位,满足物料缓存,可以对螺丝数量进行设置,缺料时提醒人工加料。螺丝拧紧系统需扭力输出判定可提供清晰的操作信息反馈,能够检测并消除常见的装配问题(如螺丝丢失、螺丝浮动、交叉线和螺丝滑牙),可以记录并使用数据进行统计分析,以便全面控制装配进程。下壳体上料采用抽屉式上料方式,上下两层抽屉不间断循环上料,缓存位设计带缺料报警功能,采用接近开关等方式确认剩余物料数量,可以进行设定剩余报警数量。下壳体抽屉保证60件的物料,保证2 h的上料时间。

⑤ 点胶

合装PCBA的下壳体由2号机器人抓取至点胶工位,采用三轴机构按照设定元器件位置进行点胶,增加电子器件的附着能力,防止震动破坏电路的静态工作点,重复精度优于±0.1 mm。

主要胶水材质为硅胶(型号由甲方确定),主要点胶的位置包括大电容、大电感、可变性电感电容等。

图9.37　工作通信平台

⑥ 烧录及标定程序

锁紧好的产品由机器人搬运产品至烧录工位1,2号机器人搬运产品至烧录工位2,两个工位同时烧录,烧录的时间为180 s。平均1组产品的烧录时间为90 s。搬运2次产品的时间为12 s。

设计一个由HBMU、HVU、LECU组成的工作通信平台(图9.37),每个模块对应一个烧录接口(烧录过程需要其他两个模块正常连接配合测试),针对后期其他品规模块,设计不同接口,实现快速更换,采用快速插拔接口,实现自动烧录及标定,设计接插件的使用寿命大于3万次。

⑦ 打包封口

机器人抓取贴完标签的产品放至打包封口工位,采用全自动封口机包装封口。光电感应器控制塑膜热伸时间,并可调节。升降电机驱动塑膜夹可上升下降,动作稳定。

整体结构高强硬度,工作平台均布吸气孔,工作台面板可左右移动,便于工件的取放。包装过程不需模具,不损伤工件,且不与工件粘连。

3. 电机生产线

(1) 电机生产线概述

该项目为江苏金坛绿能新能源科技有限公司的电机自动化装配生产线,生产线符合柔性设计;整条生产线优先考虑安全设计,装配区域需要有防护罩保护,重要工位配有液晶显示屏;物料输送通过专用通道,与人流分离,通畅无障碍;产线布局合理,整体设计美观。

(2) 电机生产线设计原则

① 与生产规模、产品特点和工艺技术方案相适应,并有较高的投入产出比。

② 在经济合理的前提下,尽可能提高设备自动化程度,降低工人劳动强度,提高劳动生产率。车间内部应物流顺畅,运距最短,工艺、物流合理。

（3）电机生产线主要工艺说明

① 定子分装

粘绝缘端板→绝缘材料加工→绕线圈→焊热敏电阻→嵌线→理线头→并头焊锡→绑扎→整形→剥出线头→检测→浸漆→压装三相线端子→检测→装水套。

② 转子分装

嵌入磁钢→浇注环氧→压装转子铁芯→焊接后端子压板→安装旋变转子总成→电机转子总成动平衡工艺轴安装→动平衡检测和修正→动平衡工艺轴拆卸→涂防锈漆。

③ 电机总成装配

水嘴压装→安装定位环→安装高压接线→安装电机冷却水套→定子总成压装→水压测试→碗形塞片及底部回油口密封盖安装→安装分离离合器导油套→安装低压线束 PG 端子→安装接头总成→安装通气塞→安装波形弹性垫圈及轴承挡油板→安装电机前端轴承→安装分离离合器型橡胶密封圈→安装湿式分离离合器总成→安装分离离合器密封→安装电机后端轴承→安装转子总成→安装电机后油封总成→安装电机旋变定子总成→安装旋变线束卡→安装电机后端盖分总成→安装轴承挡板→安装分离离合器控制阀总成→安装分离离合器控制阀块罩盖总成→安装电机前端油封总成→安装电机低压线束接头→安装离合器耦合电机总成分离离合器油温传感器→电气检测→水压测试→性能测试。

9.1.4　智能制造执行系统建设及应用

在前期工作的基础上,企业下一步在制造执行系统建设方面主要应以服务化和智能化为主,通过服务化提高 MES 系统对跨部门生产过程的协同管理能力,通过智能化提高生产管理的精细化和精准化程度。下一步的工作主要体现在以下几个方面:

（1）基于二维码或 RFID 的各装配零件管理

针对车间生产中装配零件种类多、数量巨大、组件复杂、信息繁多等技术难题,将二维码或 RFID 无线射频识别技术、传感器网络技术、嵌入式智能技术、无线通信技术综合应用于车间零件实时监测与在线管理,建立集无线感知、测量、分析、决策于一体的装配状态监测与管理信息平台,解决车间各装配零件在配置、调度、位置跟踪、状态监测、库存管理等环节存在的物流与信息流监控难题,为企业高效、敏捷管理提供重要的技术支撑。

（2）汽车关键零部件制造企业私有云制造服务平台

开展基于制造企业私有云的分布式协同制造服务体系结构、智能制造资源虚拟化、服务化等相关技术研究,建立面向汽车制造的企业级私有云制造服务平台,打造支持企业内多工厂协同制造的云服务模式。具体包括:

① 通过车间数控装备、机器人与智能终端设备(智能手机、平板电脑等)之间的信息互联互通,构建企业私有云制造服务平台,支持广域范围内制造软硬资源虚拟化和制造能力服务化。

② 支持自动调度功能的云数据集成中心。采用独立的数据建模工具,通过可视化方式

实现对接口的建模、监控与定时定频调度;引入集成日志,支持对集成历史进行追踪和反查,并可用于检查数据的有效性,保障云服务中制造数据的准确性和一致性。

③ 通过车间计划及进度的透明化,研究云端制造资源和制造能力共享与协同的关键核心技术,采用企业级高级计划排程方法,将碎片化的生产资源进行优化和集成,实现事业部间的制造资源在云服务平台上的局部共享与整体调度。

9.1.5　产品全生命周期管理系统(PLM)建设与应用情况

PLM 系统为 PTC 公司推行的数据管理系统,目前公司使用的版本为 Windchill 10.0,工作界面如图 9.38 所示。

图 9.38　工作界面

PLM 系统是一个协同开发环境,多人共同处理同一组设计数据并且保证产品数据的完整性,避免多人因使用不同版本的数据而造成设计的重复或不一致,如图 9.39 所示。

PLM 系统功能架构、工作流程如图 9.40 和图 9.41 所示。

通过 PLM 系统运用,可以有效地管控产品研发项目,具体体现在以下方面:

(1) 项目管理

不仅可以进行文档管理,而且能够执行进度计划管理、任务跟踪和资源调配。PLM 系统中分产品结构管理模块、工作流和过程管理模块、用户管理模块、变更管理模块和协同工作平台,可以用来支持 PLM 系统进行项目管理,然后把这几个模块的功能集成起来建立项目管理模型。

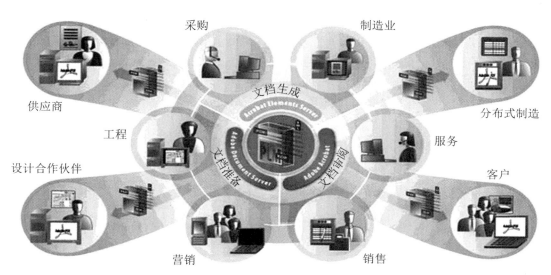

图 9.39 工程协同设计、数据

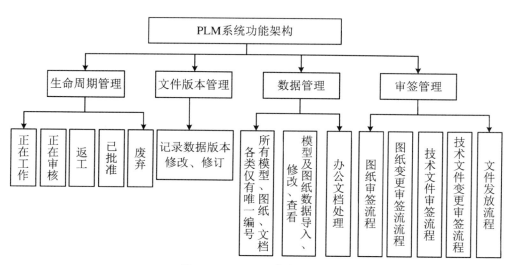

图 9.40 PLM 系统功能架构

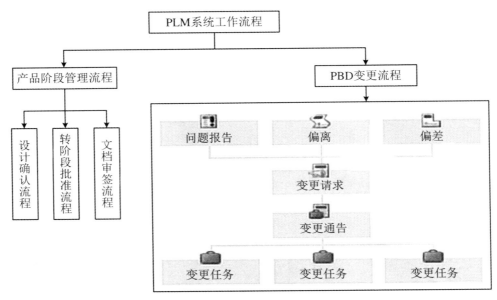

图 9.41　工作流程

（2）产品结构管理

PLM 系统一般采用视图控制法，来对某个产品结构的各种不同划分方法进行管理和描述，产品结构视图可以按照项目任务的具体需求来定义。也可以反映项目里程碑对产品结构信息的要求。

（3）工作流与过程管理

PLM 系统的工作流与过程管理提供一个控制并行工作流程的计算机环境。利用 PLM 图示化的工作流编辑器，可以在 PLM 系统中，建立符合各企业习惯的并行的工作流程。根据项目任务的结构特点，可以利用工作流与过程管理模块为任务数据对象，建立相关的串行或并行流程。当任务中的数据对象被赋予流程后，流程用于控制该数据对象的流转过程，工作流与过程控制根据各环节的操作，自动将文档推到下一环节。如果任务有相关数据对象被赋予了流程，只有当所有被赋予流程的数据对象走完相应的流程后，该任务才能提交，继续下一步的项目任务节点。

（4）用户管理

PLM 系统对系统用户的个人信息进行管理，项目负责人利用这些信息，可以针对一个既定的项目，组织一个完整的集成产品研发团队。

（5）变更管理

PLM 系统的变更管理，是建立在工作流与过程管理基础上的，通过工程变更流程控制整个变更过程。项目任务在执行过程中，如果发生延期或资源冲突，可以通过变更管理来对任务进行重新编排。

（6）协同工作平台

PLM 系统提供协作笔记本、团队数据库、团队论坛和即时消息等支持协同工作的工具。在项目立项之后的整个管理阶段中，用户需要与项目中其他分配有任务的人员交流项目信息,这时可以利用 PLM 的协同工作工具,进行多用户的即时通信。

物料配送系统采用 SPS 系统:总装车间物料配送采用了 SPS 系统(零部件捡取系统),料架和车身一起运动。一个车身的物料配好放在车子上,料装完这台车就装完了,多出一个零部件来就是少装了,从而保证了车辆零部件安装的准确性,保证了整车质量。

输送控制系统与 MES 系统相结合,整条装配输送线在电气控制上结合 MES 系统的特点,在漆后车身储存线的上线端、滑橇和滑板上设置了较为先进的车型 RFID 识别装置,能根据订单要求自动进行排序并选择车型上线顺序,同时将车身的各种信息收集到中央控制室内,并通过监控计算机进行全程监控,确保按照计划订单装配出每一台车。为了保证装配质量和完成车辆电气设备的正常工作,开发了整车电检设备、TPMS 激活匹配设备和车门电检设备,车门分装线在安装完成后即对功能进行检测,避免不良品流出,防止重复拆装进行的浪费,整车 EOL 设备采用无线通信,能保证在车间的任何区域对生产车辆进行检测并实时上传,保证每台车信息的准确性。

9.1.6　生产过程数据采集与可视化展示情况

1. 数据采集

(1) 功能描述

本系统对锦明众泰项目三条模组分选组装线和一条 PACK 线的生产数据进行采集,其具体的数据需求如图 9.42 所示。

数据采集的主要过程如表 9.4 所示。

表 9.4　数据采集的主要过程

功能项	描　　　　述
生产线数据采集	可储存已生产 PACK 信息,包括生产日期(如 2015/07/12)、项目名称(如××××× 18× 8P104SCAS20NⅠ项目)、生产指令号(如 D140905-13)、PACK 型号(如 8P104SCAS20NⅠ)、模组型号(如 5P8SCAS20NI)、壳体条码、电芯条码、电池电压/内阻测试数据、焊接参数、装配人员信息、PACK 测试数据等
电池基本信息	通过电池二维码,可从 MES 系统中下载电池的电压、内阻、容量、组别等电池基本信息;数据采集系统同时可将存储的数据上传至 MES 现有服务器内(采购方现有)

② 技术方案

针对数据采集功能的技术方案如图 9.43 所示。

方案说明:

① WinCC 数采站与生产线 PLC 连接,运行数据采集 WinCC 项目,按照统一的数据采集接口规范采集 PLC 数据,并将数据存储到运行数据库。

② 超过一定时间的数据将由运行数据库转移到历史数据库。

③ 运行数据库与 MES 系统连接,接收由 MES 系统传递来的电池信息。

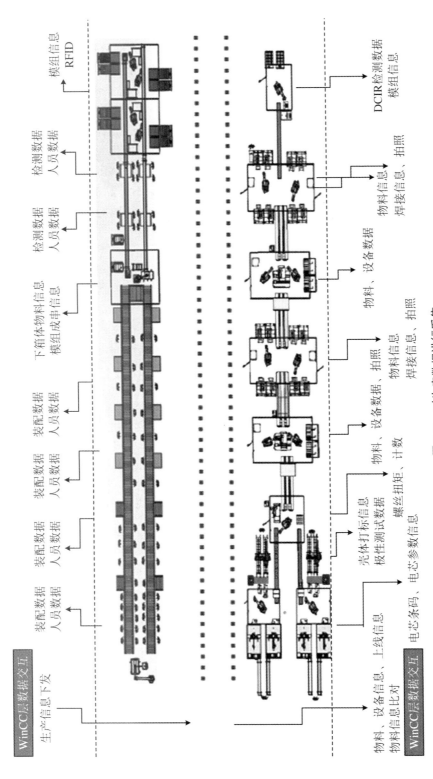

图 9.42 对生产数据进行采集

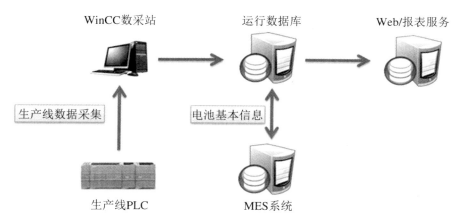

图 9.43　针对数据采集功能的技术方案

2. 质量监控

（1）功能描述

基于数据采集模块中得到质量相关信息，本系统可以实现质量监控与追溯功能，其具体功能如表 9.5 所示。

表 9.5　数据采集的功能

功能项	描　　　　述
质量监控	采集生产过程质量数据，在线显示生产线各个质量检测工位状态，良品率
质量追溯	可统计记录不合格品信息，并可查询、下载
质量管控	合格判定标准设置（OCV/AIR 判定标准、DCIR 测量标准）

（2）技术方案

针对质量监控功能，本系统采用如图 9.44 所示的技术方案。

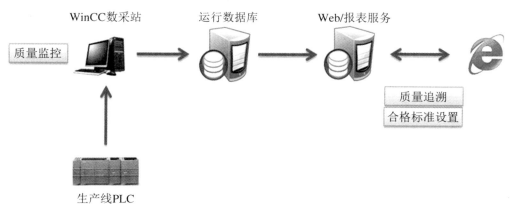

图 9.44　监控功能技术方案

方案说明：

① WinCC 数采站采集生产 PLC 的质量信息，并通过 WinCC 项目显示质量监控画面。

② 质量相关的历史数据将保存于 Web/报表服务器中的归档数据库中。

③ Web/报表服务器发布质量追溯与合格标准设置页面。

9.1.7　生产订单执行

1.功能描述

根据生产计划向生产线发送不同的运行模式指令,指令功能如表 9.6 所示。

表 9.6　运行模式指令功能

功能项	描　　　　　　述
订单执行	执行生产线运行模式控制:首件生产/自动运行/单机运行/停止

2.技术方案

技术方案如图 9.45 所示。

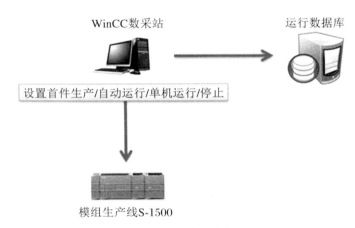

图 9.45　技术方案

方案说明:

① 由 WinCC 运行画面中输入不同的运行模式。

② WinCC 数采站将该信息发送到 PLC。

③ 操作记录保存到数据库中。

9.1.8　生产线 SCADA 监控

1.功能描述

系统采集所有现场 PLC 的信息,并汇总显示在监控界面上。生产线 SCADA 监控的主要功能如表 9.7 所示。

表 9.7　PLC 生产线 SCADA 监控功能

功能项	描　　　　述
生产线监控	① 生产线运行状态监视,集中监视生产线主要设备的状态:运行、停止、故障 ② 显示生产线的 PACK 产品类型、在线量和下线量,可实时展现目标产量与实际产量的差额 ③ 设置生产线 PACK 产品批号、型号、数量
报警与事件管理	故障及报警信息的实时显示及历史查询功能
工厂远程可视化	办公室 Web 客户端显示生产状态和生产计划完成情况、质量数据、生产线实时绩效
电子看板	可实时向电子看板发送当前项目名称、生产进度、产品规格、合格统计等内容

2. 技术方案

针对生产线 SCADA 监控功能,本系统采用如图 9.46 所示的技术方案。

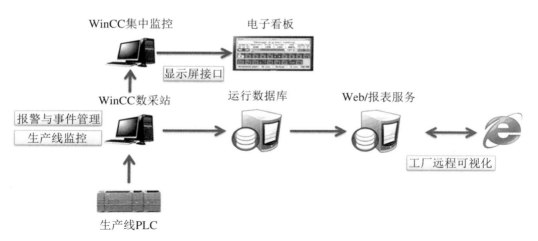

图 9.46　SCADA 监控功能技术方案

方案说明:

① WinCC 数采站运行 WinCC 监控画面,提供生产线监控和报警与事件管理功能。

② Web/报表服务器提供生产状态、生产计划、质量数据等报表,实现工厂可视化。

③ WinCC 集中监控通过分屏连接到电子看板,在电子看板上实时展示生产信息。

3. 监控画面

采用从上到下,由整体到局部的层次结构。以下是部分画面样例:

(1) 生产线监控

生产线监控如图 9.47 和图 9.48 所示。

(2) 工位监控

工位监控如图 9.49 所示。

图 9.47　生产线监控 1

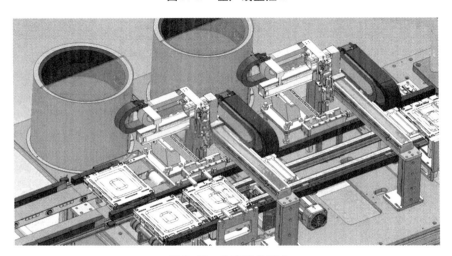

图 9.48　生产线监控 2

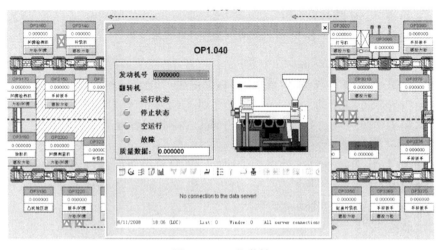

图 9.49　工位监控

（3）报警监控

报警监控如图 9.50 所示。

图 9.50　警报监控

（4）网络状态

网络状态如图 9.51 所示。

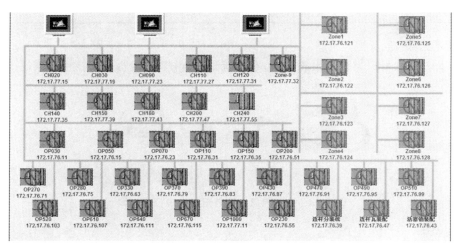

图 9.51　网络状态

（5）现场看板

现场看板通过 WinCC 集中监控服务器 1 分屏显示，显示样式可以灵活定义，显示内容包含：

① 各线产量信息，包含合格品、不合格品。

② 各线状态：运行，故障等。

③ 通知信息。

9.1.9 生产信息跟踪与查询报表

1. 功能描述

本系统要求具备谱系跟踪查询功能,即能提供 PACK—模组—电池的对应历史数据。该功能将结合报表功能实现。报表系统通过数据采集模块得到报表需要的数据归档,根据报表的不同,系统可以按照报表的功能及需要,按照日、月、季、年等方式提供不同粒度的报表,所有的报表均可以导出,报表也可以通过连接的打印机直接进行打印,打印出的格式和内容与看到的格式和内容完全一致。该模块的主要功能如表 9.8 所示。

表 9.8　PACK—模组—电池的功能

功能项	描　　　　　述
谱系跟踪查询	提供窗口输入和条码扫描两种方式查询生产信息,窗口输入可提供按生产日期查询、按项目名称查询、按 PACK 型号查询、按模块条码查询等查询方式,条码扫描可提供扫描模块条码查询信息、扫描电池盒条码查询信息、扫描电池条码查询信息等三种查询方式
批次比对查询	对历史和当前工作的配对结果进行查找
报表系统访问	通过报表系统总览页面或设备模型导航页面,可以访问到系统的所有生产绩效、物料消耗、质量管理等各类日、旬、月、年或批次报表
报表生成	报表 PDF、Excel 模式生成支持各种图表显示(棒图、饼图、趋势图、散点图)报表打印
数据备份	系统具备历史数据的备份、删除和恢复操作功能

2. 技术方案

针对生产信息跟踪与查询报表功能,本系统采用如图 9.52 所示的技术方案。

图 9.52　生产信息跟踪与查询报表技术方案

方案说明:

报表服务器上运行 ASP.NET 应用程序,将报表以网页的方式发布,用户在内网访问报表网站来进行报表查询与生成。

3. 报表样例

(1) PACK 查询与报表

PACK 与模组的对应查询与报表如图 9.53 所示。

(2) 电芯数据查询与报表

模组电芯的查询与报表如图 9.54 所示。

图 9.53　PACK 与模组的对应查询与报表

图 9.54　模组电芯的查询与报表

（3）完成品质量数据报表

模组的焊接等质量数据的查询报表如图 9.55 所示。

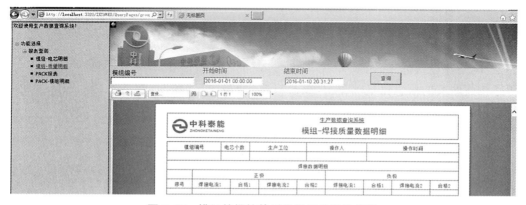

图 9.55　模组的焊接等质量数据的查询报表

9.1.10　制造执行系统建设情况

该系统是支撑车间精益化生产的平台,主要利用车间计划显示器、安灯显示器、条码扫描等设备,使各车间工序工位的计划、物料、质量、工艺过程等实时现场采集,及时管控,实现看板管理、追溯管理、安灯(Andon)管理、准时制生产(JIT)等功能。

数据采集系统以"分散控制,集中管理"为指导思想,实现信息资源的共享与管理,提高工作效率和提供舒适的工作环境,尽可能地减少管理人员和节约能源,适应环境的变化和工作的多样化及复杂性,及时对全局事件做出快速反应和处理,提供一个高效、便利、可靠的管理手段。

系统集成建设目标如下:

(1) 功能集成

对各子系统进行功能集成,将分散的子系统进行有机互连和综合,优化节能管理,提供增值业务,实现在管控中心的综合管理,提高工作效率,降低运营成本。

(2) 网络集成

将系统集成在统一的网络平台上,提供系统集成和功能集成的物理基础。

(3) 软件界面集成

将系统集成在统一的计算机平台和统一的人机界面环境。

(4) 平台建设

建设系统集成平台。该平台将存储控制系统的数据,通过合适的接口与子系统进行双向数据交换和实时通信,同时用户可以通过该平台查询和浏览各个子系统的运行信息和设备状态,经过授权的用户也可通过该平台向各个子系统下达运行命令。

9.1.11　数字化车间的通信网络情况

企业成立之初,要实现车间级工业千兆级高速工业互联网,进行设备、软件系统联网,并建立集团各事业部间的互联。

(1) 网络建设目标。

① 构建坚实的信息化基础建设(核心机房、网络、集团联网、网络安全),保障公司信息系统稳定运行。

② 搭建信息安全平台,保障信息数据安全。

③ 规范业务流程,推动信息应用系统的实施上线。

④ 引入先进的信息化管理经验、思想以及管理技术,以工业 4.0 为核心理念,实现公司管理流程化、自动化并最终实现智能化。为公司实现真正意义上的"智能工厂"奠定基础(图9.56)。

(2) 网络建设现情况。

企业信息网络实现车间级工业互联千兆高速联网,以及与企业集团各事业部间的集团级互联网后,通过信息网络及应用系统,即可全面实现公司各办公楼层场所、车间以及与集团各事业部的信息联网。同时,实现对关键数控设备及大型加工中心全部联网,对车间现场网络化监控和可视化管理。

图 9.56　数字化车间网络集成

(3) 网络拓扑图。

网络拓扑图如图 9.57 所示。

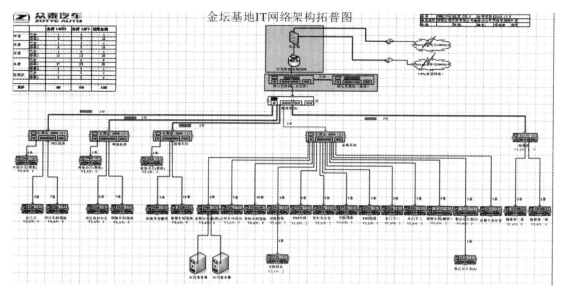

图 9.57　网络拓扑图

（4）企业已建成高级别的核心机房。

机房在设计时，参照国家机房管理规范落实实施，包括防静电、防雷、防火、安防等，以及配置了 UPS 稳压电源，保障了设备的稳定运行。同时，整个机房的整体规划及线路布置，无论是硬件设施还是带宽网络资源都是其他机房所望尘莫及的（图 9.58）。

图 9.58　公司核心机房

（5）企业各车间配置了车间级机房。

车间级机房内布置了汇聚层网络交换机，汇聚层交换机通过千兆光纤与核交换机层接连，同时，与三层（车间）交换机接连，实现了车间级信息网络千兆结构，保障了公司信息网络带宽高速运行。

（6）机房核心交换机引进了冗余技术。

为保障企业信息网络稳定运行，企业核心交换机引进了先进的冗余技术，机房核心交换机采用两台目前国际最新的 CISCO6807 交换机，两台交换机运行时为热备份方式运行，当其中一台出现故障时，另一台可即时无缝运行（图 9.59）。

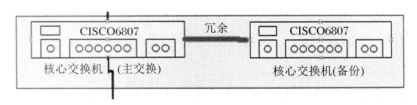

图 9.59　机房核心交换机引进了冗余技术

（7）企业主干信息网络联网，以三层总线以太网结构实现。

① 核心交换机。

② 汇聚层交换机。

③ 接入层交换机。

（8）企业网络主干为车间级千兆带宽，实现了从机房到车间级网络主干千兆速度的高速网络。公司信息网络主干线路，从机房核心交换机、汇聚层、接入层，全部为千兆光纤，同时各层次交换机间接联，都采取千兆光模方式。

车间网络包括全面直接联网及无线网络覆盖，通过车间网络，把公司车间各种设备，包括线体、采集终端、计算机及其他智能终端，全部网络集成（图 9.60），这保障了公司制造车间信息的及时、高效，为制造车间智能化生产打下了坚实的基础。

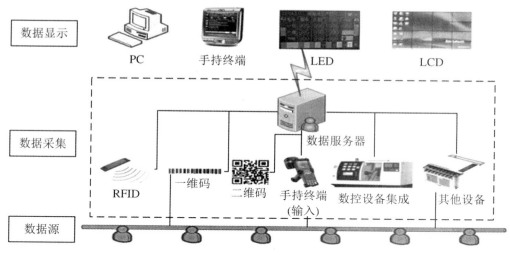

图 9.60 企业车间网络设备接入图

（9）主干千兆光纤线路实现冗余技术管理，线路在异常断路时，可即时起用备用线路，从机房到汇聚层的光纤主干线路，由两条光纤实现接连，当一条光纤断路时，交换机自动启用备用线路，以保障网络线路的稳定。

（10）实现与集团联网，保证了公司与集团、兄弟公司的信息联网。企业机房布署了两条专线（移动、电信），通过 VPN 与集团实现了信息联网。通过联网，实现公司与集团、兄弟公司间的信息互通。

（11）实现外网及集团级联网线路冗余。

通过部署两条专线，公司与外网接连线路实现冗余，当其中一条专线故障时，另一条可即时启用，保障了外部信息的稳定及平稳运行（图 9.61）。

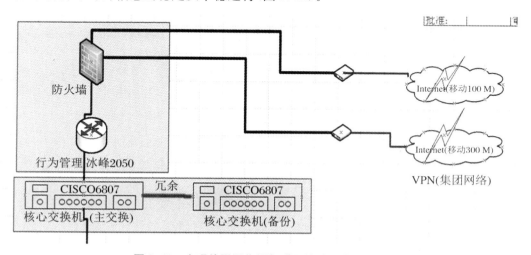

图 9.61 实现外网及集团级联网线路冗余方式

（12）信息通信系统及信息安全保障说明。

① 对外：公司信息网络部署了防火墙（Juniper）系统（图 9.62）。

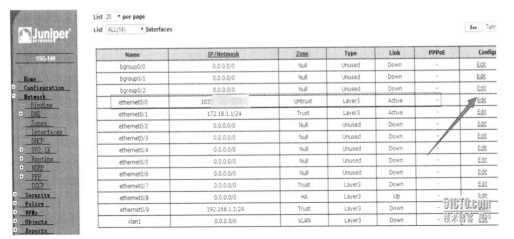

图 9.62 防火墙(Juniper)系统

通过部署防火墙系统以及相关管理策略,阻断了外部黑客对公司内应用系统的入侵,同时,也防范了公司信息对外的泄密。

② 对内:公司信息网络部署了行为管理系统(冰峰)(图 9.63)。

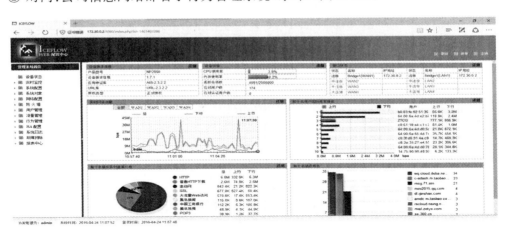

图 9.63 行为管理系统(冰峰)

通过"网络行为管理系统",公司信息网络管理员可对内部职员外部管理行为进行策略管理,规范了公司内部职员出入外网行为及制度,保障了公司信息外泄安全。

③ 部署了网络监控管理系统(威盾)(图 9.64)。

网络监控管理系统(威盾),可对公司局域网内各职员电脑运行情况不间断监控并存储,同时,可对管控电脑进行控制管理,包括 U 盘、光驱等硬件设备使用权限管理,对公司职员网络行为进行了规范。

④ 部署上线了文件管理系统(爱数)(图 9.65)。

为保障公司服务器应用系统数据安全,公司实施上线了文件管理系统。文件管理系统实现了对应用系统数据异地备份功能,同时,对公司各职员电脑重要文件提供了备份存放功能,同时实现文件更新版本控制。

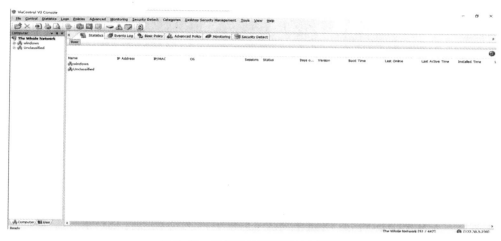

图 9.64　网络监控管理系统(威盾)

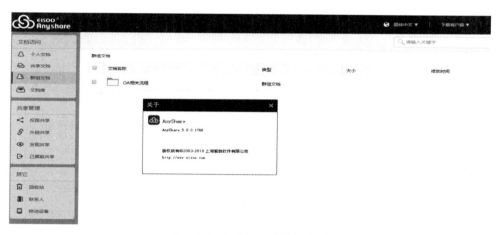

图 9.65　文件管理系统(爱数)

(13) 信息化联网意义。

① 通过信息系统实现关键数控设备及大型加工中心全部联网,对车间现场网络化监控和可视化管理。机器人、数控中心等智能制造设备占比达到 80%,全面集成生产能力平衡系统、配送系统、看板管理和制造执行系统,基本实现了生产过程的自动化管控,增强了生产管理的科学性和灵活性,实现了多品种产品的同时排产和混线生产,提高了企业柔性生产制造水平。

② 生产制造系统实现了生产过程智能化、制造装备智能化和生产管理的智能化,各个生产单元之间的协同更加及时,生产订单进度、生产瓶颈工序、工人绩效等生产模型,均有透明量化数据体现。信息系统实时记录制造过程中的在制、工时、人员、质量等资源信息,整个生产过程实现数字化、可追溯,颠覆了传统制造业的生产模式,使大规模个性化定制成为可能(图 9.66)。

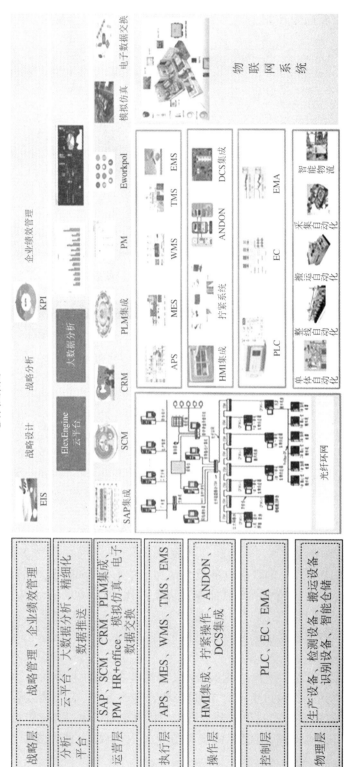

图9.66　融合创新工程建设总体方案

9.1.12　企业资源计划管理系统(ERP)建设情况

该系统是支撑企业内部生产运营管理的平台,实现企业从生产计划、产品数据、产供平衡预警、采购、质量、仓库、生产、供应商协同、存货核算等各部门日常运营在统一平台上工作。实现信息流、物流、资金流、业务流、增值流等科学高效运转,减少一切无效作业和浪费,实现运营效益最大化。信息部经过前期选型了解,预计投入 1000 余万元,为节约成本,决定自行开发。

目前自主开发的 ERP 系统,已经在江苏金坛基地启动运行(图 9.67)。

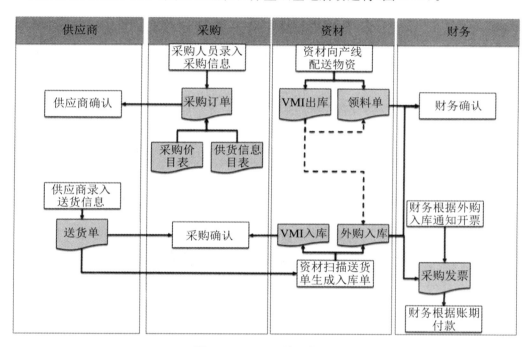

图 9.67　ERP 系统业务流程

(1) 供应商管理

系统已实现对供应商基础资料的管理,如供应商基础资料、供应商对应供应零配件等。

(2) 供应商协同管理

供应商协同,是面向核心企业及其供应商构建的供应业务协作平台。利用供应商协同平台的信息实时分享,实现供应与生产的高度配合,提高企业与供应商的作业效率。使用供应商协同平台有巨大的利益价值,具体如下:

① 为合作供应商伙伴提供了一个高效的协同商务平台,可实现 7×24 小时的信息互动。

② 通过网上在线协作,减少双方传真、邮件成本和人工费用。

③ 有效降低订单处理流程,缩短业务处理周期,减少采购业务成本。

④ 条码技术的应用,减少了企业方的入库工作量,并降低了收货的误差。

⑤ 电子开票与电子对账的应用,降低了财务过程的成本,增加财务结算透明度,改善了双方供应关系。

⑥ 增强企业与合作供应商伙伴间的凝聚力。

（3）采购订单管理

通过采购订单管理,系统实现了根据生产部门计划结果(月度计划、二周滚动计划、周计划、日计划),下发零配件订单,订单系统可对下发订单进行审核,同时,供应商进行确认,以便于计划部门掌握供应商供货情况,实时变更或调度物流。并由供应商通过系统下发送货单,由仓库部门通过条码系统扫描收货。

采购系统的运行,大大提高了采购部门与供应商间的工作效率,同时,可适时查询供应商供货状态,订单送货情况。

（4）仓库管理

提供入/出库业务、仓存调拨、库存调整等业务管理功能,支持批次、物料对应、盘点、即时库存校对等管理功能,为公司建立了规范的仓存作业流程,提高了仓存运作效率。

9.2　智能制造领域学科竞赛介绍

智能制造专业学生根据所学知识,可以从大学一年级开始参加各队相应的学科竞赛活动,主要竞赛项目如下:

9.2.1　教育部"西门子杯"中国智能制造挑战赛

【大赛背景】

大赛受教育部国际合作与交流司指导,由中国仿真学会和西门子(中国)有限公司联合主办,方向涉及智能制造领域中的科技创新、产品研发、工程设计和智能应用等,是针对智能制造发展所需的技术及创新人才进行培养及选拔的工程类竞赛。2006 年至今大赛已成功举办 16 届,每年一届,大赛在教育部、各省市教育主管部门、制造业企业和全国近 800 所高校、2000 余学院的支持下,已成为中国智能制造领域规模最大、规格最高的国家 A 类竞赛。

【大赛宗旨】

大赛主要面向全国控制科学与工程、电气工程、机械工程、仪表科学与工程、信息与通信工程、计算机科技与技术等相关学科的研究生、本科生,和全国自动化类、机电设备类、机械设计制造类、电子信息类、计算机类及通信类等相关专业的高等院校学生。

大赛内容涉及智能制造领域中的科技创新、产品研发、工程设计和智能应用等,为我国智能制造发展培养和选拔具备解决复杂工程问题的技术及创新人才。大赛以企业真实的工程项目和科研项目作为竞赛赛题,以真实的工业设备和工业环境作为赛场,以工业企业的工程标准作为考核评分指标,全面锻炼学生解决复杂工程问题的综合能力、系统思维。大赛利用现有资源和平台,与全国高校、工业企业共同发起成立联合教育界与工业界的"智能制造新工程师校企联盟",以期为智能制造领域的高校和企业之间建立广泛、畅通、有效、信任的合作机制与平台,实现双方在教育、人才、科研、品牌、公益、国际化等各个方向和领域的合作,丰富高校教育内容,解决企业当前各类现实需求,提高中国智能制造的整体资源融合与创新能力。

【竞赛项目】

智能制造工程设计与应用类:流程行业自动化方向、离散行业自动化方向、离散行业运动控制方向、信息化网络化方向、数控数字化双胞胎-虚拟调试方向及智能产线与协作机器人方向。

智能制造创新研发类:企业命题方向、自由探索方向。

【主要成果】

笔者所在学校学科竞赛团队鼓励学科交叉、知识融合、实践创新,参加了第 14 至第 16 届大赛,获得国家级二等奖 1 项,省级一等奖 1 项、二等奖 4 项、三等奖 3 项。

9.2.2 中国大学生工程实践与创新能力大赛

【大赛背景】

该赛事由中国人工智能学会主办,1999 年开设,每年一届,是列入《教育部评审评估和竞赛清单》的重要赛事,是全国高等学校学科竞赛排行榜评估竞赛之一,每届参赛高校 600 余所,全国总决赛参赛人数 1.5 万余人。

【大赛宗旨】

大赛的宗旨是促进学生全面发展,培养学生创新的能力,提高学生的科技创新和应用能力,引导和激励广大青年学生弘扬创新精神,搭建良好的科技创新赛事平台,助力人工智能、机器人产业发展,推动"人工智能+""机器人+"新经济产业体系建设,推动广大学生参与机器人、人工智能科技创新实践,提高团队协作水平、培育创新创业精神。通过比赛,让学生更深入地理解机器人及人工智能,提高他们对机器人及人工智能的编程能力。大赛为学生提供一个平台,让他们充分发挥自己的创意和技术能力,在竞争中促进交流和学习,以更加全面的视角去理解人工智能,进而激发学生的学习热情,促进学生在人工智能方面的发展。大赛主要目的是推动机器人及人工智能的学习和应用,促进科技发展和进步。期望在大赛中,学生们可以结合自身的学习经历,深刻理解人机器人及工智能的技术原理,将理论与实践相结合,较好地应用人工智能知识和技能,实现突破,科学研究,最终获得最佳结果。

【竞赛项目】

创新类赛道:参赛选手利用机器人及人工智能技术创新设计,并将设计方案及思路进行演示。

应用类赛道:利用机器人等设备按照竞赛规则,编写程序等条件完成竞赛要求。

竞技类赛道:利用机器人等设备编写程序,两个队伍通过擂台、竞速等方式争取比赛获胜。

挑战类赛道:利用机器人等设备编写程序代码,按照预先设定的目标进行挑战,以完成挑战任务获胜。

【主要成果】

笔者所在学校学科竞赛团队鼓励学科交叉、知识融合、实践创新,参加了第 23 至第 25 届大赛,获得国家级一等奖 2 项,国家级二等奖 6 项,省级特等奖 2 项、一等奖 12 项、二等奖 15 项、三等奖 6 项,优秀组织奖 2 次,优秀指导老师 2 人。

9.2.3　全国大学生机械创新设计大赛

【大赛背景】

该赛事经教育部高等教育司批准,由全国大学生机械创新设计大赛组委会主办,2004 年开设,每两年一届,是《教育部评审评估和竞赛清单》的重要赛事,是教育部、财政部通过"质量工程"持续三次资助的全国大学生竞赛项目之一,每届参赛高校 700 余所,省级以上参赛作品数 5000 余件。

【大赛宗旨】

大赛旨在引导高等学校在教学中注重培养大学生的创新设计能力、综合设计能力与团队协作精神;加强学生动手能力的培养和工程实践的训练,提高学生针对实际需求进行创新思维、机械设计和制作等实际工作能力;吸引、鼓励广大学生踊跃参加课外科技活动,为优秀人才脱颖而出创造条件。大赛是一项公益性的大学生科技活动,也将承担起一定的社会责任;同时,加强教育与产业之间的联系,推进科学技术转化为生产力,促使更多青年学生积极投身于我国机械设计与机械制造事业之中,在我国从制造大国走向制造强国的进程中发挥积极的作用。

【竞赛项目】

涉及"关注民生、美好家园",小型停车机械装置,水果采摘工具或机械装置;"智慧家居、幸福家庭",助老机械,智能家居机械;"自然·和谐",仿生机械;生态修复机械等。

【主要成果】

笔者所在学校学科竞赛团队鼓励创新实践、团结协作、勇于攀登,参加了第 6 至第 9 届大赛,获得国家级一等奖 1 项,省级一等奖 9 项、二等奖 10 项、三等奖 10 项,优秀组织奖 3 次,优秀指导老师 13 人。

9.2.4　中国大学生工程实践与创新能力大赛

【大赛背景】

该赛事由教育部高等教育司主办,2009 年开设,每两年一届,是列入《教育部评审评估和竞赛清单》的重要赛事,是全国高等学校学科竞赛排行榜评估竞赛之一,是原全国大学生工程训练综合能力竞赛的延伸和完善,每届参赛高校 500 余所,参赛人数 50000 余人。

【大赛宗旨】

大赛旨在培养面向适应全球可持续发展需求的工程师,服务于国家创新驱动与制造强国战略,强化工程伦理意识,坚持基础创新并举、理论实践融通、学科专业交叉、校企协同创新、理工人文结合,打造具有鲜明中国特色的高端工程创新赛事,建设引领世界工程实践教育发展方向的精品工程,构建面向工程实际、服务社会需求、校企协同创新的实践育人平台;培养服务制造强国的卓越工程技术后备人才,开启中国大学生工程实践与创新教育新模式。

【竞赛项目】

工程基础赛道:势能驱动车、热能驱动车和工程文化;"智能＋"赛道:智能物流搬运、水下管道智能巡检、生活垃圾智能分类和智能配送无人机;虚拟仿真赛道:飞行器设计仿真、智能网联汽车设计、工程场景数字化和企业运营仿真。

【主要成果】

笔者所在学校学科竞赛团队鼓励学科交叉、知识融合、实践创新,参加了第 4 至第 7 届大赛,获得国家级一等奖 1 项,省级一等奖 10 项、二等奖 11 项、三等奖 8 项,优秀组织奖 3 次,优秀组织工作者 2 人,优秀指导老师 2 人。

9.2.5　全国大学生先进成图技术与产品信息建模创新大赛

【大赛背景】

该赛事由教育部高等学校工程图学课程教学指导委员会、中国图学学会制图技术专业委员会、中国图学学会产品信息建模专业委员会联合主办,2008 年开设,每年举办一届,是《教育部评审评估和竞赛清单》的重要赛事,被誉为"图学界奥林匹克",每届参赛高校 600 余所,参赛人数 20000 余人。

【大赛宗旨】

大赛以"德能兼修,技高一筹"为主题,以培养学生的工匠精神,激发学生的创新意识,探索图学的发展方向,创新成图载体的方法与手段为宗旨。目的在于"以赛促教、以赛促学、以赛促改",全面提高大学生的图学能力,为中国制造走向中国创造催生和助长大量优秀人才。大赛结合新工科建设和工程教育专业认证,设立了多学科、制图技术融合的多维度赛项,开启中国大学生工程制图教育教学与实践创新融合的新模式。

【竞赛项目】

竞赛类别:机械、建筑、道桥、水利;竞赛内容:尺规绘图、产品信息建模、数字化虚拟样机设计、3D 打印、BIM 综合应用。

【主要成果】

笔者所在学校学科竞赛团队采用"模块＋项目"的训练模式,强化线上、线下指导,参与了第 13 和第 14 届大赛,获得国家级一等奖 3 项、二等奖 10 项、三等奖 8 项,省级一等奖 2 项、二等奖 4 项、三等奖 5 项,优秀指导老师 3 人。

9.2.6　全国三维数字化创新设计大赛

【大赛背景】

该赛事由全国三维数字化创新设计大赛组委会、国家制造业信息化培训中心主办,2008 开设,每年举办一届是《教育部评审评估和竞赛清单》的重要赛事,每届参赛高校 600 余所,参赛人数累积 800 余万人,省赛和国赛获奖选手累积 18 余万人。

【大赛宗旨】

大赛是在国家大力实施创新驱动发展战略、推动实体经济和数字经济融合发展的时代背景下开展的一项大型公益赛事,以"三维数字化"与"创新设计"为特色,突出体现科技进步和产业升级的要求,是大众创新、万众创业的具体实践。大赛一头链接教育、一头链接产业、一头链接行业与政府,产教融合不断深化,政产学研用资互动不断加强,技术、人才与产业项目合作对接及产业生态平台作用日益突显,已成为全国规模最大、规格最高、水平最强、影响最广的全国大型公益品牌赛事与"互联网+创新"行业盛会,被业界称为"创客嘉年华、3D 奥林匹克、创新设计奥斯卡"。

【竞赛项目】

开放自主命题赛:数字工业设计大赛(包括工业设计、产品设计、机电工程设计、工业仿真、数字工厂、数字制造等);数字人居设计大赛(包括数字城市、美丽乡村、特色小镇、BIM 设计、环境景观艺术设计、智能家居等);数字文化设计大赛(包括文化创意、数字艺术、新媒体艺术、微电影与动漫、游戏设计、数字旅游等)。

行业/企业热点命题赛:新灵兽创新创业大赛 VR/AR 创新创意设计大赛;3D 打印创新创意设计大赛;3D 扫描逆向工程与在线检测大赛;人工智能与机器人创新大赛;中医文化主题创新大赛;青少年 3D/VR 科技创新大赛。3D/VR 数字产业年度风云榜。

【主要成果】

笔者所在学校学科竞赛团队积极践行全过程育人、全方位育人的创新培养模式,参加了第 12 和第 13 届大赛,获得国家级一等奖 2 项、二等奖 7 项、三等奖 5 项、省一等奖 20 项、二等奖 20 项、三等奖 6 项,优秀组织奖 2 项。

9.3 智能制造实训案例

本节以华中数控实训为例。

9.3.1 智能制造创新实训中心概述

智能制造创新实训中心实训课程是重庆华中数控技术有限公司针对智能制造工程专业开发的特色课程,本次实训以机械加工领域智能制造为核心,融合智能制造相关的数控加工技术、工业机器人技术(robotics)、智能传感器技术(sensors)、智能仓储技术、工业互联网技术、MES 技术、视觉传感技术、虚实仿真等多项前沿技术,依托技术学习、实践熟悉、技术分享、创新设计等环节,培养学生智能制造系统集成与规划的思维,通过最终的"智能产线搭建与仿真"任务,综合呈现本次实习的学习成果。通过 14 天的生产实习,引导学生了解智能制造的内涵与学科知识,重点掌握制造过程智能化的系统架构与技术实施路径,为学生后期的专业学习奠定基础和方向。

9.3.2　智能制造创新实训中心构成

长江师范学院机器人学院智能制造创新实训中心(图 9.68),主要包含智能工厂实验室和 MES 实验室。满足开设适应智能制造综合人才培养需求的智能工厂集成技术、智能制造执行系统(MES)、智能工厂集成综合实训、智能制造基础实验、智能制造仿真实验、传感器原理及检测技术、在线检测技术及应用、机器视觉实训、物联网技术及应用、现场总线技术及应用、物联网技术及应用课程设计、数控加工等工程训练实践教学课程,以及满足骨干教师针对高端智能制造教科研等工作。实训实习的设备平台是华中数控自主研发的"智能制造单元",该平台以智能制造技术推广应用实际与发展需求为设计依据,按照"设备自动化 + 生产精益化 + 管理信息化 + 人工高效化"的构建理念,将数控加工设备、工业机器人、检测设备、数据信息采集管控设备等典型加工制造设备,集成为智能制造单元"硬件"系统,结合数字化设计技术、智能化控制技术、高效加工技术、工业物联网技术、RFID 数字信息技术等"软件"的综合运用,构成大赛技术平台。技术平台具备零件数字化设计和工艺规划、加工过程实时制造数据采集、加工过程自动化、基于 RFID 加工状态可追溯以及加工柔性化等功能。

图 9.68　智能制造创新实训中心

智能制造单元技术平台结构如图 9.69 至图 9.72 所示,包含数控车床、加工中心、在线检测单元、六轴多关节机器人、工业机器人导轨、立体仓库、中央控制系统、MES 系统管理软件和电子看板等。

图 9.69 智能制造单元理实一体化平台主视图

图 9.70 智能制造单元理实一体化平台实物图

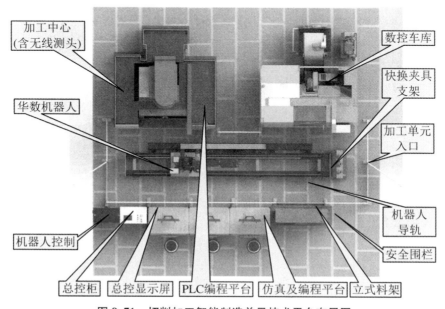

图 9.71 切削加工智能制造单元技术平台布局图

图 9.72　切削加工智能制造单元技术平台实物图

9.3.3　实训目的

根据教学安排,本次生产实习时间为 14 天;希望通过本次生产实习,引导学生了解智能制造的内涵与学科知识,重点掌握制造过程智能化的系统架构与技术实施路径,为学生后期的专业学习奠定基础和方向。

9.3.4　实训内容

实训以机械加工领域智能制造为核心,是智能制造相关专业的多学科、多角度技术融合,依托技术学习、实践熟悉、技术分享、创新设计等环节,培养学生智能制造系统集成与规划的思维,通过最终的"智能产线搭建与仿真"任务,综合呈现本次实习的学习成果。具体实习设计如表 9.9 所示。

表 9.9　实习设计

时间	类型	主　题	培　训　内　容
第一天	总体技术学习	智能制造系统平台认知学习	1. 开班仪式 2. 典型智能制造单元平台各模块认知 3. 典型智能制造单元工作流程演示 4. 典型智能制造单元安全注意事项 5. 典型智能制造单元标准操作及维护保养

时间	类型	主　题	培　训　内　容
第二天	模块化技术学习	数控机床的分类与加工原理	1. 常见数控机床的命名规则 2. 常见数控机床的分类 3. 各类型机床加工的工作原理
	模块化技术学习	数控机床的组成	1. 数控车床的组成与装配原理 2. 加工中心的组成与装配原理 3. 五轴数控机床的组成与装配原理
第三天	模块化技术学习	工业机器人工作原理与应用场景	1. 工业机器人的组成 2. 工业机器人的机械结构特点 3. 工业机器人的电气控制系统组成 4. 工业机器人典型应用技术分享
		工业机器人示教编程	1. 机器人运动轨迹控制原理 2. 机器人外围设备(夹具)控制原理 3. 使用机器人完成轨迹描绘 4. 使用机器人完成码垛程序设计
第四天	模块化技术学习	工业机器人离线编程	1. 离线编程的优势与原理 2. 仿真环境完成机器人轨迹规划 3. 虚实结合,完成机器人程序验证
		MES 系统架构	1. MES 系统框架结构原理 2. MES 系统的特色功能组成 3. MES 系统与硬件设备间的互联互通原理 4. MES 系统管控执行设备运行原理
第五天	实践熟悉	智能制造单元联调测试	使用 MES 系统下发混合加工工艺生产订单,完成实操训练任务
第六天	实践熟悉	个性化定制	1. 自主纪念品图案模型设计 2. 加工工艺设置到智能制造单元 3. 合理派发生产订单,完成定制化纪念品制造
第七天	休息	—	
第八天	实践熟悉	个性化定制	1. 自主纪念品图案模型设计 2. 加工工艺设置到智能制造单元 3. 合理派发生产订单,完成定制化纪念品制造
	技术分享	制造业转型升级与智能制造	专题讲座

续表

时间	类型	主　题	培　训　内　容
第九天	仿真软件学习	智能产线认知体验	1. 机床上下料场景搭建布局设计体验 2. 工业机器人机床上下料编程 3. 数控机床安装与调试 4. PLC 信号配置与编程设计 5. 机床上下料单元虚拟调试与仿真运行
		智能产线搭建与仿真调试体验	1. 智能制造切削单元虚拟场景搭建布局设计 2. 智能制造切削单元接线与传感调试
第十天	仿真软件学习	智能产线搭建与仿真调试体验	1. 机器人示教编程与数控编程调试 2. 智能制造单元仿真运动设计、信号配置与 PLC 程序设计
		智能产线搭建与仿真调试体验	智能制造单元虚拟调试与仿真运行
第十一天	创新设计	产线搭建实践	1. 3 人一组,选择一种工件搭建智能产线 2. 根据制造流程,定义仿真动作与节拍 3. 录制仿真动画形成作品 4. 制作答辩 ppt,阐述产线搭建与仿真思路
第十二天			
第十三天		任务答辩	1. 答辩,阐述规划思路,提出不足与建议 2. 结业仪式
第十四天	参观考察	前沿技术了解	长城汽车 华晨鑫源 中船重工(川东) 攀华集团 宗申集团 返程

9.4　工业机器人工作原理与应用场景案例

本节以北京华航机器人公司的应用场景视频为例。

9.4.1　工业机器人实训目的与任务

机器人的工作原理是一个比较复杂的问题。简单地说,机器人的原理就是模仿人的各种肢体动作、思维方式和控制决策能力。从控制的角度来看,机器人可以通过"示教再现""可编程控制""遥控""自主控制"四种方式来达到这一目标。本实训主要是了解机器人的发展和种类,工业机器人的基本构造及系统组成等和工业机器人在世界的应用领域。

1. 实训目的

(1) 了解机器人的发展、组成与技术参数,掌握机器人的分类,对各类机器人有较系统的完整认识。

(2) 掌握工业机器人的运动学、动力学的基本概念,能进行简单的位资分析和运动分析。

(3) 掌握工业机器人系统组成及自由度等基本概念。

(4) 掌握机器人控制系统的构成。

(5) 了解工业机器人的各个应用领域。

2. 工作任务

(1) 按照工艺辅导文件等相关文件的要求完成作业准备。

(2) 运用人机交互设备进行参数的设定与修改、功能的使用与配置、程序的选择与切换等。

9.4.2　工业机器人的组成

(1) 机器人的分类

机器人的分类如图 9.73 和图 9.74 所示。

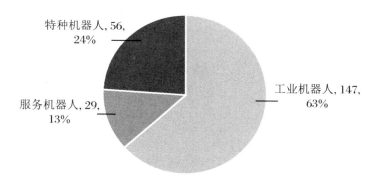

图 9.73　机器人的分类

(2) 工业机器人的组成及系统连接

华数机器人主要包括八大组成部分:① 机械本体(身体);② 驱动系统(动力源);③ 传动装置(改变运动方式);④ 传感器(内部和外部);⑤ 控制器(大脑);⑥ 示教器(人机交互接口);⑦ I/O 模块;⑧ 线缆。电控系统一般安装于机器人电柜内部,控制机器人的伺服驱动器、输入输出等主要执行设备;机器人示教器一般通过电缆连接到机器人电柜上,作为上位机通过以太网与控制器进行通信。

图 9.74　三种不同机器人

（3）六轴工业机器人的典型结构

六轴工业机器人如图 9.75 所示。

（4）工业机器人的技术参数

表示机器人特性的基本参数和性能指标主要有工作空间、自由度、有效负载、运动精度、运动特性、动态特性等。

工作空间（work space）：工作空间是指机器人臂杆的特定部位在一定条件下所能到达空间的位置集合。工作空间的性状和大小反映了机器人工作能力的大小。理解机器人的工作空间时，要注意以下几点：

① 有效负载（payload）。它是指机器人操作机在工作时臂端可能搬运的物体重量或所能承受的力或力矩，用以表示操作机的负荷能力。

② 运动精度（accuracy）。机器人机械系统的精度主要涉及位姿精度、重复位姿精度、轨迹精度、重复轨迹精度等。

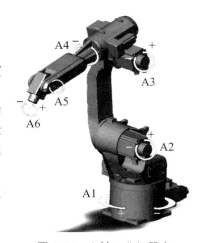

图 9.75　六轴工业机器人

③ 运动特性（sped）。速度和加速度是表明机器人运动特性的主要指标。

④ 动态特性。结构动态参数主要包括质量、惯性矩、刚度、阻尼系数、固有频率和振动模态。

⑤ 工作精度。可以用精密度、正确度和准确度三个参数来衡量。

⑥ 定位精度（P 工作精度（positioning accuracy））。它是指机器人末端参考点实际到达的位置与所需要到达的理想位置之间的差距。

⑦ 重复性（repeatability）或重复精度。它是指机器人重复到达某一目标位置的差异程度。或在相同的位置指令下，机器人连续重复若干次其位置的分散情况。它是用来衡量一列误差值的密集程度，即重复度。

9.4.3　工业机器人的机械结构特点

（1）机械结构

机械结构如图 9.76 所示。

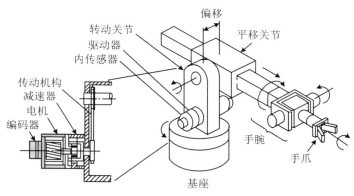

图 9.76　机械结构

（2）自由度

人的手臂有七个自由度,其中肩关节为 3,肘关节为 2,手关节为 2(或从功能观点来看,可以认为肩关节为 3,肘关节为 1,手关节为 3),它比 6 还多,把这种比 6 还多的自由度称为冗余自由度(redundant degree of freedom),另外把这种自由度构成称之为"冗余性"(redundancy)。人由于有这样的冗余性,在固定了指尖方向和手腕位置的情况下,可以通过旋转肘关节来改变手臂的姿态,因此就能够回避障碍物。

（3）运动学

问题:

（1）将各个关节转动某个角度,机械臂的手能变成什么姿态和到达什么位置?

（2）给定一个位置和姿态,如何转动各个关节的角度,使手能到达那个位置?

从关节变量求手抓位置称为正运动学(direct kinematics)。

从手抓位置求关节变量称为逆运动学(inverse kinematics)。

（4）动力学

在考虑控制时,重要的是在机器人的动作中,关节驱动力 τ 会产生怎样的关节位置 θ、关节速度 V 和关节加速度 a。处理这种关系称为动力学。

通俗地讲,动力学就是研究,给了关节一个力,会对手的位置、速度、拳击力产生什么样的影响。

动力学案例如下:

给斜体 A 一个力 F,A 的位置、速度、撞击力是什么?

9.4.4　工业机器人的电气控制系统

工业机器人电气控制系统主要由 IPC 单元、示教器单元、PLC 单元、伺服驱动器等单元组成,各个单元间的连接关系如图 9.77 所示。

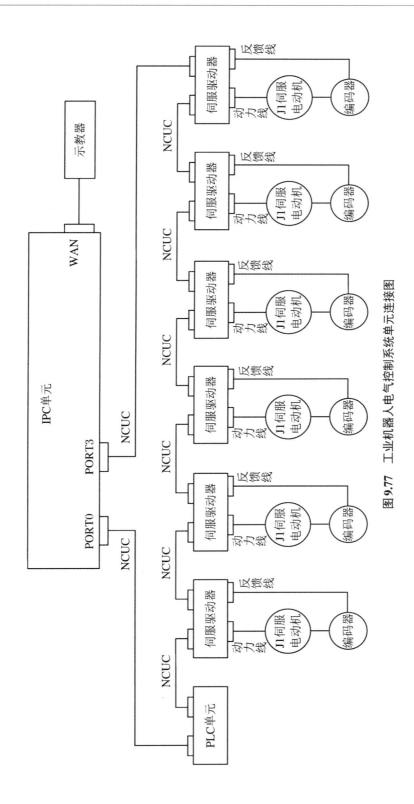

图 9.77　工业机器人电气控制系统单元连接图

（1）控制柜

急停开关、电源指示灯、报警指示灯和单元开关。

（2）IPC 控制器（图 9.78）

IPC 单元是 HSR-JR6 型工业机器人的运算控制系统，相当于人的大脑，所有程序和算法都在 IPC 中处理完成。工业机器人在运动中的点位控制、轨迹控制、手爪空间位置与姿态的控制等都是由它发布控制命令。它由微处理器、存储器、总线、外围接口组成。它通过总线把控制命令发送给伺服驱动器，也通过总线收集伺服电动机的运行反馈信息，通过反馈信息来修正机器人的运动。

功能：

① 嵌入式工业计算机模块，可运行 LINUX、WINDOWS 操作系统；

② 具备 PC 机的标准接口：VGA、USB、以太网等；

③ 配置 DSP＋FPGA＋以太网物理层接口。

（3）PLC 单元（图 9.79）

PLC 是工业机器人中非常重要的运算系统，它主要完成与开关量算有关的一些控制要求，例如机器人急停的控制、手爪的抓持与松开、与外围设备协同工作等。在机器人控制系统中，IPC 单元和 PLC 协调配合，共同完成工业机器人的控制。

图 9.78   IPC 控制器

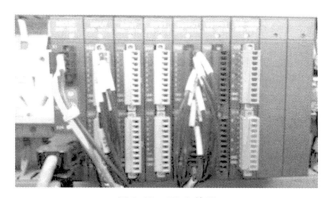

图 9.79   PLC 单元

（4）示教器（图 9.80）

示教器是操作人员与机器人之间沟通的桥梁，通过示教器我们可以进行参数设置，查看机器人 I/O 状态、寄存器的值等，最重要的机器人示教编程。

借助示教器，用户可以实现工业机器人控制系统的主要控制功能：手动控制机器人运动；机器人程序示教编程；机器人程序自动运行；机器人运行状态监视；机器人控制参数设置。

（5）总线式 I/O 单元

HIO-1000 模块式总线 I/O 特性：通过总线最多可扩展 16 个 I/O 单元支持 NCUC 总线。

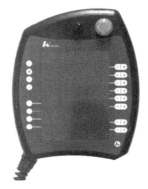

图 9.80   示教器

采用不同的底板子模块可以组建两种 I/O 单元,其中 HIO-1009 型底板子模块可提供 1 个通信子模块插槽和 8 个功能子模块插槽,组建的 I/O 单元称为 HIO-1000A 型总线式I/O 单元;HIO-1006 型底板子模块可提供 1 个通信子模块插槽和 5 个功能子模块插槽,组建的 I/O 单元称为 HIO-1000B 型总线式 I/O 单元。

功能子模块包括开关量输入/输出子模块、模拟量输入/输出子模块、轴控制子模块等。

开关量输入子模块有 NPN、PNP 两种接口可选,输出子模块为 NPN 接口,每个开关量均带指示灯。

(6) 伺服驱动器(图 9.81)

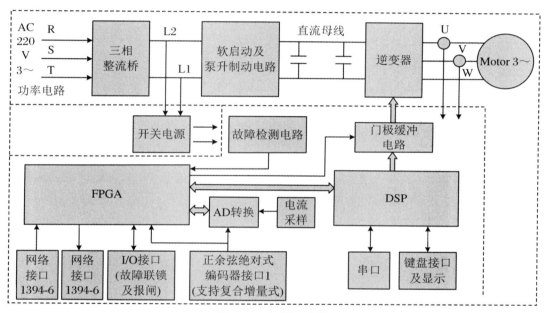

图 9.81　伺服驱动器

伺服驱动器接收来自 IPC 装置送来的进给指令,这些指令经过驱动装置的变换和放大后,转变成伺服电动机进给的转速、转向与转角信号,从而带动机械结构按照指定要求准确运动。

HSV-160U 系列伺服驱动单元是武汉华中数控股份有限公司推出的新一代全数字交流伺服驱动产品。HSV-160U 具有高速工业以太网总线接口,采用具有自主知识产权的 NCUC 总线协议,实现和 IPC 控制器高速的数据交换;具有高分辨率绝对式编码器接口,可以适配复合增量式、正余弦、全数字绝对式等多种信号类型的编码器,位置反馈分辨率最高达到 23 位。

HSV-160U 交流伺服驱动单元形成 10 A、20 A、30 A、50 A、75 A、100 A 共六种规格,功率回路最大功率输出最大达到 6.5 kW。

(7) 伺服电机

伺服电机(servo motor)是指在伺服系统中控制机械元件运转的发动机,是一种补助马达间接变速装置。伺服电机将伺服驱动器的输出转变为机械运动,它与伺服驱动器一起构成伺服控制系统。目前应用最多的是交流伺服电机。

伺服电机可使控制速度,位置精度非常准确,可以将电压信号转化为转矩和转速以驱动控制对象。伺服电机转子转速受输入信号控制,并能快速反应,在自动控制系统中,用作执行元件,且具有机电时间常数小、线性度高、始动电压等特性,可把所收到的电信号转换成电动机轴上的角位移或角速度输出。

(8) 低压断路器(图 9.82)

说明:低压断路器过去叫作自动空气开关,现采用 IEC 标准称为低压断路器。

定义:低压断路器是将控制电器\保护电器的功能合为一体的电器。

功能:它相当于闸刀开关、熔断器、热继电器和欠压继电器的组合。有效地保护串接在它后面的电器设备。

(9) 继电器

继电器是一种利用各种物理量的变化,将电量或非电量信号转化为电磁力或使输出状态发生阶跃变化,从而通过其触头或突变量促使在同一电路或另一电路中的其他器件或装置动作的一种控制元件。它用于各种控制电路中进行信号传递、放大、转换、联锁等,控制主电路和辅助电路中的器件或设备按预定的动作程序进行工作,实现自动控制和保护的目的。

工作原理:根据外来信号(电压或电流),利用电磁原理使衔铁产生闭合动作,从而带动触电动作,使控制电路接通或断开,实现控制电路的状态改变。

(10) 变压器(图 9.83)

图 9.82　低压电路器　　　　　　　　图 9.83　变压器

变压器是一种将某一数值的交流电压变换成频率相同但数值不同的交流电压的静止电器。三相电压的变换可用三台单相变压器也可用一台三相变压器,从经济性和缩小安装体积等方面考虑,可优先选择三相变压器。

9.4.5　工业机器人典型应用场景

工业机器人典型应用有磨抛、装配、机床上下料、冲压上下料、焊接、喷涂、分拣、注塑、码垛、物流和智能工厂。

(1) 消失模模具打孔(图 9.84)。

（2）川崎机器人笔记本外壳打磨（图 9.85）。

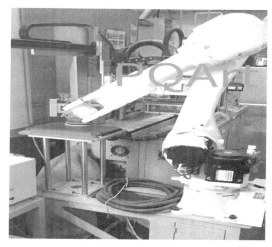

| 图 9.84　消失模模具打孔 | 图 9.85　川崎机器人笔记本外壳打磨 |

（3）2022 冬奥火炬打磨技术（图 9.86）。

在火炬生产制造阶段，PQ Art 工业机器人离线编程软件有幸参与到火炬的整体打磨抛光阶段，对于火炬这种工件的打磨工艺来说，外形曲面、曲线比较复杂，要求机器人能完成高精度要求的数千点打磨轨迹，这对机器人的运动编程提出了较高的要求。

（4）船用防撞板焊接（图 9.87）。

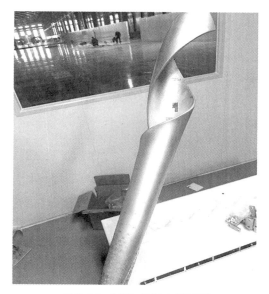

| 图 9.86　2022 冬奥火炬打磨 | 图 9.87　船用防撞板焊接 |

（5）电梯门结构件焊接（图 9.88）。

（6）激光熔覆焊（图 9.89）。

图 9.88　电梯门结构件焊接

图 9.89　激光熔覆焊

（7）机器人汽车车身喷涂（图 9.90）。

（8）机器人激光切割直管（图 9.91）。

图 9.90　机器人汽车车身喷涂

图 9.91　机器人激光切割直管

（9）机器人弯管切割（图 9.92）。

（10）汽车面具状零件激光切割（图 9.93）。

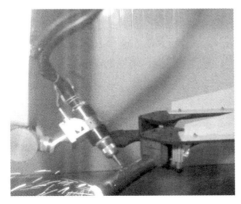

图 9.92　机器人弯管切割

图 9.93　汽车面具状零件激光切割

(11) 铝合金轮毂去毛刺(图 9.94)。

图 9.94 铝合金轮毂去毛刺

习题与思考

(1) 简述智能制造执行系统是如何建设的？并举例说明应用。

(2) 如何实现生产线 SCADA 监控？

(3) 工业机器人的组成与技术参数是什么？

(4) 工业机器人的电气控制系统组成单元的连接关系图是什么？

参 考 文 献

[1] 李晓雪.智能制造导论[M].北京:机械工业出版社,2019.

[2] 张小红,秦威.智能制造导论[M].上海:上海交通大学出版社,2019.

[3] 王喜文.工业机器人2.0:智能制造时代的主力军[M].北京:机械工业出版社,2016.

[4] 段新燕.智能制造的理论与实践创新[M].延吉:延边大学出版社,2018.

[5] 祝林.智能制造的探索与实践[M].成都:西南交通大学出版社,2017.

[6] 祝林,陈德航.智能制造概论[M].成都:西南交通大学出版社,2019.

[7] 周济,李培根.智能制造导论[M].北京:高等教育出版社,2022.

[8] 段新燕.智能制造的理论与实践创新[M].延吉:延边大学出版社,2018.

[9] 中国科协智能制造学会联合体.《中国智能制造重点领域发展报告(2018)》发布[J].自动化博览,2019(5):1.

[10] 张小红,秦威.智能制造导论[M].上海:上海交通大学出版社,2019.

[11] 朱海平. 数字化与智能化车间[M].北京:清华大学出版社,2022.

[12] 胡耀华,梁乃明,任斌,等. 数字化制造运营平台[M]. 北京:机械工业出版社,2022.

[13] 杨汉录,宋勇华. 打造灯塔工厂:数字—智能化制造里程碑[M].北京:企业管理出版社,2021.

[14] 杨善林.智能决策方法与智能决策支持系统[M]. 北京:科学出版社,2005.

[15] 郭银章.网络化产品协同设计过程动态建模与控制[M]. 北京:科学出版社,2013.

[16] 李晖,朱辉,张跃宇,等.智能制造的信息安全[M]. 北京:清华大学出版社,2022.

[17] 唐敦兵.智能制造系统及关键使能技术[M]. 北京:电子工业出版社,2022.

[18] 李瑞琪,韦莎,程雨航,等.人工智能技术在智能制造中的典型应用场景与标准体系研究[J].中国工程科学,2018,20(4):112-117.

[19] 孔松涛,刘池池,史勇,等.深度强化学习在智能制造中的应用展望综述[J].计算机工程与应用,2021,57(2):11.

[20] 梁策,肖田元,张林锯,等.网络化制造系统联邦集成的关键技术[J].高技术通讯,2007,17(8):5.

[21] Ji Z,Peigen L,Yanhong Z,et al. Toward New-Generation Intelligent Manufacturing[J]. Engineering,2018,4(4):11-20.

[22] Li B,Hou B,Yu W,et al. Applications of artificial intelligence in intelligent manufacturing:a review[J]. Frontiers Inf Technol Electronic Eng,2017,18:86-96.

[23] Plathottam S J,Rzonca A,Lakhnori R,et al. A review of artificial intelligence applications in manufacturing operations[J]. Adv Manuf Process,2023,e10159.

[24] 王正成.网络化制造资源集成平台若干关键技术研究与应用[D].杭州:浙江大学,2009.

[25] 张亚玲.网络化制造中的信息安全理论与技术研究[D].西安:西安理工大学,2023.

[26] 孙海明,时国平.传感器与检测技术[M].哈尔滨:哈尔滨工业大学出版社,2019.

[27] 林玉池,曾周末.现代传感技术与系统[M].北京:机械工业出版社,2009.

[28] 王健,赵国生,赵中楠.人工智能导论[M].北京:机械工业出版社,2021.

［29］　郑伟,高双喜,陈鹏.人工智能基础［M］.西安:西北工业大学出版社,2021.

［30］　德州学院.智能制造导论［M］.西安:西安电子科技大学出版社,2016.

［31］　刘鹏,张燕.深度学习［M］.北京:电子工业出版社,2018.

［32］　周苏,冯婵璟,王硕苹.大数据技术与应用［M］.北京:机械工业出版社,2016.

［33］　刘强.智能制造概论［M］.北京:机械工业出版社,2021.